2014年版

孙克勤　主编

电厂烟气脱硫设备及运行

中国电力出版社
CHINA ELECTRIC POWER PRESS

内 容 提 要

目前，我国烟气脱硫产业得到了较快发展，建设了相当数量的烟气脱硫设施。针对这些脱硫设施在运行中遇到的问题，作者编写了《电厂烟气脱硫设备及运行》一书。

本书主要内容如下：阐述了我国控制二氧化硫污染问题的有关政策，简要介绍了我国目前主要的二氧化硫控制技术，重点介绍了目前应用最普遍的二氧化硫控制技术——石灰石湿法烟气脱硫技术，讲述了工艺系统、设备和材料等各个方面，论述了石灰石湿法烟气脱硫系统的调试验收、日常运行与维护和对发电机组运行情况的影响，并以某烟气脱硫工程为例，对石灰石/石膏湿法烟气脱硫系统设备及运行进行了具体说明。

本书可以满足新建火力发电厂（含老电厂扩建脱硫工程）脱硫运行岗位职工培训的需求，也可供相关学校和电力培训中心等教学参考。

图书在版编目（CIP）数据

电厂烟气脱硫设备及运行/孙克勤主编. —北京：中国电力出版社，2007.4（2016.4重印）

ISBN 978-7-5083-5213-8

Ⅰ.电… Ⅱ.孙… Ⅲ.发电厂-烟气脱硫-生产设备-运行 Ⅳ.X773.013

中国版本图书馆 CIP 数据核字（2007）第 020964 号

中国电力出版社出版、发行

（北京市东城区北京站西街 19 号 100005 http://www.cepp.sgcc.com.cn）

北京市同江印刷厂印刷

各地新华书店经售

*

2007 年 4 月第一版 2016 年 4 月北京第六次印刷

787 毫米×1092 毫米 16 开本 13 印张 317 千字

印数 12501—14000 册 定价 **35.00** 元

序

Foreword

我国是燃煤大国,燃煤产生的二氧化硫是我国二氧化硫污染的主要来源。2005 年,全国煤炭消费量达 20 亿 t 以上,二氧化硫排放总量达 2549 万 t,其中火电厂燃煤量约 10 亿 t,二氧化硫排放量约 1600 万 t。按照目前的发展态势,预计到 2010 年,全国煤炭消费量将增加到约 25 亿 t,火电厂燃煤量约 14 亿 t,若不采取有效措施,二氧化硫产生总量将还会增加。

二氧化硫的大量排放引发一系列的环境问题,对我国环境造成了巨大的压力,区域环境质量不容乐观。2004 年酸雨控制区内年均 pH 值小于 4.5 的城市比例达到 18.5%,比 2003 年上升 2 个百分点,呈明显上升趋势,酸雨污染造成的经济损失已达 1100 亿元。如不加以有效控制,将影响到我国经济和社会的可持续发展。

从 20 世纪 80 年代末开始,由二氧化硫排放引起的环境污染和酸雨问题就引起了我国政府的高度重视,逐步出台了一系列控制二氧化硫排放的措施,重点是火电行业,拉开了火电脱硫工作的序幕。2003 年 12 月,国家环保总局新修订的《火电厂大气污染物排放标准》对二氧化硫的排放提出了更加严格的要求。《国民经济和社会发展第十一个五年规划纲要》和《国务院关于落实科学发展观加强环境保护的决定》(国发〔2005〕39 号),也对燃煤电厂二氧化硫污染治理提出了新的要求。

作为二氧化硫排放大户,火电行业二氧化硫消减的任务非常艰巨。目前为止,烟气脱硫是控制二氧化硫排放的主要措施。截止到 2005 年底,建成投产的烟气脱硫机组容量由 2000 年底的 500 万 kW 上升到了 5300 万 kW,约占火电装机容量的 4%,正在建设的烟气脱硫机组容量超过 1 亿 kW。国内已出现一批有能力承接火电脱硫工程的工程公司,脱硫设备国产化比例达到 90% 左右。总体看来,我国烟气脱硫产业得到了较快发展。

建设脱硫设施仅是第一步,建成后保持连续稳定高效运行更为重要。但是,目前部分脱硫设施难以高效稳定运行,减排二氧化硫的作用没有完全发挥,主要原因是部分脱硫公司对国外技术和设备依赖程度较高,没有完全掌握工艺技术,系统设计先天不足,个别设备出现故障后难以及时修复,运行管理经验不足等。针对这些问题,孙克勤等主编了《电厂烟气脱硫设备及运行》一书。本书在介绍当前主要脱硫工艺的同时,着重对脱硫设备与运行进行了论述,因此更贴近于工程实际。作者长期工作在科研和管理的一线,对脱硫技术有深入研究,对脱硫工作颇为熟悉。我相信,本书的出版将会对我国脱硫事业的健康发展起到积极的推动作用。

郝吉明

前　言

Preface

2005 年，我国二氧化硫排放总量达 2500 多万 t，其中，火电厂二氧化硫排放量约 1600 万 t。按照目前的发展态势，预计到 2010 年，全国煤炭消费量将增加到约 24 亿 t，火电厂燃煤量约 14 亿 t，若不采取有效措施，二氧化硫产生总量将达到约 3000 万 t。

总体看来，我国烟气脱硫产业得到了较快发展。截止到 2005 年底，建成投产的烟气脱硫机组容量由 2000 年底的 500 万 kW 上升到了 5300 万 kW，约占火电装机容量的 14%，其中 10 万 kW 及以上机组有 4400 万 kW，正在建设的烟气脱硫机组容量超过 1 亿 kW。但是部分脱硫设施难以高效稳定运行，减排二氧化硫的作用没有完全发挥，一个重要原因是没有完全掌握工艺技术，个别设备出现故障后难以及时修复，运行管理经验欠缺等。

本书针对烟气脱硫过程中遇到的各种问题，结合脱硫系统各个重要相关因素，从工程实际出发，对电厂烟气脱硫设备及运行情况进行了探讨，以期为火力发电厂（含老电厂扩建脱硫工程）脱硫运行岗位培训和相关学校教学等提供参考。

本书由孙克勤、韩祥（河南电力技师学院）、顾华敏、彭祖辉编著，郑州裕中发电有限责任公司高级工程师章明富、南京理工大学教授钟秦审稿，李明波、黄丽娜、陈道轮、樊荟、陈茂兵承担了本书部分内容的整理工作。

书中介绍的脱硫经验和工程实例多来自江苏苏源环保工程股份有限公司、太仓港环保发电有限公司等单位的工程实践，同时参考了书后所列的参考文献，谨在此一并表示衷心的感谢。

由于作者的水平和经验所限，书中难免有一些缺点和疏漏，敬请读者批评指正。

编者

2006 年 10 月于南京

目 录

Contents

chapter 1

第一章 绪 论

■ 第一节 SO₂ 的危害

一、SO₂ 对人类的危害

二氧化硫（SO₂）又名亚硫酸酐，是一种无色不燃的气体，具有强烈的辛辣、窒息性气味，遇水会形成具有一定腐蚀作用的亚硫酸。SO₂ 是当今人类面临的主要大气污染物之一，其污染源分为两大类：天然污染源和人为污染源。天然污染源由于总量较少、面积较广、容易稀释和净化，对环境危害不太大；而人为污染绝对量大、比较集中、浓度较高，对环境造成的危害比较严重。SO₂ 主要通过呼吸道系统进入人体，与呼吸器官发生生物化学作用，引起或加重呼吸器官的疾病，如鼻炎、咽喉炎、支气管炎、支气管哮喘、肺气肿、肺癌等，危害人体健康，见表1-1。

表 1-1　　　　　　　空气中不同体积分数 SO₂ 对人体的危害

体积分数 （×10⁻⁶）	对人体的影响	体积分数 （×10⁻⁶）	对人体的影响
0.01~0.1	由于光化学反应生成分散性颗粒，引起视野距离缩小	10.0~100.0	对动物进行实验时出现种种症状
0.1~1.0	植物及建筑物结构材料遭受损害	20.0	人因受到刺激而引起咳嗽、流泪
1.0~10.0	对人有刺激作用	100.0	人仅能忍受短时间的操作，咽喉有异常感、喷嚏、疼痛、哑嗓、咳痰、胸痛，并且呼吸困难
1.0~5.0	感觉到 SO₂ 气体		
5.0~10.0	人在此环境下进行较长时间的操作尚能忍受	400~500	立刻引起人严重中毒，呼吸道闭塞而致窒息死亡

SO₂ 往往被飘尘吸附，SO₂ 和飘尘的共同效应对人体的危害更大。吸附 SO₂ 的飘尘可将 SO₂ 带入人的肺部，毒性增加 3~4 倍。在光照下，飘尘中的 Fe₂O₃ 等物质可将 SO₂ 催化，通过光化学反应，转化成 SO₃，遇水可形成硫酸雾，并被飘尘吸附。此飘尘经呼吸道吸入肺部，滞留在肺壁上，可引起肺纤维性病变和肺气肿，硫酸雾的刺激作用比 SO₂ 强 10 倍。历史上曾频繁发生与 SO₂ 污染有关的污染事故，见表1-2。

表 1-2　　　　　　　　历史上与 SO₂ 污染有关的事故

时　间	地　点	简　况	后　果
1930 年 12 月 1~5 日	马斯河谷（比利时）	烟尘和 SO₂，一周内平均死亡率剧增	6000 多人发病，60 多人死亡
1948 年 10 月 27~31 日	多诺拉（美）	烟尘和 SO₂，大雾看不见人	5911 人发病，占全镇总人口 43%，死亡 17 人
1952 年 12 月 5~9 日	伦敦（英）	烟尘和 SO₂，逆温层，无风，大雾	4 天内死亡 4000 人，2 个月死亡 8000 人

续表

时　间	地　点	简　况	后　果
1956 年 1 月 3～6 日	伦敦（英）	烟尘和 SO_2	约 1000 人死亡
1957 年 12 月 2～5 日	伦敦（英）	烟尘和 SO_2	死亡 400 多人
1961 年	四日市（日）	烟尘和 SO_2，著名的"四日市哮喘病"	患者 800 多人，死亡 10 人
1960 年 12 月 5～6 日	伦敦（英）	烟尘和 SO_2	死亡 700 多人
1970 年	东京（日）	光化学厌恶加 SO_2，无风	受害者近万人

二、SO_2 对植物的危害

SO_2 主要是通过叶面气孔进入植物体，在细胞或细胞液中生成 SO_3^{2-} 或 HSO_3^- 和 H^+。如果 SO_2 浓度和持续时间超过本身的自解机能，就会破坏植物正常的生理机能，使其生长缓慢，对病虫害的抵抗力降低，严重时就会枯死。资料表明，当 SO_2 浓度年均达到（0.01～0.08）$\times 10^{-6}$ 时，许多植物就开始受到不同程度的伤害，有些植物在更低的浓度下就会遭到损害。

三、酸雨的形成

SO_2 给人类带来最严重的问题是酸雨，这是全球性的问题。大气中的 SO_2、NO_x 与氧化性物质 O_3、H_2O_2 和其他自由基进行化学反应，生成硫酸和硝酸，最终形成 pH 值小于 5.6 的酸性降雨（酸雨）返回地面。酸雨的形成过程复杂，可以简化如下：

$$SO_2 \xrightarrow{O_2,OH,RO_2,h\upsilon} \begin{matrix} HSO_3 \\ SO_3 \end{matrix} \xrightarrow[\text{快}]{H_2O} H_2SO_4 \begin{cases} \xrightarrow{\text{凝结成核}} (H_2SO_4)_n(H_2O)_m \\ \xrightarrow{\text{在颗粒上沉降}} \text{颗粒物中硫酸盐含量增加} \end{cases}$$

$$\text{白天}\quad NO \xrightleftharpoons{O_2,O_3,RO_2} NO_2 \xrightarrow{OH\ (M)} HNO_3$$

$$\text{夜间}\quad NO \xrightarrow{O_2,O_3} NO_2 \xrightarrow{O_3} \boxed{NO_3 \rightleftharpoons N_2O_5} \begin{cases} \xrightarrow{H_2O} HNO_3 \\ \xrightarrow{CH_2O,CH_3CHO} HNO_3 \end{cases}$$

$$\xrightarrow{\text{非均相反应}} HNO_3$$

四、酸雨对环境的危害

酸雨对环境的危害更大，最为突出的是它会使湖泊变成酸性，导致水生生物死亡。酸性湖水或河水会降低水中含钙量，损坏鱼的脊椎和骨骼，使鱼畸形，造成驼背或缩短。此外，酸性水还会使河底沉积物释放出有毒物质，如铅、镉、镍等。当湖水或河水的 pH 值小于 5.5 时，大部分鱼类很难生存；当 pH 值小于 4.5 时，各种鱼类、两栖动物和大部分昆虫消失，水草死亡。酸雨还浸渍土壤，侵蚀矿物，使铝元素和重金属元素沿着基岩裂缝流入附近水体，影响水生生物生长，或使其死亡。

五、酸雨对生态系统的影响

酸雨对生态系统的影响及破坏主要表现在使土壤酸化和贫瘠化，农作物及森林生长减缓，湖水酸化，鱼类生长受到抑制，对建筑物和材料有腐蚀作用，加速其风化过程等方面。例如 1982 年夏季，重庆连降酸雨，6 月 18 日夜的一场酸雨过后，1300 多公顷水稻叶片突然枯黄，犹如火烤，纷纷枯死，重庆南山的马尾松死亡率达 46%，四川峨眉山金顶的冷杉有

40％死亡。

六、酸雨对各类建筑、设施的影响

酸雨还加速了许多建筑结构、桥梁、水坝、工业装备、供水管网、地下储罐、水轮发电机组、动力和通信设备等材料的腐蚀，对文物古迹、历史建筑、雕刻等重要文物设施造成严重损害。

另外，酸雨对人体健康也会产生间接的影响，酸雨使地面水呈酸性，地下水中的有害金属含量也增高，饮用这种水或食用酸性河水中的鱼类，会对人体健康产生危害，同样也会波及到野生动物。

七、我国酸雨的大体分布

2001 年，降水年均 pH 值小于 5.6 的市县主要分布在华东、华南、华中和西南地区，北方只有吉林图们市、陕西渭南市、铜川市、略阳县（略阳县位于秦岭南麓，陕甘川三省交界地带）和天津市降水年均 pH 值小于 5.6。监测的 274 个城市中，降水 pH 值范围在 4.21～8.04 之间、年均降水 pH 值小于 5.6（含 5.6）的城市有 101 个，占统计城市数的 36.9％，出现酸雨的城市有 161 个，占 58.8％。

研究表明，我国酸雨的化学特征是 pH 值低，SO_4^{2-}、NH_4^+ 和钙离子（Ca^{2+}）质量浓度远远高于欧美国家，而硝酸根（NO_3^-）质量浓度则低于欧美。酸性降水中，硫酸根（SO_4^{2-}）的当量比约为 6.5∶1，属典型的硫酸型酸雨，可见，控制 SO_2 排放总量是抑制我国酸雨污染发展的关键所在。

第二节 我国 SO_2 的排放概况

一、我国 SO_2 污染现状

我国是一个以煤为主要能源来源的国家。据统计，我国约 80％的电力能源、70％的工业燃料、60％的化工原料、80％的供热和民用燃料都来自煤。煤是一种低品位的化石能源，我国原煤中的灰分、硫分含量较高，大部分煤的灰分在 25％～28％之间，硫分含量变化范围较大，从 0.1％～10％不等，见表 1-3。

表 1-3 我国不同煤种硫的平均含量

煤 种	样 品 数	煤干燥基含硫量（%）		
		平均值	最低值	最高值
褐煤	91	1.11	0.15	5.20
长烟煤	44	0.74	0.13	2.33
不黏结煤	17	0.89	0.12	2.51
弱黏结煤	139	1.20	0.08	5.81
气煤	554	0.78	0.10	10.24
肥煤	249	2.33	0.11	8.56
焦煤	295	1.41	0.09	6.38
瘦煤	172	1.82	0.15	7.22
贫煤	120	1.96	0.15	9.58
无烟煤	412	1.58	0.04	8.54
样品总数	2093	1.21	0.04	10.24

燃煤排放到大气中的 SO_2 若与空气中的 O_3、NO_2 等发生光化学反应（光化学反应是指在光的作用下进行的化学反应，如感光成像，光合作用。对大气低层污染气体也会发生相应反应，它和热化学反应不同，热化学反应靠彼此分子碰撞产生能量），会迅速转化为 SO_3，进而与水气结合，形成腐蚀和刺激性较强的硫酸，被降水洗脱降到地面，即为通常所说的酸雨（acid rain）。我国的酸雨是硫酸型的，我国每年因酸雨引起的损失超过千亿元。

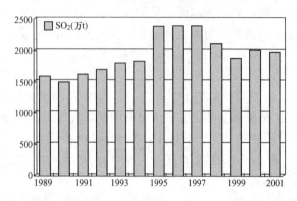

图 1-1　我国历年来 SO_2 排放情况（1989～2001 年）

我国目前的 SO_2 年排放总量大大超出了环境自净能力，造成近三分之一的国土遭受酸雨污染的严重影响。我国 SO_2 排放量与煤消耗量有密切关系，1983～1991 年两者的相关系数达到 0.96。随着燃煤量的增加，燃煤排放的 SO_2 也不断增长，2005 年，我国 SO_2 排放总量超过 2500 万 t，已成为世界上 SO_2 排放量最大的国家，其中火电厂 SO_2 排放量约 1600 万 t。图 1-1 为我国历年来 SO_2 的排放情况。

有研究表明，按照我国目前的能源政策，到 2010 年和 2020 年，一次性能源供应结构中煤的比重仍分别占 68.3％和 63.1％。若不采取有效的削减措施，2020 年，我国 SO_2 排放量将达到 3500 万 t。

二、以火力发电为主的能源结构的长期性

1. 我国全面小康社会的经济发展目标

我国全面小康社会的经济发展目标是，到 2020 年实现 GDP 比 2000 年翻两番，也即 2001～2020 年 GDP 年均增长速度达到 7.2％左右，人均 GDP 达到 3200 美元左右。在未来 20 年，我国电力需求增长需要持续保持较快的发展速度，预计为 5.5％～6.0％左右。

2. 我国能源结构与发达国家的不同

在我国一次能源和发电能源构成中，煤占据了绝对的主导地位，这与多数工业发达国家的一次能源构成中以石油和天然气为主的特点大不相同。而且在已探明的一次能源储备中，煤炭仍是主要能源，在距地表 1200m 以内的储存量就达 10000 多亿 t，约占一次能源探明总储存量的 90％，估计煤炭资源总量为 40000 亿 t；而石油资源为 930 亿 t、天然气预计在 $(3.730～3.864)×10^{13} m^3$，水能为 6.76 亿 kW。有关专家预测，到 2050 年，煤在一次能源中所占比例仍在 50％以上，这充分表明，在很长一段时间内，我国一次能源以煤为主的格局不会发生变化。

3. 我国发电装机容量和各类发电所占的比例

截止 2005 年底，全国发电装机容量达到 51718.48 万 kW，同比增长 16.91％。其中，水电达到 11738.79 万 kW，约占总容量 22.7％，同比增长 11.54％；火电达到 39137.56 万 kW，约占总容量 75.65％，同比约增长 16.6％；核电 684.60 万 kW，占 1.32％；风力发电 105.59 万 kW，占 0.20％。预测到 2006 年底，全国发电装机容量将达到或突破 6 亿万 kW。

■ 第三节 国家环境保护相关政策

2002年6月29日，第九届全国人大常委会第二十八次会议通过了《中华人民共和国清洁生产促进法》。该法规定："第一条 为了促进清洁生产，提高资源利用效率，减少和避免污染物的产生，保护和改善环境，保障人体健康，促进经济社会与社会可持续发展，制定本法。第二条 本法所称清洁生产是指不断采取改进设计、使用清洁的能源和原料，采用先进的工艺技术与设备、改善管理、综合利用等措施，从源头削弱污染，提高资源利用效率，减少或避免生产、服务或产品使用过程中污染物的产生和排放，以减轻或消除对人类健康和环境的危害……。第十八条 新建、改进和扩建项目应当进行环境影响评价，对原料使用、资源消耗、资源综合利用以及污染物的产生与处置等进行分析论证，优先采用资源利用率高以及污染物产生量少的清洁生产技术、工艺和设备……采用能够达到国家或者地方规定的污染物排放标准和污染物排放总量控制指标的污染防止技术……应当实行清洁生产审核"等。

另外，在《中华人民共和国电力法》、《中华人民共和国煤炭法》等一些法律中，也包括了与控制酸雨有关的条文。

2003年1月，国务院签署命令，公布了《排放费征收使用管理条例》，该条例于2003年7月1日实施。条例规定：装机容量在300MW以上的电力企业排放SO_2的数量由省、自治区、直辖市人民政府环境保护行政主管部门核定。与原有法规相比，这一条例的新意主要体现在四个方面：按照排污要素的不同，将原来的超标收费改为排污收费和超标收费并行；根据收费体制的变化，明确排污费必须纳入财政预算，列入环境保护专项资金进行管理；个体工商户也将成为排污费的缴纳对象；规定排污费必须用于重点污染源防治、区域性污染防治、污染防治新技术、新工艺的开发示范和应用。

2005年5月19日，中华人民共和国国家发展和改革委员会印发《关于加快火电厂烟气脱硫产业化发展的若干意见》（简称《意见》）。预计在未来10年内，我国约有3亿kW装机的烟气脱硫装置要投运和建设。

在火电厂烟气脱硫快速发展的同时，仍存在以下主要问题：国家缺乏对烟气脱硫设施进行科学评价的指标和要求；关键设备仍需进口；供方市场存在着脱硫技术的盲目引进、技术人员严重不足、招标中无序低价竞争等问题；需方市场存在着工艺选择的盲目性，单纯地以低价位选取中标单位等问题；不能与新建机组同步建设、同步投运，投运后达不到设计指标、不能连续稳定运行等情况时有发生。

《意见》提出了加快火电厂烟气脱硫产业发展的主要任务，即通过三年的努力，建立健全火电厂烟气脱硫产业化市场监管体系，完善火电厂烟气脱硫技术标准体系和主流工艺设计、制造、安装、调试、运行、检修、后评估等技术标准、规范；主流烟气脱硫设备的本地化率和烟气脱硫设备的可用率达到95％以上；建立有效的中介服务体系和行业自律体系。

《意见》就脱硫工程后评估提出了明确要求。后评估是针对已建成投产的脱硫工程进行评估，通过对所采用的烟气脱硫技术的先进性、整套装置的可靠性、投资的经济性、本地化率等进行公正的评价，对以后将要建设的烟气脱硫工程起到借鉴和指导作用。

■ 第四节　SO₂ 的排放标准

一、火电厂 SO₂ 的排放标准

1991 年颁布 GB 13223—1991《燃煤电厂大气污染物排放标准》，替代 GBJ₄—1973 的火电厂大气污染物排放标准部分，并于 1996 年对该标准重新修订发布，更名为 GB1 3223—1996《火电厂大气污染物排放标准》，于 1997 年元月实施。

标准分年限规定了火电厂最高允许 SO₂ 排放量、烟尘排放浓度和烟气黑度，规定了第Ⅲ时段火电厂 SO₂ 与氮氧化物的最高允许排放浓度。适用于单台出力在 65t/h 以上除层燃炉和抛煤机炉以外的火电厂锅炉与单台出力在 65t/h 及以下的煤粉锅炉的火电厂的排放管理，以及建设项目环境影响评价、设计、竣工验收及其建成后的排放管理。

2003 年新修订的排放标准（征求意见二稿）已将 SO₂ 排放浓度限制为小于 400mg/m³（对新标准执行后建设的所有机组），老机组也要分别在 2008 年、2010 年达到这一标准，同时还要满足地区环境总量的控制要求。

二、锅炉 SO₂ 排放标准

当燃煤含硫量≤2％时，其最高允许 SO₂ 排放浓度为 1200mg/m³；当燃煤含硫量≥2％时，其最高允许 SO₂ 排放浓度为 1800mg/m³。

■ 第五节　SO₂ 控制技术的研究、开发及应用

进入 20 世纪 70 年代以后，SO₂ 控制技术逐渐由实验室阶段转向应用性阶段。据美国环保署（EPA）1984 年统计，世界各国开发、研制、使用的 SO₂ 控制技术已达 184 种，而目前的数量已超过 200 种。这些技术概括起来可分为三大类：燃烧前脱硫、燃烧中脱硫及燃烧后脱硫（烟气脱硫/FGD）。

（1）燃烧前脱硫技术的种类见表 1-4。

表 1-4　　　　　　　　　　　　燃烧前脱硫技术的种类

序号	分　类	细分类	技术类别	方　　法	备　　注
1	煤炭洗选	物理		重力法	广泛使用
2				浮选法	广泛使用
3				重液体富集法	广泛使用
4				磁性分离法	
5				静电分离法	
6				凝聚法	
7				细煤粒—重介质	旋风分离法
8			化学	BHC 法	碱水液法
9				Meyers	Fe₂(SO₄)₃ 氧化法
10				LOL 氧化法	O₂/空气氧化法
11				PETC	氧化法

序号	分类	细分类	技术类别	方　法	备　注
12				KVB	NO_2
13				氯解法	Cl_2 分解
14				微波法	
15				超临界醇抽提法	
16				TRW	美国
17				CSIRO	澳大利亚
18			微生物法	氧化亚铁硫杆菌	属化学方法
19				氧化硫杆菌	属化学方法
20				古细菌	属化学方法
21				热硫化叶菌	属化学方法
22	煤炭转化	气化	高温化学反应	用水蒸气、空气、氧气	生成混合可燃气
23			固态排渣鲁奇	Lurgi 加压移动床	第一代技术
24			常压流化床	Winkler	第一代技术
25			常压气流床	K-T	第一代技术
26			两段移动床		第一代技术
27			液态排渣	Lurgi	第二代技术
28			熔渣气流床	Texaco	第二代技术
29			HYGAS 气化		第二代技术
30			干排灰气化	U-gas	第二代技术
31			加压气流床	K-T	第二代技术
32			熔盐催化气化		第三代技术
33			核能余热气化		第三代技术
34		液化	直接液化	两段催化加氢	转化为液态燃料
35			直接液化	煤—油共炼	转化为液态燃料
36			间接液化		转化为液态燃料
37			水煤浆 CWM	$250\sim300\mu m$ 的细粉加水 $30\%\sim35\%$	喷射 $30\sim50\mu m$ 雾滴

（2）燃烧中脱硫技术的种类见表 1-5。

表 1-5　　　　　　　　　燃烧中脱硫技术的种类

序号	技术类别	细　分　类	缩写	备　　注
1	型煤固硫技术			
2	煤粉炉直接喷钙			如 LIFAC 若尾部增湿加催化剂
3	流化床燃烧脱硫技术	常压鼓泡流化床	BFB	
4		常压循环流化床	CFB	
5		增压循环流化床	PCFB	
6		增压鼓泡流化床		

（3）烟气脱硫 FGD 分类（燃烧后脱硫技术的种类）见表 1-6。

表 1-6   烟气脱硫 FGD 分类

序号	类 别	细 分 类	公 司	备 注
1	湿法 FGD 技术	石灰石（石灰）/石膏法		
2		海水法		
3		氨（NH_3）法		
4		双碱法		
5		氢氧化镁法 MOH		
6		氧化镁 MO		
7		氢氧化纳法		
8		威尔曼—洛德法	WELLMAN-LORD	
9		CD-121FGD 工艺		日本千代田公司
10		优化双循环湿式 FGD 工艺	RC 公司	美国
11			LLB 公司	德国
12		液柱塔	三菱公司	日本
13		高速水平流 FGD 技术	日立	日本
14		喷雾塔 FGD 技术	川崎	日本
15		合金托盘技术	B&W	美国
16		文丘里湿式石灰石/石膏技术	DUCON	
17			德国 SHU 公司	加 HCOOH
18			德国	吸收塔有特色
19		镁—石膏工艺	日川崎重工	加入 MgO
20		在吸收剂里加乙二酸		防止结垢堵塞
21		在吸收剂里加二元酸		防止结垢堵塞
22		在吸收剂里加苯甲酸		防止结垢堵塞
23		在吸收剂里加结垢防止剂		防止结垢堵塞
24		海水脱硫技术		
25		纯海水脱硫技术	ABB 公司	挪威
26		F-FGD 工艺	ABB-FIakt 公司	挪威
27		在海水中添加吸收剂	Bechtel 公司	美国
28		氨法 NH_3		
29		CE 氨法		
30		NKK 氨法		
31		Bischoff 氨法	Lentjes Bischoff	德国
32		NADS 氨—肥法		
33		磷氨肥法 PAFP		中国
34		双碱法		美国

序号	类　别	细分类	公　司	备　注
35		氧化镁/氢氧化镁法		美国
36		钠碱法	韦尔蔓-洛德法	美国
37		W-L法（典型循环钠碱法）	Wellman-Lord	美国
38		柠檬酸纳法	华东理工大学	中国
39		碱性硫酸铝法		
40		氧化锌法		
41		氧化锰法		
42		湍流式	浙江大学	中国
43		冲击液柱式	浙江大学	中国
44		旋流塔板除尘脱硫一体化	浙江大学	中国
45		硫化碱法	奥托尼普公司	中国 Outokumpu
46	干法、半干法脱硫			
47	电子束法			
48	脉冲电晕法	在EBA法基础上PPCA	增田闪一	日本
49		荷电干式喷射吸收剂脱硫	CDSI公司	美国
50		炉内喷钙尾部增湿	LIFAC	美、日、加、欧洲
51		LIFAC脱硫技术	AVO公司 Tempella	芬兰
52		LIMB		美国
53		烟气循环流化床CFB-FGD	鲁奇公司	德国
54		Lurgi CFB-FGD		德、奥地利
55		RCFB-FGD技术（第二代）		德
56		GSA脱硫装置		丹麦
57		NID增湿灰循环FGD技术	ABB公司	
58		喷雾干燥法		
59		干法脱硫技术		设备庞大效率低

一、目前我国主要的脱硫方法

我国已有石灰石/石膏湿法、旋转喷雾干燥法、常压循环流化床法、海水脱硫法、炉内喷钙尾部烟气增湿活化法、电子束法、烟气循环流化床法等共十多种工艺的脱硫装置在商业化运行或进行了工业示范。可以说世界上已有先进、成熟的火电厂脱硫工艺在我国基本都有，但主流的脱硫技术仍为石灰石/石膏湿法脱硫技术。

受国家环保政策对烟气含二氧化硫排放控制要求到位的推动，实施烟气脱硫的市场需求呈井喷状扩大，大量的资金被投向烟气脱硫事业，如何利用好这笔财富使之产生出最好的社会、环境效益成为一个重要的研究课题。

燃煤产生的污染是我国大气污染的主要来源之一。在一次能源消费量及构成中，煤所占的比重高达70%，而我国的耗煤大户主要是燃煤电厂，其二氧化硫排放量占工业总排放量的 55%左右。因此，削减和控制燃煤特别是火电厂燃煤二氧化硫污染，是目前我国大气污染控制领域最紧迫的任务。

二、国内引进烟气脱硫技术的情况

国内引进烟气脱硫技术的情况（1995～2004 年后）见表 1-7。

表 1-7　　　　　　　　　国内引进烟气脱硫技术的情况

序号	脱硫技术种类	设计脱硫率（%）	用　户	投运时间	技术来源	机组容量（MW）/烟气量（m³/h）
1	石灰石/石膏法湿法	95/80	重庆华能珞璜电厂1、2期	1992～1993	日本三菱重工	2×2×360/4×1087200
2	石灰石/石膏法湿法	82	山东维坊化工厂	1995	日本三菱重工	2×35t/h/100000
3	石灰石/石膏法湿法	70	南宁化工集团	1995	日本川崎重工	35t/h/50000
4	石灰石/石膏法湿法	70	重庆长寿化工厂	1995	日本千代田	35t/h/61000
5	石灰石/石膏法湿法	80	太原第一热电厂	1996.3	日本日立	200/600000
6	石灰石/石膏法湿法	95.7	杭州半山电厂	2001.3	德国 Steinmtiller	2×125/1230000
7	石灰石/石膏法湿法	95	国华北京第一热电厂1期	2001	德国 Steinmtiller	2×410t/h/1100000
8	石灰石/石膏法湿法	95.7	重庆电厂	2001	德国 Steinmtiller	2×200/1960000
9	石灰石/石膏法湿法	81	广州连州电厂	2000.12	奥地利 AE 公司	2×125/1090000
10	石灰石/石膏法湿法	80	江苏扬州电厂	2002	日本川崎重工	200/975000
11	石灰石/石膏法湿法	95	北京京能热电厂	2002	国电龙源（FBE）技术	200/919523
12	石灰石/石膏法湿法	90	贵州安顺电厂	2003	日本川崎重工	2×300/2×1256682
13	石灰石/石膏法湿法	90	浙江钱清电厂	2003.7	浙电设计院（美 B&W 技术）	125/550000
14	石灰石/石膏法湿法	95	国华北京第一热电厂2期	2003.7	国电龙源（FBE）技术	2×410t/h/1100000
15	石灰石/石膏法湿法	95	山东黄台电厂	2003～2004	国电龙源（FBE）技术	2×300/—
16	石灰石/石膏法湿法	95	江苏夏港电厂	2003～2004	国电龙源（FBE）技术	2×135/—
17	石灰石/石膏法湿法	90	广东瑞明电厂	2003.10	广电设计院（AE 公司技术）	2×125/1081000
18	石灰石/石膏法湿法	90	太原第二热电厂	2003	武汉凯迪（AE 技术）	200/806059
19	石灰石/石膏法湿法	95	江苏镇江电厂	2004	武汉凯迪（美 B&W 技术）	2×135/—
20	电子束	80	四川成都热电厂	1996.10	日本荏原	200/300000
21	电子束	85	杭州协联热电厂	2002.11	国华（日本荏原）	3×130t/h/305400
22	荷电干式喷射脱硫	70	杭州钢铁集团	1997	美国 AIANCO	35t/h/60000
23	荷电干式喷射脱硫	70	山东德州电厂	1995	美国 AIANCO	75t/h/10000
24	荷电干式喷射脱硫	75	广州造纸厂	2000	美国 AIANCO	2×50/2×230000
25	海水脱硫	90	深圳西部电力公司	1998	挪威 ABC 公司	300/1100000

续表

序号	脱硫技术种类	设计脱硫率（%）	用　户	投运时间	技术来源	机组容量（MW）/烟气量（m³/h）
26	海水脱硫	90	福建后石电厂	1999~2000	日本富士化水株式会社	2×600/2×1915900
27	LIFAC法	75	南京下关电厂	1998~1999	芬兰 Tempella 公司	2×125/2×543600
28	LIFAC法	65	浙江钱清电厂	2000	芬兰 Tempella 公司	125/550000
29	烟气循环流化床	85	广州恒运电厂	2002.10	武汉凯迪（德国 WULFF 公司）	210/783400
30	烟气循环流化床	90	云南小龙潭电厂	2001	丹麦 Smith-müller	100/487000
31	氨—硫铵法	90	胜利油田化工厂	1979	日本东洋公司	/210000
32	碱式硫酸铝法	95	南京钢铁厂	1981	日本同和公司	/51800
33	旋转喷雾干燥	80	沈阳黎明发动机制造公司	1990	丹麦 Niro	35t/h/50000
34	旋转喷雾干燥	70	山东黄岛电厂	1994	日本三菱重工	200/300000

三、国际方面在针对燃煤电厂二氧化硫的控制对策

在国际公约方面，早在 1979 年，30 多个国家以及欧盟签署了长距离跨越国界大气污染物公约，并于 1983 年生效。根据该协议，1985 年，21 个国家承诺从 1980~1993 年期间，至少削减 30% 的 SO_2。1994 年，经 26 个国家签署，达成了第二次硫化物议定书，对每个国家设定限值，到 2000 年，欧洲在 1980 年的水平上，削减 45% 的 SO_2，到 2010 年，削减 51%。1999 年，20 个国家在瑞典歌德堡签署了缓解酸化、富营养化和地面臭氧议定书，对四种主要污染物制定了 2010 年国家排放限值，据此，欧洲国家在 1990 年的水平上再削减 63%SO_2、40%NO_x、挥发性有机化合物（VOCs）和 17% 氨（NH_3）。

为控制大气污染，我国从 20 世纪 70 年代就开始制定有关环境空气质量标准、大气污染物排放标准，到目前已建立了较为完善的国家大气污染物防治法规及排放标准体系。总体看来，我国烟气脱硫产业得到了较快发展。截止到 2005 年底，建成投产的烟气脱硫机组容量由 2000 年底的 500 万 kW 上升到了 5300 万 kW，约占火电装机容量的 14%，其中 10 万 kW 及以上机组有 4400 万 kW，正在建设的烟气脱硫机组容量超过 1 亿 kW。但是，部分脱硫设施建成后难以高效稳定运行，减排二氧化硫的作用没有完全发挥，一个重要原因是没有完全掌握脱硫工艺技术，个别设备出现故障后难以及时修复，运行管理经验欠缺等，本书将重点针对这些方面的问题展开论述。

第二章 石灰石湿法烟气脱硫系统与设备

■ 第一节 石灰石/石膏湿法烟气脱硫技术简述

石灰石湿法烟气脱硫技术（flue gas desulfurization，FGD）是当前国内外最重要、应用范围最广的烟气脱硫技术，它利用石灰石浆液在吸收塔内吸收烟气中的 SO_2，通过复杂的物理化学过程，生成以石膏为主的副产物。

一、湿法脱硫系统的组成

湿法脱硫系统布置在烟气通道中电除尘器的下游，由 2 个主系统和 5 个辅助系统构成。2 个主系统是烟气系统和吸收塔系统；5 个辅助系统是石灰石粉的磨制、储运及浆液制备系统，事故浆池及浆液疏排系统，石膏脱水储运系统，工艺水系统及废水处理系统。该系统采用工艺水、钙以及鼓入的氧化空气进行化学反应，最终反应产物为石膏。经脱硫后的净烟气通过除雾器，除去夹带的液滴，然后再返至 GGH 加热，最后通过烟囱排出。脱硫剂石灰石粉则由磨石粉厂破碎磨细成粉状，通过制浆系统制成一定浓度的石灰石浆液，运行时根据 FGD 处理的烟气量和 SO_2 的浓度，由循环泵不断地把新鲜浆液补充到吸收塔内。当塔内石膏浆液达到一定浓度后由外排泵排出，经一级旋流、二级真空皮带脱水后，得到含水率低于 10% 的石膏，装车外运。湿法烟气脱硫是由物理吸收和化学吸收两个过程组成的。在物理吸收过程中，SO_2 溶解于吸收剂中，只要气相中被吸收的分压大于液相呈平衡时该气体分压时，吸收过程就会进行。下面介绍其化学反应机理。

二、FGD 石灰石/石膏湿法烟气脱硫的化学机理

SO_2 在吸收塔内的反应比较复杂，一般认为有如下四个过程。

（一）SO_2 的吸收

依据双膜理论，在气液之间有一个稳定的界面，界面两边各有一个很薄的气膜和液膜，SO_2 采取分子扩散的方式通过气膜和液膜。由于 SO_2 在气相中有充分的流体湍动，其浓度是均匀的，而且 SO_2 在气相的扩散系数大于它在液相中的扩散系数，因此 SO_2 质量传递的主要阻力来自液相，其传递的总阻力等于两相传递阻力之和。

工程需要的是快速传递的效果，常采用两个措施：

（1）增加液/气，增加流体湍动，减小液滴颗粒直径，增加气液接触面积。

（2）在吸收液中加入活性物质。由于活性物质（$CaCO_3$）的加入，使 SO_2 自由分子在液相中的浓度降低，并使 SO_2 的平衡分压降低，在总压力一定的情况下，吸收推动力提高，反应速率加快。

含有 SO_2 的烟气进入液相，吸收 SO_2 的反应为

$$SO_2（气）\Longleftrightarrow SO_2（液）$$

$$SO_2（液）+H_2O \Longleftrightarrow H^+ + HSO_3^-$$

$$H^+ + HSO_3^- \Longleftrightarrow H_2SO_3$$
$$HSO_3^- \Longleftrightarrow H^+ + SO_3^{2-}$$

同时存在 SO_3 的反应为

$$SO_3（气）\Longleftrightarrow SO_3（液）$$
$$SO_3（液）+ H_2O \Longleftrightarrow H^+ + HSO_4^-$$
$$H^+ + HSO_4^- \Longleftrightarrow H_2SO_4$$
$$HSO_4^- \Longleftrightarrow H^+ + SO_4^{2-}$$

烟气中溶于水的 HCl、HF 发生解离，即

$$HCl（气）\Longleftrightarrow HCl（液）$$
$$HCl（液）\Longleftrightarrow H^+ + Cl^-$$
$$HF（气）\Longleftrightarrow HF（液）$$
$$HF（液）\Longleftrightarrow H^+ + F^-$$

（二）石灰石的消溶

$$CaCO_3（固）\Longleftrightarrow Ca^{2+} + CO_3^{2-}$$
$$CO_3^{2-} + H^+ \Longleftrightarrow HCO_3^-$$
$$HCO_3^- + H^+ \Longleftrightarrow H_2O + CO_2（液）$$
$$CO_2（液）\Longleftrightarrow CO_2（气）$$

（三）亚硫酸盐的氧化

$$HCO_3^- + 1/2O_2 \Longleftrightarrow H^+ + SO_4^{2-}$$
$$SO_4^{2-} + H^+ \Longleftrightarrow HSO_4^-$$
$$Ca^{2+} + 2HCO_3^- \Longleftrightarrow Ca（HSO_3）_2$$
$$Ca^{2+} + SO_3^{2-} \Longleftrightarrow CaSO_3$$
$$Ca^{2+} + SO_4^{2-} \Longleftrightarrow CaSO_4（S）$$
$$Ca^{2+} + F^- \Longleftrightarrow CaF（S）$$

（四）石膏结晶

$$Ca^{2+} + SO_4^{2-} + 2H_2O \Longleftrightarrow CaSO_4 \cdot 2H_2O（S）$$

此外发生副反应为

$$Ca^{2+} + SO_3^{2-} + 1/2H_2O \Longleftrightarrow CaSO_3 \cdot 1/2H_2O$$

吸收塔浆液池中的 pH 值通过加入石灰石浆液的量来控制，在吸收塔浆液池中的反应需要足够长的时间使石膏成为良好的石膏结晶。

三、石灰石湿法烟气脱硫装置

（一）典型的 FGD 装置

典型的石灰石湿法 FGD 装置如图 2-1 所示，主要包括石灰石浆液制备系统、烟气系统、吸收塔系统、石膏脱水系统、公用系统和事故浆液排放系统。

1. 石灰石浆液制备系统

石灰石浆液制备系统有干粉制浆系统和湿法制浆系统，二者的区别在于石灰石粉的磨制方式，前者采用干磨机，后者采用湿磨机。干粉制浆系统包括石灰石粉磨制系统、气力输送系统和配浆系统。如果直接购置合格的干粉，则不需要石灰石粉磨制系统。

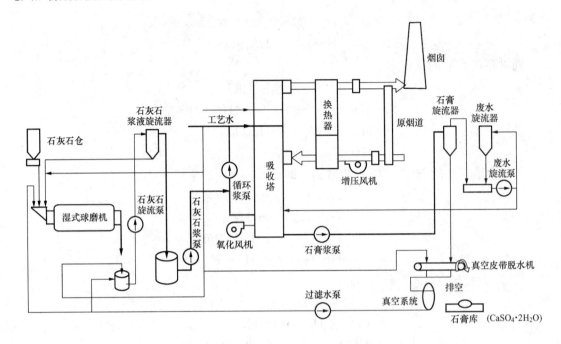

图 2-1 典型的石灰石湿法 FGD 装置

图 2-1 所示 FGD 典型装置采用湿法制浆。粒径 80mm 左右石灰石块料，经立轴反击锤式破碎机预破碎成小于 6～10mm 的粒料，用刮板输送机及斗式提升机送至石灰石仓，经石灰石仓下的 1 台封闭式称重皮带给料机，将石灰石粒料送至湿式球磨机，并加入合适比例的工业水磨制成石灰石浆液。石灰石浆液由球磨机浆液泵输送至石灰石浆液旋流站，经水力旋流循环分选，不合格的返回球磨机重磨，合格的石灰石浆液送至石灰石浆液箱储存。再根据需要由石灰石浆液箱配备的浆液泵输送至吸收塔。为了防止石灰石在浆液箱中沉淀，设有浆液循环系统和搅拌器。

2. 烟气系统

烟气系统设置旁路挡板门和出、入口挡板门，FGD 上游热端前置增压风机和回转式气—气热交换器（GGH）。原烟气增压风机增压后，由 GGH 将原烟气降温至 90～100℃送至吸收塔下部，经吸收塔脱除 SO_2 后，将净烟气送回 GGH 升温至高于 80℃后经烟囱排放。其中部分原烟气和全部净烟气通道内壁需要防腐设计。

在烟气再热系统中，还采用外来蒸汽加热和燃料加热等方式。

3. 吸收系统

进入吸收塔的热烟气经过逆向喷淋浆液的冷却、洗涤，烟气中的 SO_2 与浆液进行吸收反应生成亚硫酸氢根（HSO_3^-）。HSO_3^- 被鼓入的空气氧化为硫酸根（SO_4^{2-}），SO_4^{2-} 与浆液中的钙离子（Ca^{2+}）反映生成硫酸钙（$CaSO_4$），$CaSO_4$ 进一步结晶为石膏（$CaSO_4 \cdot 2H_2O$）。同时烟气中的 Cl、F 和灰尘等大多数杂质也在吸收塔中被去除。含有石膏、灰尘和杂质的吸收剂浆液的一部分被排入石膏脱水系统。吸收塔中装有水冲洗系统，将定期进行冲洗，以防止雾滴中的石膏、灰尘和其他物质堵塞元件。

4. 石膏脱水系统

由吸收塔底部抽出的浆液主要由石膏晶体（$CaSO_4 \cdot 2H_2O$）组成，固态物含量 8%～

15％，经一级水力旋流器浓缩为 40％～50％的石膏浆液，并自流至真空皮带式脱水机，脱水为含水率小于 10％的湿石膏，进入石膏仓暂时储存。为了控制石膏中的 Cl^- 等成分的含量，确保石膏的品质，在石膏脱水过程中，用工业水对石膏及滤布进行冲洗。石膏过滤水收集在滤液水箱中，然后用滤液泵送至吸收塔和湿式球磨机。若固体含量低时，石膏水力旋流器底部切换至吸收塔循环使用，石膏水力旋流器溢流液送至废水箱。

5. 公用系统

公用系统由工艺水系统、工业水系统、冷却水系统和压缩空气系统等子系统构成，为脱硫系统提供各类用水和控制用气。

FGD 的工艺水一般来自电厂循环水，并输送至工艺水箱中。工艺水由工艺水泵从工艺水箱输送到各个用水点。FGD 装置运行时，由于烟气携带、废水排放和石膏携带水而造成水损失。工艺水由除雾气冲洗水泵输送到除雾器，同时为吸收塔提供补充用水，以维持吸收塔内的正常液位。此外，各设备的冲洗、灌注、密封和冷却等用水也采用工艺水。如 GGH 的高压冲洗水和低压冲洗水、各浆液管路冲洗水、各浆液泵冲洗水以及设备密封用水。

FGD 的工业水一般来自电厂补充水，并输送至工业水箱中。该水质优于工艺水。工业水箱中的水通过工业水泵为湿磨机提供制浆用水，为真空皮带脱水系统提供冲洗水，以获得高品质石膏副产品。

6. 事故浆液排放系统

事故浆液排放系统包括事故浆液储存系统和地坑系统，当 FGD 装置大修或发生故障需要排空 FGD 装置内浆液时，塔内浆液由事故浆液排放泵排至事故浆液箱直至入口低液位跳闸，其余浆液依靠重力自流至吸收塔的排放坑，再由地坑泵打入事故浆液储罐。事故浆液储罐用于临时储存吸收塔内的浆液。地坑系统有吸收塔区地坑、石灰石浆液制备系统地坑和石膏脱水地坑，用于储存 FGD 装置的各类浆液，同时还收集、输送或储存设备运行、运行故障、检验、取样、冲洗、清洗过程或渗漏而产生的浆液。主要设备包括搅拌器和浆液泵。

我国应用的石灰石湿法 FGD 装置大多采用此工艺流程。该工艺的优点是：工艺成熟，运行安全可靠，可用率在 90％以上，适应负荷变化特性好。但系统较为复杂，初投资大，约占电厂总投资的 10％～20％，运行费用高，存在不同程度的设备积垢、堵塞、冰冻、腐蚀和磨损等问题。

为了提高烟气脱硫系统的性能以及运行的可靠性，降低初投资和运行费用，世界各国一直致力于传统技术的改造升级，或研究更先进的技术，从而不断开发出更先进的 FGD 装置。

（二）石灰石干粉喷注湿式 FGD 装置

石灰石干粉喷注湿式 FGD 装置如图 2-2 所示。与传统装置不同，该 FGD 装置不设单独的制浆罐，直接将干粉注入吸收塔。这种 FGD 装置对石灰石粉的粒度要求较高，要用超细石灰石粉。

直径小于 40mm 的石灰石块料被送入制粉系统，采用辊式中速磨制备石灰石粉。未经处理的烟气被用来干燥石灰石，从制粉系统排出的烟气返回到吸收塔内。磨制合格的石灰石粉被收集并采用气力输送到石灰石粉储仓。根据实际需要，石灰石粉被干式注入到吸收塔的反应罐中去。由于亚硫酸钙氧化和石膏结晶析出的反应速率比石灰石消溶速率快得多，因此，石灰石消溶是整个反应体系的关键步骤。为保证石灰石消溶速率，使用超细石灰石粉，其粒度要求 99.5％通过 325 目（44μm）筛。

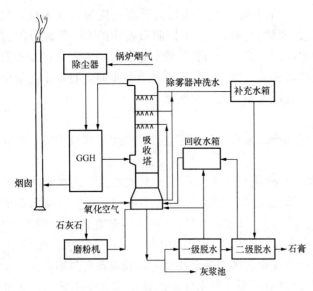

图 2-2　石灰石干粉喷注湿式 FGD 装置

喷淋式吸收塔采用高烟气表面流速、细石灰石粉,从而大大减少了吸收塔尺寸。塔内安装有三层喷嘴,两层运行,一层备用。由于喷淋式系统具有较高的喷淋密度,可以将烟气流速从 3m/s 提高到 5.54~6.1m/s,传质速率显著增加,液气比和能耗显著下降,而脱硫效率保持不变。该吸收系统对于含硫量为 3.0% 的燃煤所产生的烟气,脱硫效率可达到 95% 以上。

反应罐是吸收塔的主体部分,它提供适宜的停留时间以完成石灰石消溶、亚硫酸钙氧化和石膏结晶析出等一系列关键反应。常规的反应停留时间为 6min,而该工业的反应停留时间按 3min 设计,减少了 50%。

在水平烟道与吸收塔的拐弯处设一级水平倾角为 30° 的大雾滴除雾器,它在高烟气流速下运行时仍可按要求疏水。同时为第二级除雾器提供了均匀的烟气分布。倾斜的大雾滴除雾器可防止吸收塔顶部沉积物堆积。在水平道内装一级 4 通道常规卧式人字形除雾器,实际烟速为 6.10m/s,运行流速可达 6.71m/s。

该湿法 FGD 装置结构紧凑,采用细石灰石浆液罐和石灰石浆液排放坑,从而降低了初投资成本、运行成本和维护费用。

(三)喷射式鼓泡反应器 FGD 装置

喷射式鼓泡反应器 FGD 装置如图 2-3 所示,该装置与其他 FGD 装置不同之处在于,吸收塔中的吸收剂成为连续相,烟气成为分散相,从而大大降低了传质阻力,加快了反应速率,增大了装置的处理能力。

喷射式鼓泡反应器是 FGD 的核心装置。烟气经过气体分配设备,垂直向下鼓入石灰石浆液表面以下,形成两相射流后产生沸腾状气泡并浮出浆液。在此过程中烟气中的 SO₂ 与浆液充分接触,反应生成亚硫酸钙,氧化空气从鼓泡反应器的底部进入,经分配管线均匀分配到浆液中,使亚硫酸钙氧化,生成石膏。该装置对烟气含尘量的要求较低,在高粉尘浓度条件下,也能够较好地运行并获得较高的脱硫效率。

该脱硫装置具有以下特点:

(1)SO₂ 的吸收、氧化、中和、晶析等过程都在喷射式鼓泡反应器中集中进行,省去了为循环大量石灰石

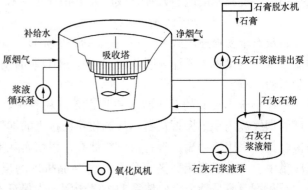

图 2-3　喷射式鼓泡反应器 FGD 装置

浆液而使用的高扬程泵。工艺流程简单，占地面积小，设备少，装置紧凑，初投资低，运行可靠，维护方便，运行费用低。

（2）FGD装置在低pH值条件下运行，不存在结垢和堵塞的问题，对负荷的变化适应性较强。脱硫性能只靠调节石灰石进料量来维持石灰石浆液的pH值和调节反应器的液面来控制，控制系统简单。

（3）石灰石利用率几乎达到100%。

（4）系统有很高的除尘效率，当采用石膏抛弃工艺时，可不设除尘器。

该脱硫装置还存在以下问题：

（1）吸收过程消耗动力大。由于是鼓泡接触吸收反应，因此净化后的烟气温度低，还会加大吸收塔的压力损失，尤其在为了获得较高的脱硫效率时更是如此。

（2）排烟温度低。由于气体是从液体中涌出，因此净化后的烟气温度低，需要安装烟气加热装置，以满足烟气抬升高度，便于污染物的输送扩散。

（3）设备需作防腐处理。由于反应塔处于低pH值运行状态，因此需要加装防腐内衬。

（四）双循环FGD装置

双循环石灰石湿法FGD装置如图2-4所示。该装置的特点是采用单塔两段工艺，即在塔内分为吸收塔上段和吸收塔下段，并且上下两段分别配置各自独立的浆液循环泵。新鲜的石灰石一般单独引入上循环，但也可以同时引入上下两个循环。烟气与不同的pH值浆液接触，达到脱硫的目的。

从除尘器出来的烟气，首先沿切向或垂直方向进入塔内吸收塔下段，与下循环浆液接触，并被冷却至饱和温度。

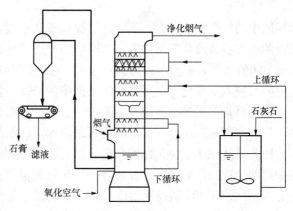

图2-4 双循环石灰石湿式FGD装置

下循环浆液一部分来自吸收塔下部反应池，一部分由上循环浆液来补充。该段循环浆液pH值约为4.5，这是石灰石溶液、亚硫酸氢根氧化为硫酸根以及石膏生成析出的最佳pH值。经过吸收塔下段循环浆液冷却的烟气进入吸收塔上段的吸收区，烟气流与石灰石循环浆液逆向流动接触。该段循环浆液pH值保持在6.0左右。石灰石浆液喷淋层以及较低的反映温度和较高的pH值，保证了烟气中的SO_2被快速高效吸收，从而使脱硫效率达到95%以上。

双循环石灰石湿法FGD装置的特点如下：

（1）在同一反应塔中将两个反应区域分开，使各个反映过程都得到最佳的化学反应条件，并且通过控制pH值，避免硫酸钙过饱和波动引起的结垢和堵塞。

（2）吸收塔下段循环浆液pH值保持在4.5左右，有利于石膏的生成，也有利于提高石灰石的利用率，并使亚硫酸氢根几乎全部就地氧化为硫酸根，进而以石膏的形式结晶析出。

（3）在吸收塔下段，烟气中的HCl和HF被除去，因此，在吸收塔的上下两段可采用不同的防腐材质，从而节省投资。

（4）吸收液中形成的亚硫酸钙是非常有效的缓冲剂，使溶液的pH值不随烟气中SO_2浓度的波动而变化。

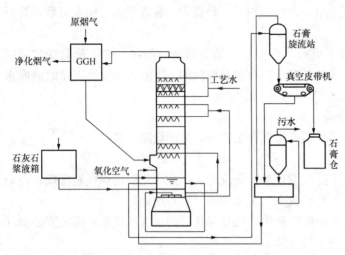

图 2-5　脉冲悬浮搅拌式 FGD 装置

（五）脉冲悬浮搅拌式 FGD 装置

脉冲悬浮搅拌式 FGD 装置如图 2-5 所示，该装置采用脉冲悬浮系统代替机械搅拌，采用池分离技术为氧化和结晶提供最佳反应条件。

1. 分离型反应池

FGD 装置的反应池采用池分离器将其分为独立的上、下两部分，且上、下两部分的浆液不会发生混合。上部分为氧化区，在低 pH 值下运行，为氧化反应提供适宜的氧化条件。位于池分离器间隔中的氧化空气管为上部氧化区提供氧化空气。部分浆液从上部排出至石膏脱水系统。新鲜的石灰石浆液从下部加入，经吸收塔循环浆液泵送至喷淋吸收区的喷嘴中。反应池上部浆液 pH 值较低，有利于提高氧化效率。该反应池具有以下特点：

（1）鼓入的氧化空气可强排出浆液中的 CO_2，促进底部新鲜石灰石的消溶过程。

（2）石膏浆液排出处的石灰石浓度最低，而石膏浓度最高，有利于获得高品质石膏。

（3）底部通过添加新鲜的石灰石浆液保证较高的 pH 值，以利于 SO_2 的快速高效吸收。

因此，从化学反应条件的角度，该装置与双循环装置有异曲同工之处，都是在同一反应器中将两个反应区域分开，并使各个反应过程都能得到最佳的化学反应条件，只是实现的方式方法不同。从 pH 值控制角度来看，该装置下部反应区高而上部反应区低，双循环装置则相反。此外，该装置上下两层的浆液不发生混合。

2. 喷淋层与喷嘴

吸收塔内沿高度方向布置的几层喷淋层相互叠加，并在水平面内错开一定角度，对喷淋层喷嘴的数量进行优化，低负荷时可以停掉某个或几个喷淋层，从而在锅炉负荷变动时保证脱硫装置高效经济运行。

为了达到预期的脱硫效率，该装置采用切向空心锥型喷嘴使液滴直径保持在适当的范围内。该喷嘴具有以下特点：

（1）喷嘴流量较低时，仍能保持适宜的液滴直径。

（2）低流速条件下，在喷嘴最小断面上下不会发生堵塞。

（3）可同时向上和向下喷射浆液，喷淋浆液形成的锥体在相邻的两个喷淋层中部进行重叠，从而提高了脱硫效率。

（4）喷嘴采用碳化硅制成，防腐耐磨，且不含易堵塞的内置件，提高了装置的可靠性。

3. 脉冲悬浮系统

该装置的反应池搅拌是通过脉冲悬浮方式完成的。吸收塔内采用几根带有朝向吸收塔底部的喷嘴的管子，通过脉冲循环系统将液体从吸收塔反映池上部抽出，经管路重新打回反应池内。当液体从喷嘴中喷出时产生脉冲，依靠脉冲作用可搅拌起吸收塔底部的固体物质，以防止产生沉淀。

4. 除雾器

除雾器布置在塔顶，并采用一体化设计。烟气穿过除雾器后向上进入净烟气烟道。除雾器的第一级可除去较大液滴，第二级除去剩余的较细的液滴。运行时需要对除雾器进行定时冲洗。

脉冲悬浮搅拌式石灰石湿法 FGD 装置具有以下特点：

（1）紧凑的设备设计，节约投资和空间。

（2）吸收塔的喷嘴不含内部构件，不会发生喷嘴堵塞现象。

（3）独特的反应池设计，为各个反映过程提供最佳的化学反应条件。

（4）脉冲悬浮系统冲洗吸收塔的水平池底，避免阻塞和石膏沉降问题，不需要搅拌器。

（5）可采用烟塔合一的净化烟气排放方式，或者在吸收塔顶部加一个湿烟囱，而省去烟气再热器。

（6）采用橡胶垫衬，弧型结合包覆，镍合金壁纸，玻璃钢固化材料和环氧树脂涂层等防腐。

（六）液柱塔 FGD 装置

液柱塔 FGD 装置如图 2-6 所示。它的特点在于采用双接触、顺/逆流、组合型液柱式吸收塔。

液柱式吸收塔在氧化槽上部安装向上的喷嘴，循环浆液泵将石灰石浆液打到喷管，由喷嘴喷出，形成液柱。烟气和浆液可采用并流、对流和湍流等多种组合形式。液柱式吸收塔向上的喷嘴喷射高密度浆液，高效地进行气液接触传质。大量的液滴向上喷出时，液滴与烟气的接触面积很大。液滴上升至最大高度后回落，与向上运动的液滴相碰撞，形成密度很大、

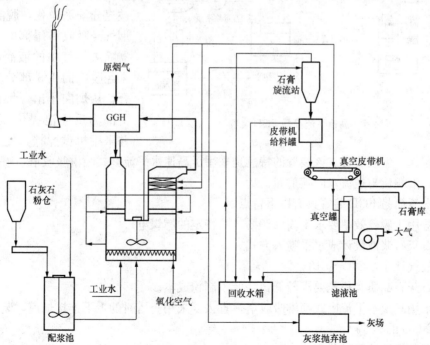

图 2-6　液柱塔 FGD 装置

直径更小的液滴，进一步加大了气液接触传质。由于浆液在向上喷出时形成湍流，因此SO_2的吸收速度很快。喷射出的浆液以及滞留在空中的浆液与烟尘产生惯性冲击，具有很高的除尘效率。

液柱塔FGD装置的主要特点是液柱塔结构简单，占地面积小，液柱阻力低，浆液循环泵的台数少，动力消耗低，气液接触面积大，脱硫效率高。吸收塔可做成方形，便于布置喷浆液管，也便于吸收塔防腐内衬的施工和维修。

（七）高速平流简易FGD装置

高速平流简易FGD装置如图2-7所示。该装置采用卧式吸收塔，是一种以降低脱硫效率为代价，换取低投资、低成本的简易性技术。

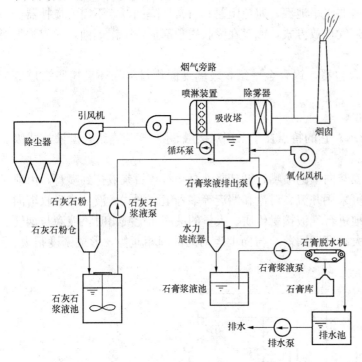

图2-7　高速平流简易FGD装置

从锅炉烟道分流出的2/3部分烟气，经脱硫风机升压后进入卧式吸收塔，以7～12m/s的流速水平通过喷淋段。喷淋段由多根喷雾管排成数列，每列由数根管组成，每根管上有数个水平方向的雾化喷嘴。沿顺流与逆流射出的雾状石灰石浆液充满整个喷雾区，烟气与石灰石浆液充分接触后，进入浆液反应池上部。由于设备截面突然扩大，烟气流速降低，被充分洗涤净化，脱除SO_2的烟气经吸收塔尾部的二级除雾器除去烟气中的液滴，然后与未经脱硫的1/3部分原烟气混合，从烟囱排出。氧化风机由下部为反应池提供氧化空气，并采用机械搅拌，使亚硫酸钙氧化成硫酸钙，生成石膏。该装置的特色是采用了高速水平流卧式喷淋吸收塔，喷嘴沿竖直方向布置，沿顺流与逆流双向喷射。

高速平流简易FGD装置具有以下特点：

（1）适用于脱硫效率要求不高（80%）的特定的燃煤电厂。

（2）石灰石浆液设计成水平喷入方式。

（3）液气比小，L/G为15。

（4）石灰石品质和粉粒要求较低，降低了制粉成本。

（5）采用高速水平流卧式喷淋吸收塔，省去了采用竖塔时的上下连接烟道，装置造价为常规湿法FGD的50%。

四、石灰石湿法脱硫模型

由于石灰石脱硫剂中含有Ca、Mg及其他物质，烟气中有CO_2、O_2、SO_2、HCl、

NO_x、N_2 等气体，飞灰中含有 Na、K、Cl、F 等物质，这些物质在溶液中相互作用，生成多达 40 多种的中性和腐蚀性物质及 7 种固体物质，因此采用石灰石浆液脱除烟气中的 SO_2 是个极为复杂的体系。石灰石/石膏湿法烟气脱硫工艺流程如图 2-8 所示。

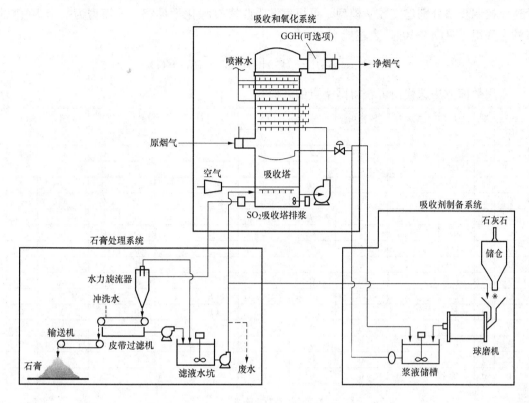

图 2-8　石灰石/石膏湿法烟气脱硫工艺流程

自 1969 年 Ramadhandran 和 Sharma 提出石灰石湿法烟气脱硫模型以来，有大量的模型被提出，但大多数模型限制很多，且仅适合于某一特定的 WFGD 过程。江苏苏源环保工程股份有限公司研究人员以气液逆流喷淋吸收塔为基础，建立了一个包含所有速率控制步骤、反应器和主要反应组分或离子的 WFGD 数学模型，为工业喷淋塔装置的设计和优化提供了依据。

WFGD 过程化学和质量传递示意图如图2-9所示，可见脱硫反应速率取决于四个速率控制步骤，即 SO_2 的吸收、HSO_3^- 的氧化、石灰石的溶解及石膏的结晶。

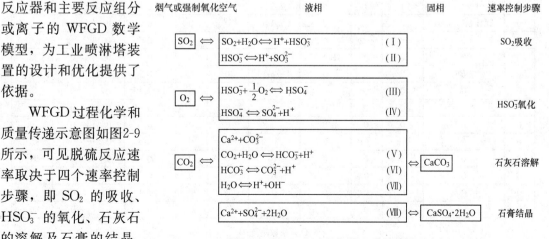

图 2-9　WFGD 过程化学和质量传递示意图

喷淋吸收塔过程化学模型认为吸收塔上部喷淋区为活塞流反应器，下部浆液池为全混釜反应器，因此该模型可分成两部分，即喷淋吸收区模型（活塞流反应器）和氧化反应区模型（全混釜反应器）。循环浆液流将这 2 个反应器连通，按照该分区原则，采用双膜理论对上述四个速率控制步骤分别建立数学模型，可得喷淋吸收塔过程化学模型，该模型为一个 16 维的线性方程组（见图 2-10），表述成

$$A(i)^* x[i,:] = B^* x[i-1,:] + h^* C(i)$$

采用数值方法迭代便可获得网格点的近似解。

Mn^{2+}	CO_2	HSO_4^-	SO_4^{2-}	$[SO_2]_{气相}$	$[CO_2]_{气相}$	$[CO_3^{2-}]$	$[H^+]$	$[O_2]_{气相}$	$[O_2]$	OH^-	HCO_3^-
0	0	1	1	0	0	0	0	0	0	0	0
0	0	0	0	0	0	0	0	0	0	0	0
−1	1	0	0	0	0	1	0	0	0	0	1
0	1	1	1	0	0	1	0	0	0	0	1
0	1	0	0	0	0	0	0	0	0	0	0
2	0	−1	−2	0	0	−2	1	0	0	−1	−1
0	0	0	0	1	0	0	0	0	0	0	0
0	0	0	0	0	1	0	0	0	0	0	0
0	0	0	0	0	0	0	0	1	0	0	0
0	0	0	0	0	0	0	$HSO_3^-(n-1)$	0	0	0	0
0	0	0	0	0	0	0	$SO_3^{2-}(n-1)$	0	0	0	0
0	0	$-K_{VI}$	$H^+(n-1)$	0	0	0	$SO_4^{2-}(n-1)$	0	0	0	0
0	0	0	0	-0	0	$H^+(n-1)$	$CO_3^{2-}(n-1)$	0	0	0	$-K_{XII}$
0	0	0	0	0	0	0	$OH^-(n-1)$	0	$H^+(n-1)$	0	0
0	0	0	0	0	0	0	0	0	1	0	0
1	0	0	0	0	0	0	0	0	0	0	0

（a）系数矩阵 A

Mn^{2+}	CO_2	HSO_4^-	SO_4^{2-}	$[SO_2]_{气相}$	$[CO_2]_{气相}$	$[CO_3^{2-}]$	$[H^+]$	$[O_2]_{气相}$	$[O_2]$	OH^-	HCO_3^-
0	0	1	1	hA	0	0	0	0	0	0	0
0	0	0	0	$hA1$	0	0	0	0	0	0	0
−1	$1+hB2$	0	0	0	$hA2$	1	0	0	0	0	1
0	$1+hB3$	1	1	0	$hA3$	1	0	0	0	0	1
0	$hD4+1+hB4$	0	0	0	$hA4$	0	0	0	0	0	0
2	0	−1	−2	0	0	−2	1	0	0	−1	−1
0	0	0	0	$1+hA5$	0	0	0	0	0	0	0
0	$hB6$	0	0	0	$1+hA6$	0	0	0	0	0	0
0	0	0	0	0	0	0	0	$1+hA7$	$hB7$	0	0
0	0	0	0	0	0	0	0	0	0	0	0
0	0	0	0	0	0	0	0	0	0	0	0
0	0	$-K_{VI}$	0	0	0	0	0	0	0	0	0
0	0	0	0	0	0	0	0	0	0	0	$-K_{XII}$
0	0	0	0	0	0	0	0	$1+hA8$	$hB8$	0	0
1	0	0	0	0	0	0	0	0	0	0	0

（b）系数矩阵 B

图 2-10　喷淋吸收塔过程化学模型（一）

$$C \cdot [Ca^{2+}](i-1)[SO_4^{2-}]+D$$
$$C1 \cdot [HSO_3^-]^{3/2}(i-1)[Mn^{2+}]^{1/2}(i-1)[O_2](i-1)$$
$$C2 \cdot [Ca^{2+}](i-1)[SO_4^{2-}](i-1)+D2$$
$$C3 \cdot [Ca^{2+}](i-1)[SO_4^{2-}](i-1)+D3+E3 \cdot [HSO_3^-]^{3/2}(i-1)[Mn^{2+}]^{1/2}(i-1)[O_2](i-1)$$
$$C4 \cdot [HCO_3^-](i-1) \cdot [H^+](i-1)$$
$$0$$
$$0$$
$$0$$
$$0$$
$$[H^+](i-1) \cdot [HSO_3^-](i-1)+[HSO_3^-](i-1) \cdot [H^+](i-1)$$
$$[H^+](i-1) \cdot [SO_3^{2-}](i-1)+[SO_3^{2-}](i-1) \cdot [H^+](i-1)$$
$$[H^+](i-1) \cdot [SO_4^{2-}](i-1)+[SO_4^{2-}](i-1) \cdot [H^+](i-1)$$
$$[H^+](i-1) \cdot [CO_3^{2-}](i-1)+[CO_3^{2-}](i-1) \cdot [H^+](i-1)$$
$$[H^+](i-1) \cdot [OH^-](i-1)+[OH^-](i-1) \cdot [H^+](i-1)=0$$
$$C8 \cdot [HSO_3^-]^{3/2}(i-1)[Mn^{2+}]^{1/2}(i-1)[O_2](i-1)$$

(c) 矩阵 C

图 2-10 喷淋吸收塔过程化学模型（二）

上述喷淋吸收塔过程化学模型的计算需要大量的参数，如化学平衡常数、石灰石和石膏溶解平衡常数、液相扩散系数、亨利系数、黏度、密度及气液扩散系数等。本模型采用文献数据、经验半经验公式估算结合实验测定的方法获取。

第二节　石灰石浆液制备系统及设备

为了提高脱硫效率，降低初投资运行费用，国内外厂商相继开发出了各具特色的石灰石湿法烟气脱硫装置，本章就国内常见的石灰石湿法烟气脱硫装置及主要设备作一介绍。

一、石灰石浆液制备系统

根据石灰石的磨制方式是干磨或湿磨，可将石灰石浆液制备分为干粉制浆或湿式制浆两种方法。

1. 干粉制浆

干粉制浆系统示意图如图 2-11 所示。石灰石用卡车送至石灰石料斗，经过石灰石振动卸料机送入输送皮带机。石灰石料斗上装有一个带布袋除尘器的吸尘罩。原石灰石中的金属杂质经皮带机上的金属分离器去除。石灰石经斗式提升机送入石灰石料仓。在石灰石料仓的

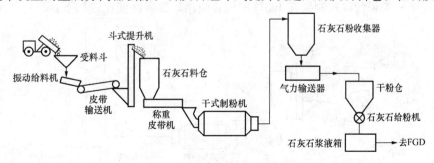

图 2-11 干粉制浆系统示意图

顶部也装有一个布袋除尘器，防止粉尘飞扬。

根据石灰石磨制系统的要求，通过称重皮带给料机和给料皮带机从石灰石料仓中输送所需的量。由磨粉机出来的石灰石气粉混合物经收尘器实现气粉分离，石灰石粉由气力输送系统送至石灰石粉仓。粉仓中的石灰石粉再经给粉机进入石灰石浆液箱，加入一定比例的水，经机械搅拌后由浆液泵送入 FGD 吸收塔。

为了除去石灰石中的氯化物、氟化物以及其他一些杂质，通常在斗式提升机前面设两条皮带机。前面的一条为洗涤皮带机，用工艺水冲洗石灰石块料；后面的一条为烘干皮带机，用热风将石灰石块料烘干。

有些干粉制浆系统没有单独的石灰石浆液箱，而是将超细石灰石粉（99.5％的石灰石颗粒小于 $44\mu m$）直接注入到吸收塔中。

根据来料的不同，有外购石灰石粉、厂外制粉和厂内制粉三种情况，三种情况各有利弊。直接外购满足 FGD 运行要求的石灰石粉，运至电厂石灰石粉仓存储，在电厂制成浆液。该法节约占地面积以及制粉设备的初投资和运行维护费用，但相应的石灰石粉价格要比块料高，导致 FGD 运行成本增加，同时，石灰石粉源和品质还要受外界条件制约。厂外制粉的好处在于可减小 FGD 装置在电厂内的占地面积，可以利用矿区贫瘠土地建制粉站，避免制粉中的扬尘及设备噪声对厂区的影响。厂内制粉需要占电厂面积，制粉中产生的扬尘及设备噪声会对厂区造成污染。

2. 湿式制浆

湿式制浆系统工艺流程示意图如图 2-12 所示，由破碎系统和湿式球磨机制浆系统组成。石灰石破碎系统用于将石灰石料破碎成小于 6mm 的石灰石细料并储存。汽车将石灰石卸到石料受料斗，通过受料斗底部的振动给料机向破碎机供给石料，石料经破碎机破碎，破碎后的石料经输送皮带送到斗式提升机，斗式提升机将石料送到石灰石仓。石料经石灰石仓下部的阀门供给制浆系统。石料接受仓上设置布袋除尘器，防止卸料时粉尘飞扬。来自石灰石仓中预破碎的石料通过称重皮带给料机进入湿式球磨机制成石灰石浆液，送入湿磨机浆液箱。然后浆液再由湿磨机浆液泵送入石灰石旋流站，对石灰石浆液进行分选。旋流器中的稀浆液流入石灰石浆液箱，用做吸收剂，下层的稠浆液送入湿磨机重新磨制。石灰石浆液箱中的浆液经石灰石浆液泵送入吸收塔。石灰石浆液箱中装有搅拌器，防止沉淀。石灰石浆液有一定的设计浓度，向吸收塔的给料速率根据锅炉负荷、烟气中的 SO_2 的浓度、吸收剂浆液 pH 值而定。

目前，干粉制浆和湿式制浆在 FGD 中均有应用，二者性能比较如下：

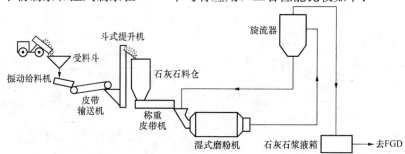

图 2-12 湿式制浆系统工艺流程示意图

（1）干粉制浆和湿式制浆在石灰石块料入磨之前的工序基本相同。湿式制浆系统省去了干粉制浆所需的复杂的气力输送系统，以及诸如高温风机、气粉分离设备等，因此系统得到简化，占地面积小，设备发生故障的可能性大为降低。一般干粉制浆系统的初投资比湿式制浆系统高20%～35%。虽然湿式磨比干式磨的电耗高，但就整个系统而言，湿式制浆比干粉制浆运行费用要低8%～15%。

（2）与干粉制浆相比，湿式制浆对石灰石粉量和粒径的调节更方便。干粉制浆主要通过调整磨粉机的运行参数来实现，而湿式制浆还可以通过调整水力旋流器的性能参数来达到目的。

（3）湿式制浆需要注意浆液泄漏外流问题，干粉制浆需要注意扬尘问题。

（4）湿式磨比干式磨的噪声小。

二、主要设备及关键参数

1. 磨粉机

石灰石制浆部分的最主要设备是磨粉机。干式制粉系统一般选用立式旋转磨，湿式制粉系统一般采用卧式球磨机。这两种磨粉机均可生产出超细石灰石粉，325目过筛率95%，并且运行平稳、能耗低、噪声小、占地面积小、维修方便。但是，目前FGD磨粉机大多采用进口的，成本较高。湿式球磨机示意图如图2-13所示。

电动机通过离合器与球磨机小齿轮之间连接，驱动球磨机旋转。润滑系统包括低压润滑系统和高压润滑系统。低压润滑系统通过低压油泵向球磨机两端的齿轮箱喷淋润滑油，对传动齿轮进行润滑和降温；高压润滑系统通过高压油泵将润滑油打向球磨机两端的轴承，在两个轴承处将球磨机轴顶起。来自球磨机轴承的油再打回油箱。油箱中设有加热器，用以提高油温，降低黏

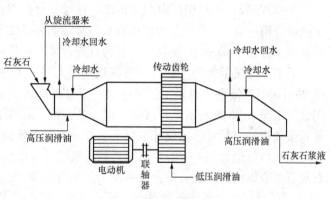

图2-13 湿式球磨机示意图

度，从而保证其具有良好的流动性。低压润滑系统设有水冷却系统，用来降低低压润滑油的温度，防止球磨机齿轮和轴承等转动部件温度过高。

2. 石灰石料仓

石灰石块料直径大部分是20～50mm，主要依靠重力向称重皮带机供料。为了防止发生堵塞现象，石灰石料仓下部的锥角通常为50°～60°。当石灰石料仓较大时，可将出口锥角设计成阶梯形。

3. 石灰石粉仓

在石灰石粉仓中，石灰石粉很细，一般的FGD要求石灰石粉的粒径95%以上小于44μm（325目筛），其安息角约为35°，且随着石灰石粉含水率的增大而增大，它也是主要依靠重力排料。由于石灰石粉的安息角较大，密度低，具有一定的黏附性和荷电性，因此石灰石粉仓的锥角通常不低于45°～55°。具体设计时，应充分考虑到石灰石粉的粒度、黏附性和含水率，最好对其安息角进行实际测验。

由于实际运行工况的复杂性，由石灰石粉结块、搭桥等现象导致粉体流通不畅的情况时

有发生，因此需要用压力约为 0.2～0.5MPa 的气体进行流化。

三、石灰石浆液制备系统设计

石灰石卸料及储存场所宜布置在常年最小风频的上风侧。石灰石浆液制备场地宜在吸收塔附近集中布置，或结合工艺流程和场地条件因地制宜布置。设计中，浆液制备系统可供选择的方案有三种：

（1）由市场直接购置粒度符合要求的粉状成品，加水搅拌制成石灰石浆液。

（2）由市场购置一定粒度要求的块状石灰石，经石灰石湿式球磨机制成石灰石浆液。

（3）由市场购置块状石灰石，经石灰石干式磨粉机磨制成石灰石粉，加水搅拌制成石灰石浆液。

石灰石浆液制备系统的选择应根据石灰石来源、投资、运行成本及运输条件等进行综合技术经济比较后确定。当资源落实、价格合理时，应优先采用直接购置石灰石粉方案。当条件许可且方案合理时，可选用湿式制浆方案。如果必须新建石灰石粉厂时，用优先考虑区域性协作即集中建厂，且应根据投资及管理方式、加工工艺、厂址位置、运输条件等因素进行综合技术经济论证。当采用石灰石块进厂方式时，根据原料供应和厂内布置等条件，宜布设石灰石破碎机。

300MW 及以上机组厂内制浆系统，宜每 2 台机组合用一套。当规划容量明确时，也可多机组合用一套。1 台机组脱硫的石灰石浆液制备系统宜配置 1 台磨粉机，并相应增大石灰石浆液箱容量。200MW 及以下机组的石灰石浆液制备系统宜全厂合用。

对于 2 台机组合用一套石灰石浆液制备系统，石灰石浆液箱的容量可选用设计工况下 6h 的石灰石浆液量；对于 4 台机组用一套吸收剂浆液制备系统，石灰石浆液箱的容量可选用设计工况下 8h 的石灰石浆液量；对于更多台数的机组合用一套吸收剂浆液制备系统，石灰石浆液箱的容量可选用设计工况下 10h 的石灰石浆液量。

当 2 台机组合用一套石灰石浆液制备系统时，每套系统宜设置 2 台石灰石湿式球磨机及石灰石浆液旋流分离器，单台设备出力按实际工况下石灰石消耗量的 75% 选择，应满足不小于 50% 校核工况下的石灰石消耗量。

对于多台机组合一套制浆系统时，宜设置 $n+1$ 台石灰石湿式球磨机及石灰石浆液旋流分离器，n 台运行，1 台备用。

采用干粉制浆系统，每套的容量应不小于 150% 的设计工况下石灰石消耗量，且不小于校核工况下的石灰石消耗量。磨粉机的台数和容量经综合技术经济比较后确定。

湿磨机浆液制备系统的石灰石浆液箱容量应不小于设计工况下 6～10h 的石灰石浆液量；干式磨粉制浆液系统的石灰石浆液箱容量应不小于设计工况下 4h 的石灰石浆液量。每座吸收塔应设置 2 台石灰石浆泵，一台运行，一台备用。

石灰石仓或石灰石粉仓的容量应根据市场运输情况和运输条件确定，一般不小于设计工况下 3d 的石灰石消耗量。吸收剂的制备贮运系统应设有防止二次扬尘、污染等措施。

浆液管道的设计应充分考虑工作介质对管道系统的腐蚀与磨损，一般应选用衬胶、衬塑管道或玻璃钢管道。管道内介质流速的选择既要考虑避免浆液沉淀，也要考虑管道的磨损和压力损失应尽可能小。

浆液管道上的阀门宜选用蝶阀，尽量少用调节阀，阀门的流通直径宜与管道一致。浆液管道上应有排空和停运自动冲洗的措施。

第三节　吸收系统及设备

一、吸收系统

吸收系统是 FGD 的核心装置，一般由 SO_2 吸收塔、浆液循环系统、石膏氧化系统、除雾器等四部分组成。烟气中的 SO_2 在吸收塔内与石灰石浆液进行接触，SO_2 被吸收生成亚硫酸钙，在氧化空气和搅拌的作用下于反应槽中最终生成石膏。吸收剂浆液经吸收塔浆液循环泵循环。吸收塔出口烟气中的雾滴经除雾器去除。

目前，世界上已开发出几十种工业化石灰石湿法 FGD 装置，其主要区别或关键的核心技术就在于吸收塔。

二、主要设备及关键参数

（一）吸收塔

吸收塔的布局根据具体功能分为吸收区、脱硫产物氧化区和除雾区。烟气中的有害气体在吸收区与吸收液接触被吸收；除雾区将烟气与洗涤浆液滴及灰分分离；吸收 SO_2 后生成的亚硫酸钙在氧化区进一步被鼓入的空气氧化为硫酸钙，最终以石膏的形式结晶析出。吸收塔内部必须进行防腐处理，如采用衬胶防腐，或者玻璃鳞片涂层防腐等。

不同的吸收塔采用不同的吸收区设计，按照工作原理来分类，主要有填料塔、喷雾塔、鼓泡塔、液柱塔、液幕塔、文丘里塔、孔板塔等。

1. 填料塔

填料塔主要有两种类型：格栅填料塔和湍球塔。

格栅填料塔是塔内放置格栅填料，浆液循环泵将石灰石浆液送到溢流型喷嘴，浆液溢流到格栅上，烟气一般顺流（即与液流方向一致）进入吸收塔，在格栅上气和浆液充分接触传质，完成二氧化硫的吸收过程，从而达到脱硫的目的。

图 2-14 为典型的顺流式格栅填料吸收塔。塔顶喷淋装置将脱硫浆液均匀地喷洒在格栅顶部，然后自塔顶淋在格栅表面上并逐渐下流，这样能够形成比较稳定的液膜。气温通过各填料之间的空隙下降与液体作连续的顺流接触。气体中的 SO_2 不断地被溶解吸收。处理过的烟气从塔底氧化池上经过，然后进入除雾器。

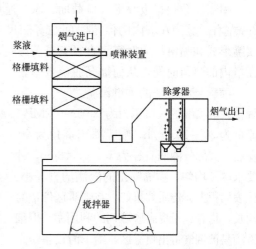

图 2-14　典型的顺流式格栅填料吸收塔

格栅填料塔要求脱硫浆液能够比较均匀地分布于填料之上，而且在格栅表面上的降膜过程中，要求连续均匀。格栅必须具有较大的比表面，较高的空隙率，较强的耐腐蚀性，较好的耐久性和强度以及良好的可湿性。在目前的应用中，填料中的结垢堵塞问题还未彻底解决，该系统需要较高的自控能力，保证整个反应在合适的状态下运行，以尽量降低结垢的风险。

这种填料吸收塔的优点是采用溢流型喷嘴，循环泵能耗较低，喷嘴的磨损情况大为缓解。其缺点是格栅容易被 $CaSO_4 \cdot 2H_2O$ 及 $CaSO_3$ 堵塞，需要定时清洗，维护费用较高。填

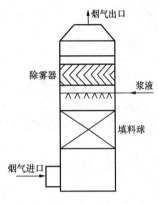

图 2-15　湍球塔结构

料塔已呈逐渐被弃用的趋势。

湍球塔是以气相为连续相的逆向三相流化床，在湍球塔的两层栅栏之间装有许多填料球（通常为聚乙烯或聚丙烯注塑而成的空心球）。下栅栏自由流通面积一般大于 70%，以便重力排放。烟气由烟道进入塔的下部，填料球处于均匀流化状态，吸收剂自上而下均匀喷淋，润湿小球表面，进行吸收。由于气、液、固三相接触，小球表面的液膜不断更新，增强了气、液两相之间的接触和传质，达到高效脱硫和除尘之目的，净烟气经除雾器后排出湍球塔。湍球塔结构如图 2-15 所示。

湍球塔具有处理烟气量大、稳定性好、吸收率高、占地面积小、造价低廉、操作容易、维护简单方便等特点，可用于各种条件下的烟气脱硫。但其阻力较大，需要定期更换填料箱。采用空心不锈钢球可以延长填料球的更换周期。

2. 喷淋塔

喷淋塔又称空塔或喷雾塔，塔内部件少，结垢可能性小，阻力低，是湿法 FGD 装置的主流塔型，通常采用烟气与浆液逆流接触方式布置。

吸收塔上部布置若干层喷嘴，脱硫剂浆液通过雾化喷嘴形成液雾。含 SO_2 烟气与石灰石浆液液雾滴接触时，SO_2 被吸收。烟气中的 Cl、F 和灰尘等大多数杂质也在吸收塔中被去除。含有石膏、灰尘和杂质的吸收剂浆液部分被排入石膏脱水系统。同时，在吸收塔进口烟道处还提供工艺水冲洗系统进行定期冲洗，以防止结垢。

喷嘴层数根据吸收塔入口截面、SO_2 通量和脱硫效率等来确定，每层之间的距离一般在 2m 左右。雾滴在塔内的停留时间与雾滴尺寸、喷嘴出口速度、烟气流动方向和流速有关。喷嘴形式和喷淋压力对雾滴直径有显著影响，减小雾滴直径，可以增大传质面积，延长雾滴在塔内的停留时间，从而提高脱硫效率。

喷嘴是喷淋塔的关键设备之一。一般脱硫浆液喷嘴的入口压力为 0.05~0.2MPa，流量为 30~170m³/h，喷嘴喷出雾角为 90° 左右，大部分液滴直径为 500~3000μm，并要求尽量均匀。喷嘴喷出的液滴的直径小、比表面积大、传质效果好、在喷雾区停留时间长，均有利于提高脱硫剂的利用率。但细液滴易被烟气带出喷雾区，给下游设备带来影响，且压力要求高，能耗也高。因此，小于 100μm 的液滴要尽量少。在实际工程应用中，脱硫喷嘴雾化液滴的大小，既要满足吸收 SO_2 传质面积的要求，又要使烟气携带液滴的量降至最低水平。

目前，国内外的 FGD 通常采用压力式雾化喷嘴，压力式雾化喷嘴主要由液体

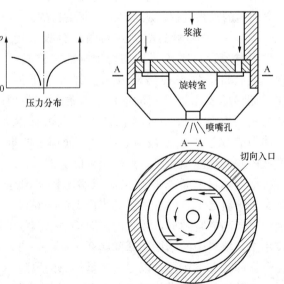

图 2-16　压力式雾化喷嘴的结构

切向入口、液体旋转室、喷嘴孔等组成，结构如图2-16所示。

石灰石湿法FGD装置中的压力式雾化喷嘴主要有以下几种（见图2-17）：

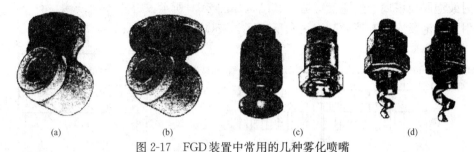

图2-17　FGD装置中常用的几种雾化喷嘴

（a）空心锥切线型；（b）实心锥切线型；（c）实心锥型；（d）螺旋型

（1）空心锥切线型喷嘴。采用这种设计的喷嘴，石灰石浆液从切线方向进入喷嘴的涡流腔内，然后从与入口方向成直角的喷孔喷出，可允许自由通过的颗粒尺寸大约为喷孔直径的80%～100%，喷嘴无内部分离构件，其外形如图2-17（a）所示，单向切线空心锥喷嘴如图2-18所示。由碳化硅材料铸成的空心锥型旋流切线喷嘴，工作压力为0.1～0.2MPa。这种喷嘴比类似的实心锥旋流喷嘴的自由畅通直径要大许多，更适于在喷射循环石灰石浆液时使用，该喷嘴的应用最为普遍。

（2）实心锥切线型喷嘴。它与空心锥切线型喷嘴的设计类似，不同的是在涡流腔封闭的顶部使部分浆液转向喷入喷雾区的中央，以此来实现其喷雾效果，其外形如图2-17（b）所示。由碳化硅陶瓷材料铸造而成，允许自由通过的颗粒尺寸大小约为喷孔直径的80%～100%，产生的雾液滴直径比相同尺寸的实心锥型喷嘴大30%～50%。

（3）双空心锥切线型喷嘴。这种喷嘴是在一个空心锥切线腔体上设计两个喷孔，一个向下喷，另一个向上喷。采用炭化硅陶瓷材料制造，允许自由通过的颗粒尺寸大约为喷孔直径的80%～100%。

图2-18　单向切线
空心锥喷嘴

（4）实心锥型喷嘴。这种喷嘴通过内部叶片使石灰石浆液形成旋流，然后以入口的轴线为轴从喷嘴喷出，其外形如图2-17（c）所示。根据不同的设计，其允许通过的颗粒尺寸大约为喷孔直径的25%～100%，在相同条件下，产生的雾液滴直径是相同尺寸空心锥切线型喷嘴的60%～70%。

（5）螺旋型喷嘴。在这种喷嘴中，随着连续变小的螺旋线体，石灰石浆液经螺旋线相切后改变方向，呈片状喷射成锥状液雾，其外形如图2-17（d）所示。喷嘴无内部分离构件，工作压力为0.05～0.1MPa，允许自由通过的颗粒尺寸大约为喷空直径的30%～100%，在相同条件下，产生的雾液滴直径是相同尺寸空心锥切线型喷嘴的50%～60%。

（6）大通道螺旋型喷嘴。这种喷嘴是在螺旋型喷嘴的基础上经过变形后得到的。通过增大螺旋体之间的距离，允许通过的固体颗粒直径与喷嘴内径相同。

喷淋塔是目前国内外的发展方向，在石灰石湿法FGD中占据主导地位。这种脱硫塔结构简单，对煤种、锅炉负荷变化适应能力强，脱硫有效调节容易，维护方便且不易结垢或堵塞。近几年来，国外正在开发高速塔，将塔内烟气速度大幅度提高（可达6m/s以上），因而塔径减小，节约了投资。但如果吸收塔入口段设计不合理，其脱硫效率将受气流分布不均的影响，且石灰石浆液循环泵的能耗也较大。

3. 鼓泡塔

喷射鼓泡脱硫塔属于鼓泡反应器，其结构如图 2-19 所示。

喷射式鼓泡反应器有喷射鼓泡区和反应区，液体流动情况如图 2-20 所示。

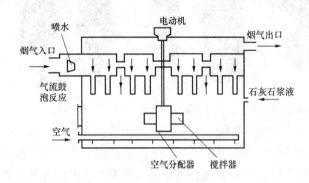

图 2-19　鼓泡反应器

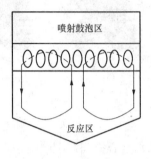

图 2-20　喷射鼓泡区与反应
区的液体流动情况

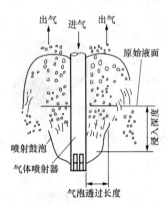

图 2-21　气体喷射装置

喷射鼓泡区下部设有气体喷射管，气体喷射装置（见图 2-21）将导入的烟气以 5～20m/s 的速度水平喷射到吸收液液面下 100～400mm 处，与吸收液激烈混合，形成 3～20mm 的气泡，然后由于浮力作用曲折向上并急剧分散，形成气泡层，实现气、液之间充分接触，吸收 SO_2，这个气泡层称为喷射鼓泡层。在喷射鼓泡层中，气体塔藏量与气体喷射装置浸入深度及气体喷射速度有关，浸入越浅、气体喷射速度越高，气体塔藏量越大。喷射鼓泡层中气相停留时间短，约 0.5～1.5s，而液相在反应器内的停留时间则长达 1～4h。

在反应区，由于空气鼓泡与机械搅拌（有的反应器安装机械搅拌装置），使气体与液体充分混合。喷射式鼓泡反应器内，气泡在喷射鼓泡区引起的液体循环代替了传统工艺的浆液循环泵的作用。由于氧化空气和石灰石浆液不断地被补充到反应区和气泡层，SO_2 的吸收、氧化和中和反应一并进行。同时，由于有悬浮的石膏晶体和足够的停留时间，可使石膏晶体成长至需要的大小。在强烈的氧化作用下，在该反应器中只有 SO_4^{2-}，没有 SO_3^{2-}，可获得高品质石膏。

该装置省略了再循环泵、喷嘴，将氧化区和脱硫反应区整合在一起，整个设计较为简洁，降低了投资成本。同时，气相高度分散在液相当中，具有较大的液体持有量和相间接触面，传质和传热效率高。但是，液相内部有较大的返混，而且阻力相对较大，占地面积比其他方法大。

4. 液柱塔

液柱塔的结构如图 2-22 所示。它由顺/逆流程的双塔组成，平行竖立于氧化反应罐上，顺流塔的横截面积是逆流塔的 5 倍左右。在顺流塔顶部水平安装二级除雾器，塔内的下部均匀布置向

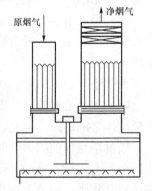

图 2-22　液柱塔的结构

上喷射的喷嘴，其喷射形式如图 2-23 所示。

烟气首先自上而下经过逆流塔，与向上喷射成柱状的石灰石浆液逆向进行汽液两相接触传质并与喷射后回落的高密度细微液滴继续进行同向传质和吸收。烟气从逆流塔流出经过反应罐上部折转 180°，自下而上通过顺流塔，与向上喷射的液柱及向下回落的液滴再次进行汽液两相高效接触，经除雾器除去烟气携带的液滴，流出吸收塔。

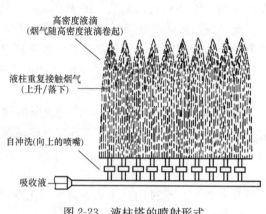

图 2-23 液柱塔的喷射形式

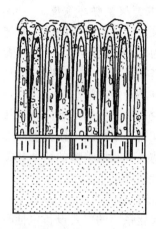

图 2-24 液幕塔的喷射形式

液柱塔循环浆液的质量浓度可增加到 20%～30%，比一般喷淋塔高 10%～15%；液气比可降为 15～25L/m³，比喷淋塔低约 5L/m³；循环泵出口压力为 0.012～0.2MPa，塔高 25～30m，喷嘴数目一般保持每平方米有 2 根喷管和 4 个喷嘴。和鼓泡塔一样，液柱塔对烟气含尘浓度要求不高。要求保证石膏副产物的纯度时，则需要和高效除尘器相搭配。由于液柱塔采用了空塔液柱喷射方式，喷头孔径大，不易堵塞，而且系统能够在比较大的范围内调节，因此对控制水平和脱硫剂粒度要求不高。

5. 液幕塔

液幕塔的喷射形式如图 2-24 所示。液幕式 FGD 吸收塔喷嘴中的浆液射流不在独立成为一个个的喷泉，而连接成为一片片的液幕，在合理的喷嘴布置结构和流动结构下，提高截面的液体含量。浆液的上升—下降流动使得液相内部和气相内部以及两相之间的混合度提高。主要的缺点是烟气流动阻力较大。

6. 文丘里塔

文丘里塔的结构如图 2-25 所示。在喷淋层的下部设有两排棒栅，上排为固定栅，下排为可活动的动栅。棒栅之间的间隙构成文丘里。棒栅的材质为合金钢，动栅的执行机构在塔外，可根据锅炉负荷调整两层棒栅之间的距离，从而保证在低流量时仍可以使烟气在塔截面上形成均匀的气流分布，并形成强烈的湍流，从而实现高效的气流传质。由于气流通过文丘里棒层时，棒栅能自转，因而具有自清理功能。由于文丘里层对气流分布以及气液传质的特殊贡献，浆液循环量比传统湿法低 50%左右，液气比仅为 8～12L/m³，脱硫系统能耗比传统湿法降低 17%～25%。

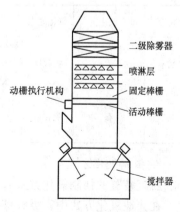

图 2-25 文丘里塔的结构

当 Ca/S＝1.01～1.05 时，脱硫效率可达 95％ 以上，该塔的阻力较高。

7. 孔板塔

孔板塔（如筛孔板、穿流栅孔板塔）与填料塔相比，具有空塔速度高、生产能力大、造价较低、检修维护容易，在适合的导流条件下放大效应不明显等特点。目前筛孔板在镁法和海水脱硫工艺中应用较广。采用石灰石浆液做脱硫剂时，存在结垢、堵塞现象。

（二）浆液循环系统

浆液循环泵是浆液循环系统的主要设备，用于循环石灰石浆液。由于浆液循环泵的运行介质为低 pH 值浆液，且含有固定颗粒，因此必须进行防腐耐磨设计。一座吸收塔装有数个吸收塔循环泵，每个吸收塔循环泵都向喷淋总管输送石灰石浆液。一个吸收塔循环泵装有一个喷淋总管，喷淋总管上装有众多喷嘴，以形成液雾、液柱或液幕。喷嘴间距的合理设计，使吸收剂浆液能够与烟气有效接触。

在循环泵前装不锈钢滤网是有益的，可以防止塔内沉淀物吸入泵体造成泵的堵塞或损坏，防止吸收塔喷嘴的堵塞和损坏。喷射式鼓泡反应器 FGD 装置只有石灰石浆液泵，而没有浆液循环泵。

（三）氧化系统

氧化系统的主要设备包括氧化风机、氧化装置等。通过向反应槽中鼓入氧化空气，在搅拌作用下，将 $CaSO_3$ 氧化生成 $CaSO_4$。$CaSO_4$ 结晶析出，生成石膏。

1. 自然氧化工艺和强制氧化工艺

在石灰石湿法 FGD 装置中有自然氧化和强制氧化之分，其区别在于塔内氧化区的浆液槽中是否通入强制氧化空气。在自然氧化工艺中不通入强制氧化空气，吸收浆液中的 HSO_3^- 只有一部分被烟气中剩余的氧气在吸收区氧化成 SO_4^{2-}，脱硫副产物主要是亚硫酸钙和亚硫酸氢钙。对于强制氧化工艺，在浆液槽底部通入强制氧化空气，吸收浆液中的 HSO_3^- 几乎全部被空气强制氧化成 SO_4^{2-}，脱硫副产品主要是石膏。

自然氧化工艺和强制氧化工艺的比较如表 2-1 所示，可见强制氧化工艺比自然氧化工艺更优越。因此，目前国际上石灰石湿法 FGD 装置主要以强制氧化工艺为主。即使采用脱硫副产物抛弃工艺，也需要通过强制氧化工艺，将亚硫酸氢钙转化为稳定的硫酸钙后，再进行抛弃处理。

表 2-1　　　　　　　　　　　　自然氧化工艺和强制氧化工艺的比较

氧化方式	强制氧化空气	氧化地点	副产品	副产品晶体尺寸（μm）	副产品处理	脱　　水	运行可靠性
自然氧化	无	吸收区	硫酸钙、亚硫酸钙：50％～60％ 水：40％～50％	1～5	抛弃	不容易 沉降槽＋过滤器	99％
强制氧化	有	氧化区	石膏：90％ 水：10％	10～100	石膏综合利用或抛弃	容易 水力旋流器＋脱水机	95％～99％

2. 强制氧化方式

脱硫装置的强制氧化方式有三种：异地、半就地、就地氧化。

在异地氧化方式中，吸收塔排出的部分浆液引至中和槽，然后在另设的氧化槽中鼓入空气，将亚硫酸钙氧化生成石膏。该方式可生产优质石膏。半就地氧化方式中，部分浆液从吸收塔排出至相邻的氧化槽内，鼓入压力空气进行氧化，一部分氧化产物再送回吸收塔，保证塔内浆液有足够的硫酸盐固体浓度。就地氧化方式将空气直接鼓入吸收塔内反应槽，对洗涤液进行充分氧化。前两种均设单独的氧化槽，系统复杂，投资费用高。就地强制氧化方式已成为最普遍的氧化方式。氧化槽并入吸收塔，吸收塔集吸收、氧化功能于一体。

3. 强制氧化装置

强制氧化装置的性能受多种因素的影响，例如装置类型和分布，自然氧化率，吸收塔内浆液槽形状和几何尺寸，鼓气点的浸没深度，气泡的最终平均直径和在氧化区停留的时间，氧化装置的功率，浆液中的溶解物质，氧化区浆液的流动形态以及浆液的 pH 值、温度、黏度和固体含量等。因空气导入和分散方式不同，有多种强制氧化装置。例如喷气混合器/曝气器式、径向叶轮下方喷射式、多孔喷射器式、旋转式空气喷射器/叶轮臂式、管网喷射式（又称固定式空气喷射器）、搅拌器和空气喷枪组合式，其中后两种应用较为普遍。

4. 固定式空气喷射器强制氧化装置

固定式空气喷射器（fixed air sparger，FAS）强制氧化装置是在氧化区底部的断面上均布若干根氧化空气母管，母管上有众多分支管。喷射气喷嘴均布在整个断面上（3.5 个/m² 左右），通过固定管将氧化空气分散鼓入氧化区。

FAS 强制氧化装置有三种布置方式，如图 2-26 所示，其中两种是将搅拌器布置在管网上方，如图 2-26（a）、（b）所示，更多的是将搅拌器（或泵）布置在管网的下方，如图 2-26（c）所示。

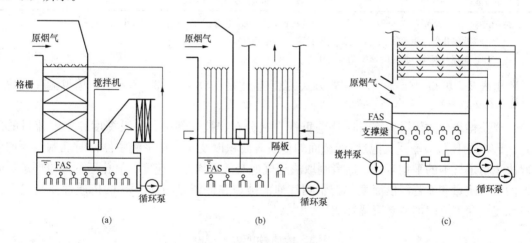

图 2-26 FAS 的三种布置方式

图 2-26（a）、（b）布置方式的特点是塔内液位低（5～6m），因此吸收塔总高度较低，降低了吸收塔循环泵的压头，减少能耗和节省输浆管道。缺点是搅拌器是为悬浮浆液而设计的，其形成的浆液流速和流动形态不利于降低气泡的流速（应低于 7cm/s）和延长停留时间，使得氧化空气利用率仅为 15% 左右，鼓入足量空气和防止气泡被循环泵吸入的矛盾不好协调。当循环泵吸入气泡超过 3%（体积）时，泵的效率、扬程、流量陡然降低，使得液气比下降，泵的气蚀加剧；当调节氧化空气流量以减少循环泵吸入空气时，则氧化率下降，浆液中可溶性亚硫酸盐的浓度增大，导致脱硫效率、石灰石利用率和石膏纯度下降，严重时，使得石膏脱水困难。正常情况下强制氧化率接近 100%，其值每下降 1.4%，石灰石利

用率就下降1.7%，石膏纯度下降1%。图2-26（c）布置方式是将塔内液位加深，上部为氧化区，管网固定在支撑梁上，梁以下为中和区，侧面斜式搅拌器或搅拌泵承担悬浮浆液的作用。该布置方式将搅拌器和FAS的功能分开，减少了相互之间的影响。当FAS布置在远离搅拌器的上方、氧化风机输入功率远大于搅拌器输入功率时，搅拌器对氧化空气流动造成的影响可以忽略，这样就基本解决了图2-26（a）、（b）布置方式存在的问题。该布置方式的缺点是随着塔内液位大幅度增加，吸收区和塔体总高度增大，需增大循环泵的压头和管道用量。三种布置方式的强制氧化装置性能比较见表2-2。

表2-2 强制氧化装置的性能比较

项　目	固定式空气喷射器			搅拌器和空气喷枪组合式	
	（a）	（b）	（c）	D	E
塔内液位高度（m）	4.9	5.2	24.4	15.0	14.0
浸没深度（m）	4.6	4.9	6	4.6	4.3
氧化空气流量（m³/h）/压头（Pa）	50184/69000	34440/68500	18100/209000	15315/70000	2300/101300
氧/硫摩尔比[①]	5.6	4.6	2.0	1.6	1.4
氧化风机轴功率（kW）	1295	936.4	635	470	648
单台搅拌器轴功率（kW）/台数	—	—	—	47/4	20.9/2
总能耗（kW）	1295	936.4	635	658	106.8
单位能耗[②]（kW/kmol）	7.7	6.7	3.8	3.6	3.4

注　表中（a）、（b）、（c）分别对应图2-26中的布置方式；D、E分别为成都和北京某电厂的运行数据。

①强制氧化空气中的氧（O_2）与烟气中脱除的SO_2的摩尔比。

②总能耗与烟气中脱除的SO_2的量之比。

由表2-2可知：（a）、（b）布置方式的氧/硫比是（c）的2.3～2.8倍，单位能耗是后者的1.8～2倍。

要获得最佳的传质效率，应特别重视管网分布、鼓气部位、浸没深度和空气流量的确定。FAS的传质效率受气泡/浆液截面的传质表面积以及气泡在浆液中停留时间制约，前者取决于稳定气泡的平均直径，后者则取决于气泡有效平均上升速度。氧化区的液流形态、鼓入的空气流量和喷管浸没深度都会影响气泡的破裂和停留时间。FAS的传质性能与空气流量和浸没深度之间的关系可描述为

$$\text{FAS传质性能} \propto \frac{cHq_v}{V}$$

式中　c——经验系数；

　　　H——浸没深度，m；

　　　q_v——空气流量，m³/h；

　　　V——氧化区体积，m³。

为保证FAS的氧化性能，一般FAS喷嘴最小浸没深度应不小于3m，气泡速度（是空气流量、氧化区的截面积、浆液温度、全压和浸没深度等的函数）应小于7cm/s，最小氧化空气流量是最大流量的30%。

5. 搅拌器和空气喷枪组合式强制氧化装置

搅拌器和空气喷枪组合式（agitator air lance assemblies，ALS）强制氧化装置如图2-27

所示。氧化搅拌器产生的高速液流使鼓入的氧化空气分裂成细小的气泡，并散布至氧化区的各处。由于ALS产生的气泡较小，由搅拌产生的水平运动的液流增加了气泡的停留时间，因此，ALS较之FAS降低了对浸没深度的依赖性。

由于ALS喷气管口径较FAS大得多，其氧化空气流量可大幅度调低而不用担心喷气管被堵。为保证ALS的传质性能，氧化空气流量和搅拌器的分散性能应匹配。若氧化空气流量太大且超过液流分散能力时会导致大量气泡涌出，出现泛气现象，严重时搅拌器叶片吸入侧也汇集大量气泡，使得叶片输送流量下降。

ALS的传质性能正比于氧化空气流量和搅拌器输出功率，可表述为

$$ALS 传质性能 \propto \left(\frac{P}{V}\right)^{a} v_{SG}^{b}$$

式中　P——搅拌器的输出功率，W；

　　　v_{SG}——空气表面流速，cm/s；

　a、b——经验系数。

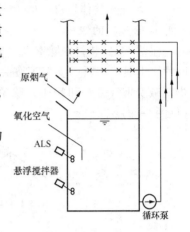

图 2-27　ALS强制氧化装置

尽管管网布置于塔底部的FAS可大幅度降低塔体高度，但易受搅拌器和循环泵的影响，进而影响FAS的性能和循环泵、排浆泵的正常运行，维修工作量大，因此要谨慎选用。

当气泡表面速度一定时，ALS的传质效率明显优于FAS。在一般情况下，特别在浸没深度小于4m时，ALS的能耗低于FAS。但在一些特殊情况下，如高硫负荷和浸没深度超过4m时，正确设计的FAS，能耗低于ALS。实际应用结果也表明，如果用氧/硫摩尔比来表示强制氧化装置的传质效率，则ALS明显高于FAS。

从投资费用出发：对于原烟气中SO_2浓度较高、容许有较大浸没深度的FGD，宜选择FAS；对于原烟气中SO_2浓度较低、氧化空气流量较低的FGD，则ALS更为合适。FAS需要的机械支持构件较ALS多，特别是当塔体底部直径增大时系统变得复杂，检修困难。

由于ALS的氧化风机容许100%地调节容量，可以采用较小的氧化风机单机或多机并联运行，充分发挥其可调低容量的特点。

（四）除雾器

除雾器的性能直接影响着湿法FGD装置能否连续可靠地运行。

1. 除雾器的工作原理

带有液滴（雾）的烟气，高速流经除雾器"Z"形通道时，由于流线偏折，在惯性力的作用下，液滴撞击在除雾器的叶片上，被捕集下来实现了气液分离（见图2-28）。流速太低时，除雾效果差；流速过高，烟气二次带水。

2. 除雾器的临界流速

除雾器的临界流速是指：通过除雾器截面的烟气流速最高，但不致使烟气二次带水的流速，其中简单实用的计算公式为

$$v_{gk} = K_c \sqrt{(\rho_w - \rho_g) / \rho_g}$$

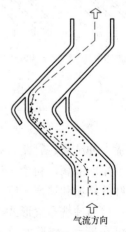

气流方向

图 2-28　除雾器的工作原理

式中　v_{gk}——除雾器截面临界流速，m/s；

　　　K_c——系数，由除雾器的结构确定，通常取 $0.107\sim0.305$；

　　　ρ_W——液体密度，kg/m^3；

　　　ρ_g——气体密度，kg/m^3。

3. 除雾器的组成

湿法 FGD 装置中除雾器主要由除雾器本体及冲洗系统组成，除雾器本体主要由除雾器叶片、卡具、夹具、支架等按一定的结构形式组成，其作用是捕集烟气中的液滴和少量的粉尘，减少烟气带水和粉尘。除雾器布置形式通常有水平形、人字形、V 字形、组合型等（见图 2-29）。

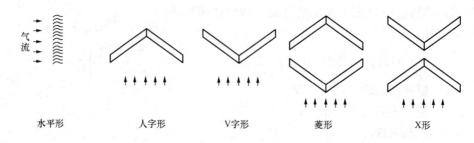

图 2-29　除雾器布置形式

大型脱硫吸收塔中多采用人字形布置、V 字形或组合型布置（如菱形、X 形）。吸收塔出口水平段上采用水平形布置。

除雾器叶片按几何形状可分为折线形［见图 2-30（a）、（d）］和流线形［见图 2-30（b）、（c）］，按结构特征可分为 2 通道叶片和 3 通道叶片。各类结构的除雾器叶片各具特点：图 2-30（a）形叶片结构简单，易冲洗，适用于多种材料；图 2-30（b）、（c）形叶片临界流速较高，易清洗，目前在大型脱硫设备中使用较多；图 2-30（d）形叶片除雾效率高，但清洗困难，使用场合受限制。除雾器叶片通常由高分子材料（如聚丙烯、玻璃钢等）或不锈钢材料制作。

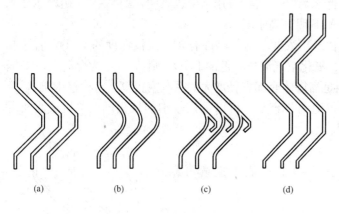

图 2-30　除雾器叶片
（a）、（d）折线形；（b）、（c）流线形

除雾器冲洗系统主要由冲洗喷嘴、冲洗泵、管路、阀门、压力仪表及电气控制部分组成。其作用是定期冲洗由除雾器叶片捕集的液滴、粉尘，保持叶片表面清洁（有些情况下，起保持叶片表面潮湿的作用），防止叶片结垢和堵塞，维持系统正常运行。

单面冲洗布置形式在一般情况下无法对除雾器叶片表面进行全面有效地清洗，特定条件下可在最后一级除雾器上采用单面冲洗的布置方式。除雾器应尽可能采用双面冲洗的布置形式。

除雾器冲洗喷嘴一般均采用实心锥喷嘴。喷嘴性能的重要指标是喷嘴的扩散角与喷射断面上水量分布的均匀程度。冲洗喷嘴的扩散角越大，喷射覆盖面积相对就越大，但其执行无效吹扫的比例也随之增加。喷嘴的扩散角越小，覆盖整个除雾器断面所需的喷嘴数量就越多。喷嘴扩散角的大小主要取决于喷嘴的结构，与喷射压力也有一定的关系，在一定的条件下压力升高，扩散角加大。喷嘴扩散角通常在 $75°\sim90°$ 范围内。

4. 除雾器的主要性能及设计参数

（1）除雾效率。除雾效率为除雾器在单位时间内捕集到的液滴质量与进入除雾器液滴质量的比值。除雾效率是考核除雾器性能的关键指标。影响除雾效率的主要因素包括烟气流速、通过除雾器断面气流分布的均匀性、叶片结构、叶片之间的距离及除雾器布置形式等。

（2）系统压力降。系统压力降指烟气通过除雾器通道时所产生的压力损失。系统压力降越大，能耗就越高。除雾系统压降的大小主要与烟气流速、叶片结构、叶片间距及烟气带水负荷等因素有关。当除雾器叶片上的结垢严重时，系统压力降会明显提高。所以监测压力降的变化有助于把握系统的运行状态，及时发现问题（如结垢），并进行处理。

（3）烟气流速。通过除雾器断面的烟气流速过高或过低，都不利除雾器的正常运行。烟气流速过高易造成烟气二次带水，从而降低除雾效率，同时流速高，系统阻力大，能耗高；通过除雾器断面的流速过低，不利于气液分离，同样不利于提高除雾效率。此外设计的流速低，吸收塔断面尺寸就会加大，投资也随之增加。设计烟气流速应接近于临界流速。根据不同除雾器叶片结构及布置形式，设计流速一般选定在 $3.5\sim5.5\text{m/s}$ 之间。

（4）除雾器叶片间距。除雾器叶片间距的选取对保证除雾效率，维持除雾系统稳定至关重要。叶片间距大，除雾效率低，烟气带水严重，易造成风机故障，导致整个系统非正常停运；叶片间距选取过小，系统阻力增大，除加大能耗外，冲洗的效果也有所下降，叶片上易结垢、堵塞。叶片间距根据系统烟气特征（流速、SO_2 含量、带水负荷、粉尘浓度等）、吸收剂利用率、叶片结构等综合因素进行选取。叶片间距一般设计为 $20\sim95\text{mm}$。目前脱硫系统中最常用的除雾器叶片间距大多在 $30\sim50\text{mm}$。

（5）除雾器冲洗水压。除雾器水压一般根据冲洗喷嘴的特征及喷嘴与除雾器之间的距离等因素确定（喷嘴与除雾器之间距离一般不超过 1m），冲洗水压低时，冲洗效果差，冲洗水压过高则易增加烟气带水，同时降低叶片使用寿命。一般情况下，除雾器正面（正对气流方向）与背面的除雾效率冲洗压力不同，除雾器正面的水压应控制在 $2.5\times10^5\text{Pa}$ 以内，除雾器背面的冲洗水压应大于 $1.0\times10^5\text{Pa}$。采用二级除雾器时，第一级除雾器的冲洗水压高于第二级除雾器。具体数值需根据工程的实际情况确定。

（6）除雾器冲洗水量。选择除雾器冲洗水量除了需满足除雾器自身的要求外，还需考虑系统水平衡的要求，有些条件下需采用大水量短时间冲洗，有时则采用小水量长时间冲洗，具体冲洗水量需由工况条件确定，一般情况下除雾器断面上的冲洗耗水量约为 $1\sim4\text{m}^3/(\text{m}^2\cdot\text{h})$。

（7）冲洗覆盖率。冲洗覆盖率是指冲洗水对除雾器断面的覆盖程度，即

$$\text{冲洗覆盖率（\%）}=\frac{nh^2\text{tg}^2\alpha}{A}\times100\%$$

式中　n——喷嘴数；

　　　α——喷射扩散角；

h——冲洗喷嘴距除雾器表面的垂直距离，m；

A——除雾器有效流通面积，m^2。

根据不同工况条件下，冲洗覆盖率一般可以选在 100%～300% 之间。

(8) 除雾器冲洗周期。冲洗周期是指除雾器每次冲洗的时间间隔。由于除雾器冲洗期间会导致烟气带水量加大（一般为不冲洗时的 3.5 倍）。所以冲洗不宜过于频繁，但也不能间隔太长，否则易产生结垢现象，除雾器的冲洗周期主要根据烟气特征及吸收剂确定，一般以不超过 2h 为宜。

三、吸收系统设计

吸收塔宜布置在烟囱附近，浆液循环泵（房）应紧邻吸收塔布置。循环泵和氧化风机等设备可根据当地气象条件及设备状况等因素研究可否露天布置。当露天布置时，应加装隔音罩或预留加装隔音罩的位置。

吸收塔的数量应根据锅炉容量、吸收塔容量和可靠性等确定。根据国外脱硫公司的经验，二炉一塔的脱硫装置投资一般比一炉一塔的低 5%～10%，200MW 及以下容量的机组采用多炉一塔的配置有利于节省投资。

脱硫装置设计使用的进口烟温，应采用锅炉设计煤种 BMCR（锅炉最大额定出力）工况下从主机烟道进入脱硫装置接口处的运行烟气温度。新建机组同期建设的烟气脱硫装置的短期运行温度一般为锅炉额定工况下脱硫装置进口处运行烟气温度加 50℃。

吸收塔应装设除雾器，在正常运行工况下，除雾器出口烟气中的雾滴浓度应不大于 $75g/m^3$（标准状态下）。除雾器应设置水冲洗装置。

采用喷淋吸收塔时，吸收塔浆液循环泵宜按照单元制设置，每台循环泵对应一层喷嘴。吸收塔浆液循环泵按照单元制设置时，应在仓库备有泵叶轮一套。按照母管制设置（多台循环泵出口浆液汇合后再分配至各层喷嘴）时，宜现场安装一台备用泵。吸收塔浆液循环泵的数量应能很好地适应锅炉部分负荷运行工况，在吸收塔低负荷运行条件下有良好的经济性。

每座吸收塔应设置 2 台全容量或 3 台半容量的氧化风机，其中一台备用；或每两座吸收塔设置 3 台全容量的氧化风机，2 台运行，1 台备用。

脱硫装置应设置事故浆液池或事故浆液箱，其数量应结合各吸收塔脱硫工艺的方式、距离及布置等因素综合考虑确定。当布置条件合适且采用相同的湿法工艺系统时，宜全厂合用一套。事故浆池的容量宜不小于一座吸收塔最低运行液位时的浆液池容量。当设有石膏浆液抛弃系统时，事故浆池的容量也可按照不小于 $500m^3$ 设置。

所有贮存悬浮浆液的箱灌应有防腐措施并装设搅拌装置。浆液管道设计要按照有关规范执行。吸收塔外应设置供检修维护的平台和扶梯，塔内不应设置固定式的检修平台。

结合脱硫工艺布置要求，必要时吸收塔可设置电梯，布置条件允许时，可以两台吸收塔和脱硫控制室合用一台电梯。

▌ 第四节 烟 气 系 统 及 设 备

一、烟气系统

未经过 FGD 净化的烟气称为原烟气或脏烟气，而净化后的烟气称为净烟气。原烟气经增压风机进入换热器降温，在吸收塔中脱除 SO_2 后，再经换热器加热升温，通过烟囱排放。

烟道设有旁路挡板门和 FGD 进、出口挡板门。FGD 运行时打开进、出口挡板门，旁路挡板门关闭。当吸收塔系统停运、事故或维修时，入口挡板和出口挡板关闭，旁路挡板全开，烟气通过旁路烟道经烟囱排放。烟道留有适当的取样接口、实验接口和人孔门，并且设有冲洗和排放漏斗、膨胀节、导流板等设备。

二、主要设备

（一）脱硫风机

脱硫风机又称增压风机（boost-up fan，BUF），用以克服 FGD 装置的阻力。脱硫风机主要有三种：动叶可调轴流风机、静叶可调子午加速轴流风机以及离心式风机。

动叶可调轴流风机的优点是调节范围广，调节效率高，可以降低锅炉低负荷时的电力消耗。运行时，根据锅炉负荷，通过调整动叶角度来控制风机容量（烟气流量和压力），保持旁路挡板进、出口之间的差压。这种风机始终在高效区运行，性能优良，节能显著，但结构复杂，制造费用较高，调节部分易生锈，转动部件多，动叶调节机构复杂而精密，且需要另设油站，维护技术要求高和维护费用高，叶片磨损比较严重。即使进行了叶片耐磨处理甚至设置了耐磨鼻，动叶可调轴流风机在相同条件下也远不如离心式和静叶可调轴流风机；风机本体价格很高，基本上是双吸离心式风机的 1.2 倍、静叶可调子午加速轴流风机的 1.5～2 倍。目前国内动叶可调轴流风机技术大多是引进国外的先进技术。

静叶可调子午加速轴流风机在气动性能上介于离心式风机和动叶可调轴流风机之间，可输送含有灰分或腐蚀性的大流量气体，具有优良的气动性能，高效节能，磨损小，寿命长，且结构简单，运行可靠，安装维修方便，具有良好的调节性能，在相同的选型条件下可获得比单吸式离心式风机和动叶可调轴流风机低一挡的工作转速。

离心式风机具有压头高、流量大、效率高、结构简单、易于维护等优点。但是也有一个显著的缺点：高效区相对较窄，当机组处于低负荷运转时，风机的效率往往很低，不能满足节能的要求。另外，300MW 以上机组使用的离心式风机叶轮直径相当大，对于电厂的安全运行也是一个隐患。因此，脱硫风机很少使用离心风机，即使采用也需配置变频调速器。

由于轴流风机的效率对负荷变化的敏感度小，因此，电厂机组调峰对风机的效率影响不大，而离心式风机对于负荷的变化则较为敏感，风机低负荷运转时效率往往很低。因此，除非确认安装脱硫系统的机组不作为电厂调峰机组，这时可以考虑采用离心式风机，其余情况均应采用轴流式风机。

在选择动叶可调轴流风机还是静叶可调子午加速轴流风机时，国外大多选择动叶可调轴流风机，因为其在调节过程中风机的工作点始终处于较高的效率区域内，节能效果显著。但由于动叶可调轴流风机需要一套复杂的液压系统以驱动其调节机构，占地面积大，维护过程复杂，造价和运行费用较高。当风机出现故障时，需把风机运回制造厂家维修，维修时间长，维修费用较高，造成脱硫装置投运率低。而静叶可调子午加速轴流风机则可以实现现场维修，维修时间短，费用较低，功耗适中。

（二）烟气挡板

FGD 装置设有进口挡板将系统与锅炉相隔离，如图 2-31 所示。旁路烟道内装有旁路挡板。在 FGD 装置启动和停机期间，旁路挡板打开。正常运行期间，旁路挡板关闭，由 FGD 装置处理所有烟气。发生紧急情况时，旁路挡板自动打开，烟气通过旁路烟道进入烟囱。

FGD 装置的烟道挡板可采用插板门、翻板门和百叶窗式的挡板门。目前国内引进的脱

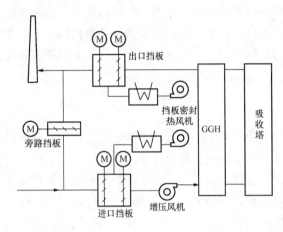

图 2-31 FGD 烟气挡板示意图

硫装置主要采用双百叶窗式的挡板门。采用双百叶窗式挡板门可以进一步提高密封性能，除了每层挡板上配备密封元件外，在两层挡板门中间还通入密封空气。随着挡板门技术的改进，也可采用单百叶带密封空气的挡板门。单百叶窗式挡板门大多用碳钢制作，每片挡板设有金属密封元件，以尽可能减少烟气泄漏。烟气挡板的驱动装置设在烟道外部，由控制系统控制其开关位置。

为了提高烟气挡板的严密性，还需要配置密封风机。一般每个烟气挡板配备一台独立的密封风机。密封风为空气，有加热和不加热两种。采用加热风主要为了减少挡板叶片温度变形。

（三）烟气再热和排放

由吸收塔出来的烟气，温度已经降至 45～55℃，已低于酸露点，尾部烟道内壁温度较低，容易结露腐蚀，所以要实施烟气再热。同时可以提高烟囱烟气的抬升高度，以利于污染物扩散，降低烟羽的可见度，避免排烟降落液滴。

1. 烟气热交换器的作用

降低吸收塔入口烟温，提高吸收塔排烟温度。

2. 烟囱入口烟温的规定

中国 DL/T 5196—2004《火力发电厂烟气脱硫设计技术规范》规定 80℃以上；德国《大型燃烧设备法》规定 72℃以上；英国规定 80℃以上；日本规定 90～110℃。

3. 烟气再热器

烟气再热器通常有蓄热式和非蓄热式两种形式。蓄热式烟气再热器是通过热载体或载热介质将热烟气的热量传递给冷烟气，它分为气—气换热器、水—气换热器和蒸发管式换热器。非蓄热式烟气再热器通过蒸汽或天然气燃烧加热冷烟气，这种加热方式投资省，但能耗大，适用于脱硫装置年利用率小于 4000h 的情况。

（1）气—气换热器。气—气换热器（简称 GGH）负有双重功能，即烟气冷却和烟气再加热功能。通常，GGH 降低进入吸收塔的烟气温度，以利于进行化学反应，同时放出热量，这部分热量用来在换热器的另一侧加热净化后的低温烟气。气—气换热装置有回转式 GGH 和管式 GGH 两种型式。回转式 GGH 的结构如图 2-32 所示。管式 GGH 和汽轮

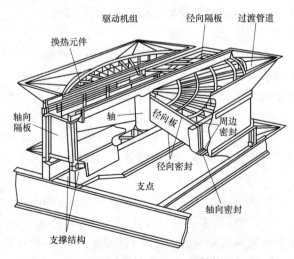

图 2-32 回转式 GGH 的结构

机设备里的热交换器类似。

回转式 GGH 的工作原理和结构类似于电站锅炉的回转式空气预热器,利用未脱硫的热烟气通过平滑的或带波纹的金属薄片或载热体加热脱硫后的冷烟气,但工作条件要比锅炉的空气预热器好的多,灰尘少、温度低、变形小、漏风率大大降低。GGH 的传热元件需要由防腐材料制成,烟气进、出口均需防腐处理。另外,为了尽量减少原烟气泄漏到净烟气侧,需要设计性能良好的密封装置,并采用空气置换转动部分携带的烟气,可以使换热器的漏风率小于 0.5%。这种加热器的主要缺点是粉尘的黏附与堵塞,以及热烟气会在蓄热元件上冷凝出部分硫酸并带到烟气中,因此须配备清洗装置(压缩空气、低/高压水)。

带旋转蓄热格仓的回转式 GGH 较为常用。该设备通过蓄热元件在热气侧和冷气侧进行热交换。热气侧是从锅炉来的未经处理的原烟气;冷气侧是吸收塔来的处理过的净烟气。GGH 壳体由净烟气通道和脏烟气通道分隔开来,蓄热元件在 GGH 外壳内连续旋转。当原烟气经过蓄热元件时,热量从烟气向蓄热元件传递,烟气温度降低;当净烟气经过热气侧内已蓄热的元件时,热量向烟气侧传递,烟气温度升高。为了防止烟气泄漏,以及保持密封状态,安装了 GGH 密封风机和 GGH 扫气风机。同时,为防止蓄热元件被烟气中的灰尘堵塞,还安装了冲洗装置及附属设备。GGH 冲洗系统有三种型式,见表 2-3。

表 2-3　　　　　　　　　　　　GGH 冲洗系统的三种型式

型　式	使用工质	频　率	相关设备
吹　灰	压缩空气	连　续	吹灰器
在线冲洗	高压水+压缩空气	GGH 元件差压升至"H"报警位时	GGH 高压泵 在线冲洗装置 吹灰器
离线冲洗 (固定冲洗)	低压水	定期检查时	固定冲洗装置 GGH 冲洗泵 GGH 废水泵 转子驱动装置 气动电动机

(2)水—气换热器。水—气换热器,又称管式烟气换热器,属于无泄漏换热器,需要循环水泵,如图 2-33 所示。

管内循环水为载热介质,通过管壁与烟气换热。水—气换热器可分为两部分,即热烟气室和净烟气室。在热烟气室,热烟气将热量传递给管内的循环水,在净烟气室,净烟气将热量吸收。

(3)蒸发管式换热器。蒸发管式换热器又称热管,也属于无泄漏型换热器,如图 2-34 所示。管内的水在吸热段蒸发,蒸汽沿管上升至烟气加热区,然后冷凝、放热、加热低温烟气。这种换热器不需要循环泵。为了防止腐蚀,离开除雾器的低温烟气首先在耐腐蚀材料制造的蒸汽—烟气加热器中升温,然后再被热管加热,低温区热管

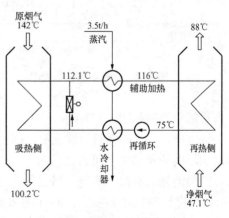

图 2-33　水—气换热器

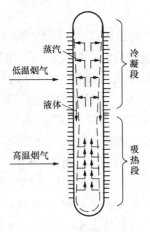

图 2-34 热管换热器

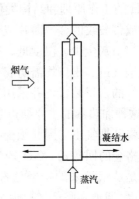

图 2-35 气—汽换热器
套管结构

用耐腐蚀材料制造，而高温区用低碳钢制造。

（4）气—汽换热器。此种换热器采用管式结构，属于非蓄热式间壁式加热器，如图 2-35 所示。管子为套管结构，蒸汽在内管中自下而上流动，将热量传给套管外流动的烟气，凝结水自上而下依靠重力流至水箱内。管式换热器设备庞大，电耗大，需要消耗蒸汽，应用较少。回转式换热器应用较多，但会有小部分原烟气泄漏到净烟气中。

烟气换热器的受热面均应考虑防腐、防磨、防堵塞、防粘污等措施，与脱硫烟气接触的壳体也应采取防腐措施，运行中应加强维护管理。烟气换热器前的原烟道可不采取防腐措施。烟气换热器和吸收塔进口之间的烟道以及吸收塔出口和烟气换热器之间的烟道应采用鳞片树脂或衬胶防腐。烟气换热器出口和主机烟道接口之间的烟道宜采用鳞片树脂或衬胶防腐。

用于脱硫装置的回转式换热器漏风率一般不大于 1％。

4. 烟气排放

湿法 FGD 装置烟气排放有两种形式：一种是将烟气再热后通过烟囱排放；另一种是不加热直接通过湿烟囱或冷却塔排放。冷却塔排烟示意图如图 2-36 所示。

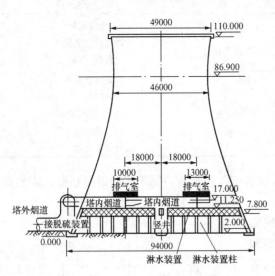

图 2-36 冷却塔排烟示意图

许多电厂的实际运行情况说明，即使烟气再热后，其温度也可能处在酸露点以下，尾部烟道和烟囱的腐蚀仍不可避免。另外，目前运行的 GGH 本身也存在不少技术问题，如泄漏、能源消耗、腐蚀、堵灰等问题，运行维护费用高，造价昂贵。一台 GGH 的价格占整个 FGD 设备投资的 10％左右。GGH 还需要较大的占地面积和布置空间，一台 300MW 机组 FGD 装置中的回转式 GGH 的传动齿轮直径可达 2～3m，同时 GGH 还是造成 FGD 装置事故停机的主要设备。因此，烟气再热并不是经济地解决材料腐蚀的好方法，还需要采用湿烟囱设计。随着除雾器、烟道、烟囱设计的改进和结构材料的发展，从技术和经济的角度来讲，省去 GGH 是可行的。烟气不经再热，其抬升高度的降低可通过脱硫后烟气中污染物的减少来补偿。

取消 GGH，不但能够降低 FGD 装置初投资，还可以降低 FGD 装置的总阻力，降低脱硫风机的容量和能耗，可极大地降低运行、维护和检修费用，节省 FGD 装置的占地空间，解决了很大一部分老厂改造空间不足的问题，并且可以大大减少新建电厂预留 FGD 装置的空间。如果利用冷却塔直接排烟，还可省去烟囱的投资。

5. 采用湿烟囱排放应注意的问题

（1）烟气扩散。当风吹过烟囱时，会在烟囱的背风侧产生涡漩，压力较低。如果烟气排出后其动量或浮力不足，就会被向下卷吸进低压涡流中去，这就是所谓的烟流下洗。要防止烟流下洗，烟囱出口处流速应大于排放口处风速的 1.5 倍，一般在 $20\sim30\text{m/s}$，烟温在 100℃ 以上。烟气下洗不仅会造成烟囱腐蚀，而且减弱了烟气扩散，影响周围环境，在环境温度低于 0℃ 时会导致烟囱结冰。湿烟囱排烟温度低，烟气抬升高度小，垂直扩散速度低，出现烟气下洗的可能性大。增加烟囱出口烟气流速可以减少烟气下洗和增强扩散，有些国家的 FGD 装置在烟囱出口处装设调节门来提高排烟速度。

（2）烟囱降雨。由于烟气中夹带的液滴在重力作用下降落到地面，形成"降雨"。这种降雨通常发生在烟囱下风向数百米内，有烟气再热器的 FGD 排烟也可能发生这种降雨，但湿烟囱排烟更容易出现这种现象。

（3）烟道和湿烟囱的防腐。要重视防腐材料的选择，精细施工。用耐酸砖砌成的烟囱，经济适用。目前流行在混凝土烟囱内表面做钢套，钢套内喷涂 1.5mm 厚的乙烯基酯玻璃鳞片树脂，但这种结构仍要受运行温度的限制。用合金钢复合板，维修工作量小，但造价昂贵。

随着脱硫效率的提高，SO_2 的扩散对地面浓度的影响已不再重要，但是，烟气中的 NO_x 等污染物并没有大幅度地减少。因此，在烟气排放系统中，一方面要考虑设备的腐蚀问题，另一方面必须考虑污染物在大气中的输运扩散。

利用冷却塔直接排烟是一种可选择的方法，该方法又称烟塔合一烟气排放技术。如图 2-36 所示，与常规做法不同，烟气不通过烟囱排放，而被送至自然通风冷却塔。在塔内烟气从配水装置上方均匀排放，与冷却水不接触。由于烟气温度约 50℃，高于塔内湿空气温度，发生混合换热现象，混合的结果改变了塔内气体的流动工况。

塔内的气体向上流动的原动力是湿空气（或湿空气与烟气的混合物）产生的热浮力，热浮力克服流动阻力而使气体流动。进入冷却塔的烟气密度低于塔内气体的密度，对冷却塔的热浮力产生正面影响。在大多数情况下，混合气体的抬升高度远高于比冷却塔高几十米至 100m 的烟囱，从而促进烟气中污染物的扩散。图 2-37 是某电厂烟塔合一与烟囱排放的烟羽对照结果。其中烟囱标高为 170m，在距离排放点附近抬升很快，之后烟羽中心高度基本停留在 450m，烟塔合一的冷却塔，标高仅 100m，由于其总含热量较大，冷却塔烟羽在距排放原点中等距离处的抬升高度迅速超过烟囱抬升高度，达到 600m，并且仍然缓慢上升，最后在 700m 时升势趋缓，其烟羽轮廓较窄，扩散的距离更远。

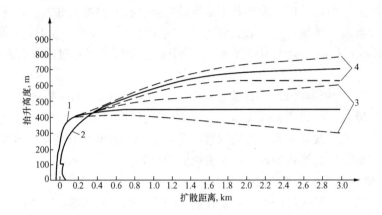

图 2-37　烟塔合一与烟囱排放的烟羽对照结果

1—烟囱；2—烟塔合一；3—烟囱轮廓线；4—烟塔合一轮廓线

6. 脱硫增压风机的设计与选择

脱硫增压风机等设备可根据当地气象条件及设备状况等因素研究可否露天布置。当露天布置时，应加装隔音罩或预留加装隔音罩的位置。脱硫增压风机宜装设在脱硫装置进口处，在综合技术经济比较合理的情况下也可以装设在脱硫装置出口处。当条件允许时，也可以与引风机合并设置。脱硫增压风机的布置可以有四种情况，如图 2-38 所示。

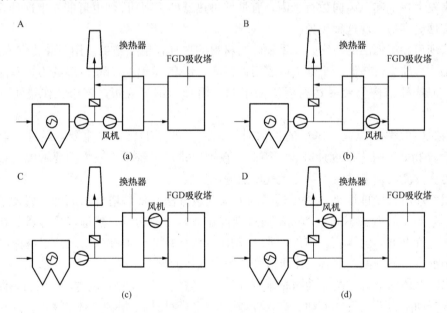

图 2-38　脱硫风机位置的四种设计方案

(a) 烟道接口与烟气换热器之间（A 位）；(b) 烟气换热器与吸收塔进口之间（B 位）；

(c) 吸收塔出口与烟气换热器之间（C 位）；(d) 烟气换热器与烟囱之间（D 位）

A 位布置 [见图 2-38 (a)] 的优点在于增压风机不需要防腐；B 位和 C 位布置 [见图 2-38 (a)、(b)] 主要用于采用回转式烟气换热器时减少加热器净烟气和原烟气之间的压差，在要求很高的脱硫率时，减少烟气泄漏带来的负面影响，但是风机需要采用防腐材料，价格昂贵；D位布置［见图2-38（d）］的电耗较低，但是需要采用一些防腐措施和避免石膏结垢的冲洗设施。脱硫风机位置四种设计方案的比较见表2-4。目前A位布置采用的比较多，国内仅珞璜电厂采用了D位布置的风机。

表2-4　　　　　　　　　　　脱硫风机位置四种设计方案的比较

风机位置	A	B	C	D
烟气温度（℃）	100～150	70～110	45～55	70～100
磨损	少	少	无	无
磨蚀	无	有	有	无
沾污	少	少	有	无
漏风率（%）	3.0	0.3	0.3	3.0
能耗（%）	100	90	82	95

由于脱硫后烟囱进口的净烟气温度比原烟气低，烟囱的自拔力相应减少，增压风机的压头应考虑此项因素。脱硫装置的进口压力参数应采用脱硫装置的原烟气烟道与主机组烟道口处的压力参数，而不是引风机出口的压力参数。脱硫装置的出口压力参数原则上也应采用脱硫装置的净烟气烟道与主机组烟道接口处的压力参数，而不是完全等同于烟囱进口的压力参数，烟囱进口的压力参数应考虑脱硫后烟温降低导致烟囱自拔力减少，其进口压力应相应增大的因素经核算后由设计单位提供。

增压风机布置在脱硫装置出口时，烟气中的雾滴易在风机上造成结垢，因此对除雾器的除雾效率要求较高。

脱硫增压风机的型式、台数、风量和压头应按以下要求选择：

（1）大容量吸收塔的脱硫增压风机宜选用静叶可调轴流式风机或高效离心式风机。当风机进口烟气含尘量能满足风机要求，且技术经济比较合理时，可采用动叶可调轴流式风机。

（2）300MW及以下机组每座吸收塔宜设置一台脱硫增压风机，不设备用。对600～900MW机组，经技术经济比较确定，也可以设置2台增压风机。

（3）脱硫增压风机的基本风量按吸收塔的设计工况下的烟气量考虑。脱硫增压风机的风量裕量不低于10%，另外不低于10℃的温度裕量。

（4）脱硫增压风机的基本压头为脱硫装置本身的阻力及脱硫装置进出口的压差之和。进出口压力由主体设计单位负责提供。脱硫增压风机的压头裕量不低于20%。

第五节　脱硫副产物处置系统及设备

脱硫副产物的处置有抛弃和综合利用两种方法。石灰石（石灰）抛弃法的副反应产物是未氧化的亚硫酸钙（$CaSO_3 \cdot 1/2H_2O$）与自然氧化产物石膏（$CaSO_4 \cdot 2H_2O$）的混合物。这种固体形式的废物无法利用只有抛弃，故称之为抛弃法。抛弃法有石灰石抛弃和石灰抛弃两种形式，分别见图2-39和图2-40所示。

由于烟气中还存在部分的氧，因此部分已生成的$CaSO_3 \cdot 1/2H_2O$还会进一步氧化而生成石膏，即

$$2CaSO_3 \cdot \frac{1}{2}H_2O + O_2 + 3H_2O \longrightarrow CaSO_4 \cdot 2H_2O$$

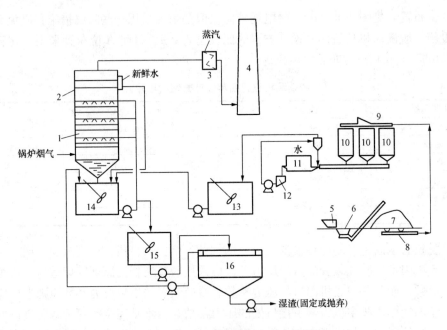

图 2-39　典型石灰石抛弃法脱硫系统图

1—吸收塔；2—除雾器；3—换热器；4—烟囱；5—给料器；6—运输机；7—石灰石料箱；

8—进料器；9—自动倾卸运送器；10—储灰仓；11—水箱；12—钢球磨；13—新调制浆供槽；

14—循环槽；15—均衡槽；16—沉淀器

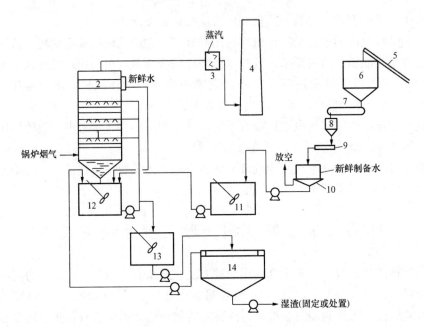

图 2-40　典型石灰抛弃法脱硫系统图

1—吸收塔；2—除雾器；3—换热器；4—烟囱；5—封闭式运送器；6—石灰贮槽；

7—输送皮带；8—石灰料仓；9—涡轮运送器；10—熟化器；11—新鲜石灰浆供料槽；

12—循环槽；13—均衡槽；14—沉淀槽

表 2-5 中两种脱硫剂的反应机理说明了其脱硫反应所必须经历的化学反应过程。其中最关键的反应是钙离子的形成。这一关键步骤也突出了石灰石系统和石灰系统的一个重要区别：石灰石系统中，钙离子的产生与氢离子的浓度和碳酸钙的存在有关；而在石灰系统中，钙离子的产生仅与氧化钙的存在有关。因此，石灰石系统在运行时，其 pH 值比石灰系统的低。美国国家环保局的实验表明，石灰石系统的最佳操作 pH 值为 5.8～6.2，而石灰系统约为 8。

抛弃法经一级旋流浓缩后输送至贮存场，而综合利用法是经石膏脱水后输送至贮存场。由于脱硫石膏的综合利用既具有移动的经济效益，又具有显著的环保效益和社会效益，因而被广泛采用。石膏浆液必须经过脱水以便于综合利用。

表 2-5　　　　　　　石灰石、石灰抛弃法烟气脱硫反应机理比较

脱硫剂	石 灰 石	石 灰
反应机理	SO_2（气）$+H_2O \longrightarrow SO_2$（液）$+H_2O$ SO_2（液）$+H_2O \longrightarrow H^+ + HSO_3^-$ $H^+ + CaCO_3 \longrightarrow Ca^{2+} + HCO_3^-$	SO_2（气）$+H_2O \longrightarrow SO_2$（液）$+H_2O$ SO_2（液）$+H_2O \longrightarrow H^+ + HSO_3^-$ $CaO + H_2O \longrightarrow Ca(OH)_2$
反应机理	$Ca^{2+} + HSO_3^- + \frac{1}{2}H_2O \longrightarrow CaSO_3 \cdot \frac{1}{2}H_2O + H$ $H^+ + HCO_3^- \longrightarrow H_2CO_3$ $H_2CO_3 \longrightarrow CO_2 + H_2O$	$Ca(OH)_2 \longrightarrow Ca^{2+} + 2OH^-$ $Ca^{2+} + HSO_3^- + \frac{1}{2}H_2O \longrightarrow CaSO_3 \cdot \frac{1}{2}H_2O + H$ $2H^+ + 2OH^- \longrightarrow 2H_2O$
总反应	$CaCO_3 + SO_2 + \frac{1}{2}H_2O \longrightarrow CaSO_3 \cdot \frac{1}{2}H_2O + CO_2$	$CaO + SO_2 + H_2O \longrightarrow CaSO_3 \cdot \frac{1}{2}H_2O + \frac{1}{2}H_2O$

一、石膏脱水系统

石膏脱水系统见图 2-41。

（一）水力旋流器

水力旋流器是一种分离、分级设备，具有结构简单、占地面积小、处理能力强、易于安装和操作等优点。水力旋流器布置在真空皮带机等二级脱水设备上游，工作压力一般为 0.2MPa 左右。水力旋流器的结构如图 2-42 所示。

当带压浆液进入旋流器后，在强制离心沉降的作用下，大小颗粒实现分离过程。旋流器的进料口起导流作用，减弱因流向改变而产生的紊流扰动。柱体部分为预分离区，在这一区域，大小颗粒受离心力作用，而由外向内分散在不同的轨道，为后期的离心分离提供条件。锥体部分为主分离区，浆液受渐缩的器壁的影响，逐渐形成内、外旋流，大小颗粒之间发生分离。溢流口和底流口分别将溢流和底流顺利导出，并防止二者之间的掺混。

旋流器的处理量表示为来流体积流量，表征旋流器在操作条件下对浆液的处理能力。处理量与压

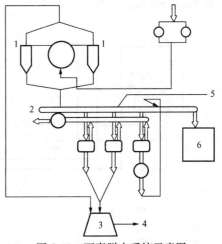

图 2-41　石膏脱水系统示意图

1—水力旋流分离器；2—皮带过滤器；3—中间贮箱；4—废水；5—工艺过程用水；6—石膏贮仓

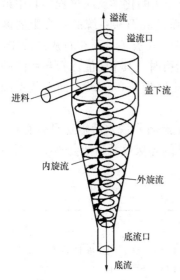

图 2-42　水力旋流器结构

力降、设备直径有关。当选择较大的入口及溢流口直径时，旋流器的处理能力也有所增加。

分离粒度是表征旋流器性能的重要参数之一。旋流器的分离粒度定义为质量分布累计频率为 50% 的点所对应的颗粒粒径，记为 d_{50}，用来表征一个旋流器所能达到的分离效果。即粒径为 d_{50} 的颗粒经旋流器分离后，有 50% 进入溢流，50% 进入底流，而大于此粒径的颗粒多半进入底流，小于此粒径的多半进入溢流。减小 d_{50}，则大颗粒在底流的回收率提高，同时小颗粒在溢流的回收率提高，大小颗粒之间实现更好的分离，旋流器分级效率更高。减小 d_{50} 有两种途径：一是提高旋流器入口压力；二是选用小直径设备。

在石灰石湿法 FGD 装置中，石膏旋流器的溢流被送回吸收塔内，底流进入真空脱水皮带机，其固相小颗粒在溢流和底流中的分配，影响着整个系统的正常运行。因此，石膏旋流器的设计选型必须慎重。

旋流器设计选型的主要任务是选定旋流器的直径和入口压力，而这两个参数综合起来，就是选定其分离粒度 d_{50}。分离粒度由设备压力降、外形尺寸及浆液物理性质等因素决定，选择石膏旋流器的关键是确定合理的分离粒度。在分离粒度差别不大的条件下，为防止设备磨损，降低工程造价，应优先选用压力较小而设备直径较大的方案。

湿法 FGD 装置产生的石膏是酸性浆液，因此，设备应选用碳钢衬胶或聚氨脂材料。在磨损剧烈的局部，如底流口，可采用碳化硅材料。

（二）石膏脱水机

石膏浆液经水力旋流器浓缩后，仍有 40%～50% 的水分，为进一步降低石膏含水率，要进行二级脱水处理。二级脱水设备主要有真空皮带脱水机、真空筒式脱水机、离心筒式脱水机和离心螺旋式脱水机，如图 2-43～图 2-46 所示。

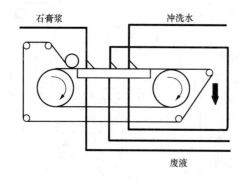

图 2-43　真空皮带脱水机

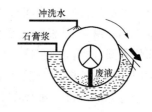

图 2-44　真空筒式脱水机

为除去石膏中的可溶性成分（特别是氯离子），使其含量满足标准要求，在脱水过程中，需用清水冲洗石膏。真空皮带脱水机的耗水量最少，因为一部分冲洗废液又回到系统中。离心式脱水机的废液中含有较多的固态物，较浑浊。相反，真空式脱水机的废液较清。石膏脱

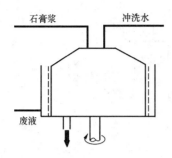

图 2-45　离心式脱水机图

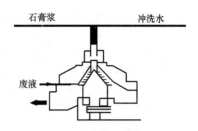

图 2-46　螺旋离心式脱水机

水机性能比较见表 2-6。

表 2-6　　　　　　　　　　　　　　石膏脱水机性能比较

脱水机类型		出　力	投　资	运行费用	石膏含水量	耗水量	废　液
真空式	皮带脱水机	1.1t/（m²·h）	低	低	8～10	低	清
	简式脱水机	1.1t/（m²·h）	低	低	10～12	中等	清
离心式	简式脱水机	≤3.5t/h	高	高	6～8	高	浑浊
	螺旋式脱水机	20t/h	中等	中等	7～10	高	浑浊

从表 2-6 可以看出，真空皮带脱水机的脱水性能以及投资和运行费用均好于其他脱水机，因此我国所有石灰石湿法 FGD 装置均采用水平真空皮带脱水机作为二级脱水设备。采用水平真空皮带脱水机的石膏脱水工艺流程如图 2-47 所示。

1. 工作原理

石膏旋流器底流浆液通过进料箱输送到皮带脱水机，均匀地排放到真空皮带机的滤布上，依靠真空吸力和重力在运转的滤布上形成石膏饼。石膏中的水分沿程被逐渐抽出，石膏饼由运转的滤布输送至皮带机尾部，落入石膏仓。皮带转到下部，滤布冲洗喷嘴将滤布清洗后，再转回到石膏进料箱的下部，开始新的脱水工作循环。滤液收集到滤液水箱，从脱水机吸来的大部分空气经真空泵排到大气中去。

2. 真空皮带脱水机的主要部件及功能

（1）脱水皮带。脱水皮带是连接真空盘和滤盘表面的皮带，皮带上的脱水孔为滤布上面的水和空气提供了通道。一旦皮带跑偏，在皮带两侧的安全限位开关会停止驱动电动机。

（2）皮带轮。具有驱动皮带、张紧皮带、支撑和校正皮带等功能，一个皮带轮用来驱动脱水皮带，驱动皮带轮带动皮带经过真空盘进行转动尾部皮带轮张紧和校准皮带，所有皮带轮从尾部对皮带进行校准。

（3）脱水机电动机。脱水机电动机转速用来控制滤饼厚度和脱水速率，其速度由电动机变频器进行控制调整。

（4）皮带滑动支撑装置。皮带滑动支撑装置起支撑皮带作用，它配备水力润滑系统以减少皮带滑动支撑与皮带之间的摩擦。

（5）滤布转轴和皮带支撑转轴。支撑皮带和滤布转动。

（6）滤布校正器。用来控制脱水机滤布中心位置。

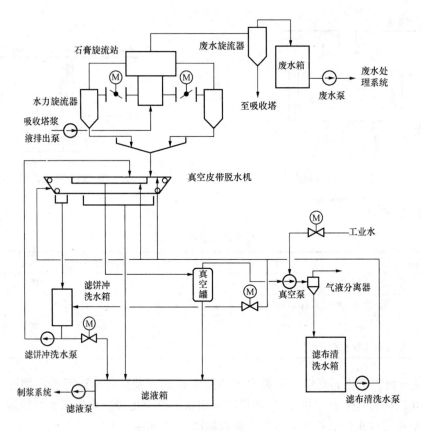

图 2-47　石膏脱水工艺流程

（7）皮带推力轴装置。用来停止皮带跑偏。

（8）真空盘。真空盘采用不锈钢、玻璃钢或高密度聚氯乙烯制造，布置在皮带下面，其干燥孔位于输送皮带中央，作为皮带和滤布脱水滤液的排放通道。在水平的方向上有一狭长槽，通过此槽将滤液排走。滤液在真空罐内进行收集，真空盘配备较低积水设备。真空盘还配备水力润滑系统，用来减小皮带和真空盘的摩擦。在真空盘外侧贴有封条，由高防水、摩擦小的材料制成，可以更换。

（9）空气室。通过空气室供给空气浮力，支撑输送皮带。低压空气分布在输送皮带的宽度和长度多覆盖的区域内，使输送皮带的拖缀减小到最低程度。

（10）滤布。用于石膏脱水，形成石膏滤饼。滤布紧贴在输送皮带上面，能够连续地过滤和清洗。

（11）滤布张紧装置。通过包含全封闭位置传感器的一种回路，由张紧轮、张紧滚动轴承组成，利用重力作用对滤布张紧。

（12）进料口。石膏浆液进料口。

真空皮带脱水机的滤布和皮带与底槽之间密封。通过滤饼冲洗水泵冲洗脱水机上的石膏滤饼以去除杂质，同时在滤液箱中配有滤液冲洗水箱搅拌器，缓冲池中配有缓冲池搅拌器，防止沉淀。

存贮在缓冲池中的水力旋流器的上层稀石膏浆液，泵入废水旋流器。废水旋流器按粒度对浆液分层，下层浓石膏浆液被送至吸收塔，上层稀石膏浆液被送至废水箱。

含有废弃成分的废水经废水泵送至废水处理系统。脱硫系统产生的废水有排放的废水，或者是水力旋流分离器的溢流水，或者是皮带过滤机第一段的过滤水，这部分水需通过废水处理装置。废水排放量与氯离子含量有关，一般应控制氯离子质量浓度小于 20000mg/L。典型脱硫废水处理系统如图 2-48 所示。

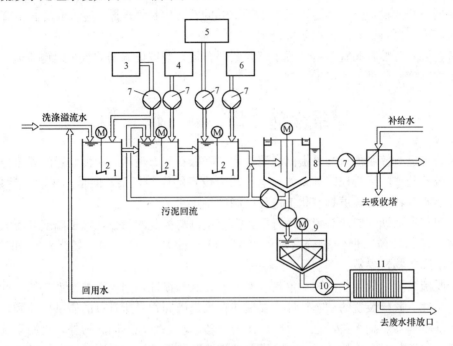

图 2-48 典型脱硫废水处理系统图

1—废液槽；2—搅拌装置；3—氢氧化钙；4—氧化铁；5—絮凝剂；6—TMT15；7—泵；
8—澄清槽；9—存贮槽；10—高压泵；11—室式压滤机

脱水后的石膏进入石膏仓中，然后运出。

二、脱硫副产物处置系统设计

脱硫工艺应尽量为脱硫副产物的综合利用创造条件。目前脱硫石膏的综合利用主要有做建筑石膏和水泥添加剂两种形式。做建筑石膏时均需要煅烧，必要时在煅烧前还需要干燥，因此，石膏含水量的多少主要根据干燥设备的能耗确定，一般宜小于 10%以减少干燥能耗。用于水泥添加剂时有两种情况：一种情况是做高标号水泥，仍需要通过煅烧、成型，要求和用于建筑石膏时相同；另一种情况是直接添加在水泥中，此时石膏的含水量一般应控制在 15%以下。

若脱硫副产物暂无综合利用条件时，可经一级旋流浓缩后输送至贮存场，也可经脱水后输送至贮存场，但宜与灰渣分别堆放，留待以后综合利用，并应采取防止副产物造成二次污染的措施。

当采用相同的湿法脱硫工艺系统时，300MW 及以上机组石膏脱水系统宜每两台机组合用一套。当规划容量明确时，也可多炉合用一套。对于一台机组脱硫的石膏脱水系统，宜配置一台石膏脱水机，并相应增大石膏浆液箱容量。200MW 及以下机组可全厂合用。

每套石膏脱水系统宜设置两台石膏脱水机，单台设备出力按设计工况下石膏产量的

75％选择，且不小于 50％ 校核工况下的石膏产量。对于多炉合用一套石膏脱水系统时，宜设置 $n+1$ 台石膏脱水机，n 台运行，1 台备用。在具备水力输送系统条件下，石膏脱水机也可根据综合利用条件先安装 1 台，并预留在上 1 台所需的位置。此时，水力输送系统的能力按全容量选择。

脱水后的石膏可在石膏筒仓内堆放，也可堆放在大石膏贮存间内。筒仓或石膏贮存间的容量应根据石膏的输送方式确定，但不小于 12h 的石膏容量。石膏仓应采取防腐措施和防堵措施，在寒冷地区石膏仓应采取防冻措施。

石膏仓或石膏贮存间宜与石膏脱水车间紧邻布置，并应设顺畅的汽车运输通道。石膏仓下面的净空高度不应低于 4.5m。

■ 第六节 检 测 仪 表

脱硫装置运行控制的目的是提高脱硫效率、降低石灰石消耗、保证装置的安全与经济运行。虽然脱硫装置的运行控制远不如火电厂热力设备的控制复杂，但是，在运行参数检测、控制指标上有其特殊性，更具有化工过程控制的特点。

在石灰石湿法烟气脱硫装置的运行中，需要检测与控制的参数，除了温度与压力外，还包括浆液流量、液位、烟气成分（SO_2、CO、O_2、NO_x、CO_2 等）、烟尘浓度和浆液 pH 值、浆液浓度等物性参数。

由于脱硫装置中的某些被控对象具有较大的迟延和惯性，因此在控制系统的设计中必须考虑这一特性。脱硫装置的动态特性主要反映在大量液固物料所具有的质量惯性和化学反应惯性上，基本与蓄热量无关，这与火电厂热力设备的动态特性不同。另外，控制系统的设计不仅要考虑脱硫装置本体的特点，而且需要考虑脱硫装置的运行对锅炉发电机组的影响。

现代大型火电厂的烟气脱硫装置均采用与当前自动化水平相符、机组自动化水平一致的分散控制系统（DCS），实现脱硫装置启动、正常运行工况的监视和调整、停机和事故处理。其功能包括：数据采集与处理（DAS）、模拟量控制（MCS）、顺序控制（SCS）及连锁保护、脱硫变压器和脱硫厂用电源系统监控等。

燃煤电厂烟气脱硫的辅助系统一般采用专用就地控制设备，即程序控制器（PLC）加上位机的控制方式，包括：石灰石或石灰石粉卸料和存贮控制、浆液制备系统控制、皮带脱水机控制、石膏存贮和石膏处理控制、脱硫废水控制、GGH 的控制。

脱硫工艺的顺序控制功能可纳入脱硫分散控制系统，也可采用可编程控制器来实现。

脱硫装置均采用集中控制方式，新建电厂的脱硫装置控制纳入机组单元控制室，已建电厂增设的脱硫装置采用独立控制室，脱硫集中控制均以操作员站作为监视控制中心。

一、运行参数检测与测点布置

（一）脱硫装置运行参数检测的特点

运行参数的检测是脱硫装置自动控制系统的一个基本组成环节。脱硫装置的工作过程实质上是一典型的化工过程，因此，其运行参数的检测与控制均与化工过程参数的检测与控制类似，而与火电厂热力设备明显不同。

温度、压力与流量参数的检测在火电厂热力设备中广泛采用，在脱硫装置中，这类参数的测量原理与方法没有明显区别，且不涉及高温、高压条件下的参数检测。不同之处主要是脱硫装置运行中需要测量、控制高浓度石灰石、石膏浆液，参数检测时，需要考虑被测介质的氧化性、腐蚀性、高黏度、易结晶、易堵塞等特殊性。譬如，在浆液温度检测时，需要选择适当的保护套管、连接导线等附件。测量腐蚀性、黏度大或易结晶的介质压力时，必须在取压装置上安装隔离罐，利用隔离罐中的隔离液将被测介质与压力检测元件隔离开来，以及采取加热保温等措施。测量石灰石、石膏浆液的流量时，需要采用适合于高浓度固液两相流的测量装置。

各个参数的具体检测系统由被测量、传感器、变送器和显示装置组成。传感器又称为检测元件或敏感元件，它直接响应被测量，经能量转换转化成一个与被测量成对应线性关系的便于传输的信号，如电压、电流、电阻、力等。从自动控制的角度，由于传感器的输出信号往往很微弱，一般均需要变送环节的进一步处理，把传感器的输出转换成如 $0\sim10mA$ 或者 $4\sim20mA$ 等标准统一的模拟信号或者满足特定标准的数字量信号，这种仪表称为变送器，变送器的输出信号或送到显示仪表，把被测量值显示出来，或同时送到控制系统对其进行控制。

（二）主要参数的检测原理与仪表

此处不再讲述与火电厂热力设备常规检测类似的温度检测，压力与流量的检测也主要介绍其在脱硫装置中应用的特点。

1. 压力（压差）检测

压力的表示方法有三种：绝对压力 p_a，表压力 p，负压或真空度 p_h。绝对压力为物体所受的实际压力；表压力是指一般压力仪表所测得的压力，为高于大气压力的绝对压力与大气压力之差；真空度是指大气压与低于大气压的绝对压力之差，也称为负压。其关系如图 2-49 所示。

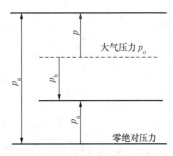

图 2-49　绝对压力、表压力、真空度的关系

在国际单位制中压力的单位是帕斯卡，简称帕，用符号 Pa 表示。在工程上还在一定程度上使用工程大气压、巴、毫米汞柱、毫米水柱等，表 2-7 为各单位的换算关系。

表 2-7　　　　　　　　　　　　压力单位的换算关系

单　位	帕（Pa）	巴（bar）	毫米水柱（mmH$_2$O）	标准大气压（atm）	工程大气压（at）	毫米汞柱（mmHg）
帕（Pa）	1	1×10^{-5}	1.019716×10^{-1}	0.986923×10^{-5}	1.019716×10^{-5}	0.75006×10^{-2}
巴（bar）		1	1.019716×10^{-4}	0.986923	1.019716	0.75006×10^{3}
毫米水柱（mmH$_2$O）	0.980665×10	0.980665×10^{-5}	1	0.967841×10^{-4}	1×10^{-4}	0.735559×10^{-1}
标准大气压（atm）	1.01325×10^{5}	1.01325	1.033227×10^{4}	1	1.033227	0.76×10^{3}
工程大气压（at）	0.980665×10^{5}	0.980665	1×10^{4}	0.967841	1	0.735559×10^{3}
毫米汞柱（mmHg）	1.333224×10^{2}	1.333224×10^{-3}	1.35951×10	1.31579×10^{-3}	1.35951×10^{-3}	1

工业上常用的压力检测，根据敏感元件和转换原理的不同可分为以下几种：

（1）液柱式压力检测。根据流体静力学的原理，把被测压力转换成液柱高度，一般采用充有水或水银等液体的玻璃 U 形管或单管进行测量。具有直观、可靠、准确度较高等优点，常用于较低压力、负压或压差的检测，也是科学和实验研究中常用的压力检测工具。

（2）弹性式压力检测。根据弹性元件受力变形的原理，将被测压力转换成位移进行测量，弹性元件在弹性限度内受压后会产生变形，变形的大小与被测压力成正比关系，如图 2-50 所示。工业上常用的弹性元件有膜片（平薄膜与波纹薄膜）、波纹管和弹簧管（单圈与多圈）等。利用膜片作为弹性元件的压力表需要与转换环节联合使用，将压力转换成电信号，如膜盒式差压变送器、电容式压力变送器等；而以波纹管和弹簧管作为弹性元件的压力表可直接显示数据。

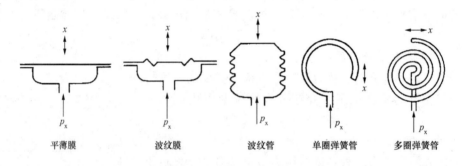

| 平薄膜 | 波纹膜 | 波纹管 | 单圈弹簧管 | 多圈弹簧管 |

图 2-50　弹性式压力检测仪表的弹性元件示意图

（3）电气式压力检测。利用敏感元件将被测压力直接转换成各种电量进行测量，如电阻、电荷量等。工业常用的有应变式压力传感器和压阻式压力传感器。应变式压力传感器的敏感元件为应变片，是由金属导体或者半导体材料制成的电阻体。应变片基于应变效应工作，当它受到外力作用产生形变时，其阻值也将发生相应的变化。在应变片的测压范围内，其电阻值的相对变化量与应变系数成正比，即与被测压力之间具有良好的线性关系。应变片粘贴在弹性元件上，当弹性元件受压变形时带动应变片也发生变形，其电阻值发生变化，通过电桥输出测量信号。图 2-51 是应变式压力传感器的原理。

应变片 r_1、r_2 的静态特性相同，r_1 轴向粘贴，r_2 径向粘贴。当膜片受到外力作用时，弹性筒轴向受压，r_1 产生轴向应变，阻值变小，而 r_2 受到轴向压缩，引起径向拉伸，阻值变大。测量电桥中，r_1 和 r_2 一增一减，电桥输出电压 U_1。

压阻式压力传感器是根据电阻压阻效应原理制造的，其压力敏感元件就是在半导体材料的基片上利用集成电路工艺制成的扩散电阻。当受到外力作用时，扩散电阻的阻值由于电阻率的变化而改变，扩散电阻一般也要依附于弹性元件才能正常工作。压阻式传感器的基片材

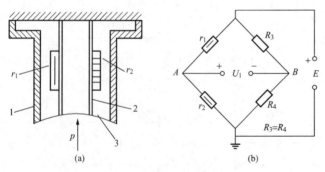

图 2-51　应变式压力传感器的原理
1—外壳；2—弹性筒；3—膜片

料为单晶硅片。单晶硅具有纯度高、稳定性好、功耗小、滞后和蠕变小等特点。

压阻式压力传感器的结构示意图见图 2-52。它的核心部分是一块圆形的单晶硅膜片，其上布置 4 个阻值相等的扩散电阻，构成惠斯通电桥。单晶硅膜片用一个圆形硅杯固定，并将两个气腔隔开。当外界压力作用于膜片上产生压差时，膜片发生形变，使扩散电阻的阻值发生改变，电桥产生一个与膜片承受的压差成正比的不平衡输出信号。

扩散电阻的灵敏系数是金属应变片的几十倍，能直接测量出微小的压力变化，此外，还具有良好的动态响应，可用来测量几千赫兹的脉动压力。因此，扩散电阻是一种发展比较迅速，应用十分广泛的压力传感器。

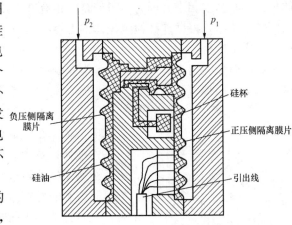

图 2-52　压阻式压力传感器结构示意图

（4）活塞式压力检测。根据液压机械液体传送压力的原理，将被测压力转换成活塞面积上所加平衡砝码的质量来进行测量。活塞式压力计的测量精度较高，允许误差可以小到 0.05%～0.02%，普遍被用作标准仪器对压力检测仪表进行检定。测量腐蚀性、黏度大或易结晶的介质压力时，如吸收塔液位或输送石灰石、石膏浆液管道上的压力，均必须在取压装置上安装隔离罐，使罐内和导压管内充满隔离液，利用隔离罐中的隔离液将被测介质与压力检测元件隔离开来，必要时可采用加热保温措施，如图 2-53 所示。

测量含尘介质压力时，应在取压装置后安装一个除尘器。

2. 流量检测

脱硫装置中的物料均通过管道输送，流量检测方法有以下几种：

（1）体积流量检测。分为容积法（直接法）和速度法（间接法）。容积法是在单位时间内以标准固定体积对流动介质连续不断地进行度量，以排出流体的固定容积来计算流量。该方法受流体流动状态的影响较小，适合于高黏度、低雷诺数的流体，此类流量检测仪表主

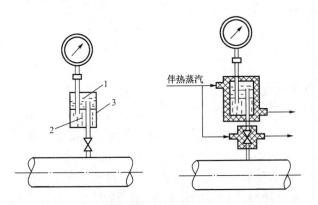

图 2-53　带隔离罐取压装置的压力仪表安装
1—被测介质；2—隔离液；3—隔离罐

要有椭圆齿轮流量计、刮板流量计等。速度法是先测量出管道内的流体平均流速，再乘以管道的横截面积来计算流体的体积流量。目前工业上采用的此类检测仪表主要有节流式流量计、转子流量计、电磁流量计、涡轮流量计、涡街流量计、超声波流量计等。

（2）质量流量检测。质量流量的测量方法也分为直接法与间接法。直接法质量流量计利用检测元件直接测量流体的质量流量，最典型的是科里奥利力式质量流量计。间接法利用两个检测元件（或仪表）分别检测出两个参数，通过运算，间接得到流量。较常见的是利用容

积式流量计或者流速式体积流量计检测流体的体积流量，再配以密度计检测流体的密度，将体积流量与密度相乘后即为质量流量。也有基于热力学的原理，建立温度、压力与流体密度间的数学关系，根据连续检测流体的温度与压力计算出流体密度，再将体积流量与密度相乘后得到质量流量。

以下简单介绍火电厂热力设备中较少被采用，但常用于脱硫装置运行参数检测的几种流量计的基本原理。

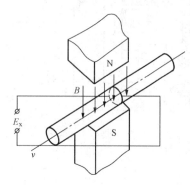

图 2-54 电磁流量计检测原理

(1) 电磁流量计。电磁流量计适用测量封闭管道中导电液体或浆液的体积流量，如各种酸、碱、盐溶液，腐蚀性液体以及含有固体颗粒的液体（泥浆、矿浆及污水等），被测流体的导电率不能小于水的导电率，但不能检测气体、蒸汽和非导电液体。在石灰石湿法烟气脱硫装置中，电磁流量计被用于石灰石、石膏浆液体积流量的检测，与密度计联合使用能够检测质量流量。

电磁流量计检测原理如图 2-54 所示，其测量原理基于法拉第电磁感应原理：导电液体在磁场中以垂直方向流动而切割磁力线时，就会在管道两侧与液体直接接触的电极中产生感应电动势，其感应电动势 E_x 的大小与磁场的强度、流体的流速和流体垂直切割磁力线的有效长度成正比，即

$$E_x = kBDv$$

式中 k——仪表常数；

B——磁感应强度；

v——测量管道截面内的平均流速；

D——测量管道截面的内径。

体积流量 q_V 计算式可写为

$$q_V = \frac{\pi D}{4Bk} E_x$$

由于电磁流量计无可动部件与突出于管道内部的部件，因而压力损失很小。导电性液体的流动感应出的电压与体积流量成正比，且不受液体的温度、压力、密度、黏度等参数的影响。

(2) 科里奥利力式质量流量计。该类型的质量流量计是直接式质量流量检测方法中最为成熟的，通过检测科里奥利（Coroilis）力来直接测出介质的质量流量。科里奥利力式质量流量计是利用处于一旋转系中的流体在直线运动时，产生与质量流量成正比的科里奥利力（简称科氏力）的原理制成的一种直接测量质量流量的新型仪表。图 2-55 为科氏力的演示实验，将充水的软管两端悬挂于一固定原点，并自然下垂成 U 形。当管内的水不流动时，U 形管处于垂直于地面的同一平面，如果施加外力使其左右摇摆，则两管同时弯曲，且保持在同一曲面上，如图 2-55 （a）所示。如果使管内的水连续地从一端流入，从另一端流出，当 U 形管受外力作用左右摇摆时，它将发生扭曲，但扭曲的方向总是出水侧的摆动要早于入水侧，如图 2-55 （b）、(c) 所示，这就是科氏力作用的结果。U 形管左右摇摆可视为管子绕着原点旋转，当一个水质点从原点通过管子向远端流动时，质点的线速度由零逐渐加大，

也就是说该水质点被赋于能量，随之而产生的反作用力将使管子的摆动的速度减缓，即管子运动滞后。相反，当一个水质点从远端通过管子向原点流动时，质点的线速度由大逐渐减小趋向于零，也就是说质点的能量被释放出来，随之而产生的反作用力将使管子的摆动速度加快，即管子运动超前。使管子运动速度发生超前或滞后的力就称为科氏力。

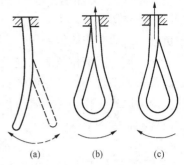

图 2-55　科氏力的演示实验

　　管子摆动的相位差大小取决于管子变形的大小，而管子变形的大小仅仅取决于流经管外的流体质量的大小。这就是利用科氏力直接测量流体质量流量的理论基础。

　　科里奥利力式质量流量计应用最多的是双弯管型的，其结构示意图如图 2-56 所示。根金属 U 形管与被测管道由连通器相接，流体按箭头方向分别通过两路弯管。在 A、B、C 三点各有一组压电换能器，在 A 点外加交流电产生交变力，使两个 U 形管彼此一开一合地振动，在位于进口侧的 B 点和位于出口侧的 C 点分别检测两管的振动幅度。根据出口侧相位超前于进口侧的规律，C 点输出的交变电信号超前于 B 点某一相位差，此相位差的大小与质量流量成正比。将该相位差进一步转换为直流 $4\sim20mA$ 的标准信号，就构成了质量流量变送器。

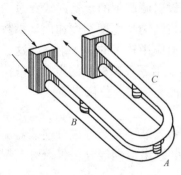

图 2-56　双弯管型科里奥利力式质量流量计结构示意图

　　科里奥利力式质量流量计无需由测量介质的密度和体积流量等参数进行换算，并且基本不受流体黏度、密度、电导率、温度、压力及流场变化的影响，适用于测量浆液、沥青、重油、渣油等高黏度流体以及高压气体，测量准确、可靠，流量计可灵活安装在管道的任何部位。

　　3. 液位检测

　　工业生产中测量液位的仪表种类很多，按工作原理主要有以下几种类型。

　　（1）直读式液位仪表。主要有玻璃管液位计、玻璃板液位计等，它们的结构最简单也最常见，但只能就地指示。用于直接观察液位，但耐压范围有限。

　　（2）差压式液位仪表。利用液柱或物料堆积对某定点产生压力的原理，当被测介质的密度 ρ 已知时，就可以把液位测量问题转化为差压测量问题。差压式液位计是一种最常用的液位检测仪表。如果被测介质具有腐蚀性，差压变送器的正、负压室与取压管之间需要安装隔离容器，防止腐蚀性介质直接与变送器接触，如图 2-57 所示。

　　隔离液应不与被测介质、管件及仪表起掺混和化学作用。隔离容器的安装位置应尽量靠近测点，以减少测量管路与腐蚀性介质的接触，为减少隔离液的消耗，仪表应尽量靠近隔离容器。隔离容器和测量管路安装在室外时，应选用凝固点低于当地气温的隔离液，否则应有伴热措施。如果隔离液的密度为 ρ_1（$\rho_1>\rho$），则差压变送器上测得的差压计算公式为

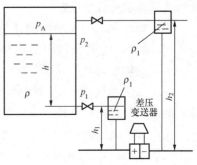

图 2-57　差压式液位测量原理

$$\Delta p = \rho g h + \rho_1 g(h_1 - h_2)$$

式中　g——重力加速度，m/s^2。

由于差压信号多了 $\rho_1 g(h_1 - h_2)$ 一项，因此，在 $h=0$ 时，Δp 不等于 0，需要进行零点负迁移，以克服固定差压 $\rho_1 g(h_1 - h_2)$ 的影响。

（3）浮力式液位仪表。这类液位仪表有利用浮子高度随液位变化而改变的恒浮力原理制成的浮子式液位计，利用液体对浸沉于液体中的浮子（或称沉筒）的浮力随液位高度而变化的变浮力原理工作的浮筒式液位计等。浮筒式液位计在工业上较为常用，是依据阿基米德定律设计的，如图 2-58 所示。

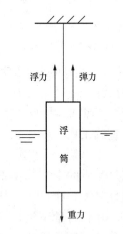

图 2-58　浮筒式液位计测量原理

当浮筒沉浸于液体中时，浮筒将受到向下的重力、向上的浮力和弹簧弹力的作用，当这三个力达到平衡时，浮筒就静止在某一位置。当液位发生变化时，浮筒所受浮力相应改变，将失去平衡，从而引起弹力变化，即弹簧的伸缩，直至达到新的平衡。弹簧伸缩所产生的位移经变换后输出与液位相对应的电信号。

（4）电气式液位仪表。根据物理学的原理，液位（或料位）的变化可以转化为某些电量的变化，如电阻、电容、电磁场等的变化，通过测出这些电量的变化来测量液位，如电容式液位计等。

另外，还有核辐射式液位计，利用放射源产生的核辐射线穿过一定厚度的被测物料时，射线的投射强度将随物料厚度的增加而呈指数规律衰减的原理来检测液位的仪表。目前应用较多的是 γ 射线。这类仪表有利用超声波在不同相界面之间的反射原理来检测的声学式液位仪表、利用液位对光波的反射原理工作的光学式液位仪表等。

4. 烟气成分检测

一般每套脱硫装置进、出口烟道上各安装一套烟气成分连续监测排放系统，实时检测烟气中的 SO_2、CO、NO_x 烟尘等。脱硫装置出口烟气分析仪兼有控制与环保监测的功能。

（1）热导式气体成分检测。热导式气体成分检测是根据混合气体中待测组分的热导率与其他组分的热导率有明显差异的事实，当被测气体的待测组分含量变化时，将引起热导率的变化，各种气体相对于空气的热导率如图 2-59 所示。

各种气体相对于空气的热导率变化，通过热导池转换成电热丝电阻值的变化，从而间接得知待测组分的含量，是一种应用较广的物理式气体成分分析仪器。

表征物质导热率大小的物理量是热导率 λ，λ 越大，说明该物质的传热速率越大。不同的物质，其热导率不同。

对于由多种气体组成的混合气体，若彼此间无相互作用，其热导率可近似为

$$\lambda = \lambda_1 c_1 + \lambda_2 c_2 + \cdots\cdots + \lambda_i c_i + \cdots + \lambda_n c_n$$

式中　λ——混合气体的热导率；

λ_i、c_i——第 i 种组分的热导率和浓度。

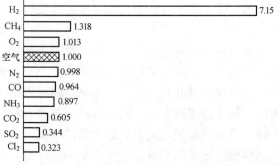

图 2-59　各种气体相对于空气的热导率

设待测组分的热导率为 λ_1，浓度为 c_1，其他气体组分的热导率近似相等，为 λ_2，可以推出待测组分浓度和混合气体热导率之间的关系为

$$c_1 = (\lambda - \lambda_2)/(\lambda_1 - \lambda_2)$$

（2）红外式烟气成分检测。红外气体成分检测是根据气体对红外线的吸收特性来检测混合气体中某一组分的含量。凡是不对称双原子或者多原子气体分子，都会吸收某些波长范围内的红外线，随着气体浓度的增加，被吸收的红外线能量越多。红外线气体成分检测的基本原理如图 2-60 所示。

红外线光源发出红外光，经过反射镜，两路红外光分别经过参比室和工作室。参比室中充满不吸收红外线的 N_2，而待测气体经工作室通过。如果待测气体中不含待测组分，红外线穿过参比室和工作室时均未被吸收，进入红外探测器 A、B 两个检测气室的能量相等，两个气室气体密度相同，中间隔膜也不会弯曲，因此平行板电容量不发生变化。相反，如果待测气体中含有待测组分，红外线穿过工作室时，相应波长的红外线被吸收，进入红外探测器 B 检测气室的能量降低（被吸收的能量大小与待测气体的浓度有关），B 气室气体压力降低，薄膜电容中的动片向右偏移，致使薄膜电容的容量产生变化，此变化量与混合气体中被测组分的浓度有关，因此，电容的变化量就直接反映了被测气体的浓度。

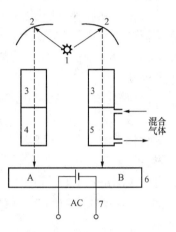

图 2-60　红外线气体成分检测的基本原理

1—红外线光源；2—反射镜；3—滤波室或滤光镜；4—参比室；5—工作室；6—红外探测器；7—薄膜电容

由于不同气体会对不同波长的红外线产生不同的吸收作用，如 CO 和 CO_2 都会对 $4\sim5\mu m$ 波长范围内的红外线有非常相近的吸收光谱，所以两种气体的相互干扰就非常明显。为了消除背景气体的影响，可以在检测和参比两条光路上各加装一个滤波气室，滤波气室中充满背景气体，当红外光进入参比室和工作室之前，背景气体特征波长的红外线被完全吸收，使作用于两个检测气室的红外线能量之差只与被测组分的浓度有关。图 2-60 中的两个滤波气室可以用两个相同的滤光镜取代。红外线气体成分检测仪表较多地用于 CO、CO_2、CH_3、NH_4、SO_2、NO_x 等气体的检测。

（3）烟尘浓度检测。工业上应用的烟气含尘浓度在线检测的方法有浊度法和射线法。

目前工业上采用的浊度计主要基于光电方法。采用光电方法检测浊度分为透射法和散射法。常用的浊度计多基于光散射原理制成。

透射法是用一束光通过一定厚度的待测介质，测量待测介质中悬浮颗粒对入射光吸收和散射所引起的透射光强度的衰减量来确定被测介质的含尘浓度，即浊度。

散射法是利用测量穿过待测介质的入射光束被待测介质中的悬浮颗粒散射所产生的散射光的强度来实现的，如图 2-61 所示。

光源发出的光，经聚光镜聚光后以一定的角度射向被测介质，测定因颗粒产生的散射光，并经光电池转换成电压信号输出。随被测液体中颗粒的增

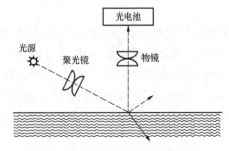

图 2-61　散射式浊度计测量原理

加，散射光增强，光电池输出增加，当被测介质不含固体颗粒时，光电池的输出为零。因此，只要测量光电池的输出电压就可以测定烟尘的浓度。但由于颗粒间对可见光的遮挡，因此这种方法不适合于颗粒浓度较大的烟尘测量。核辐射射线法检测烟道烟气中固体粉尘颗粒浓度可以克服上述光电法的不足。

5. 浆液 pH 值检测

吸收塔浆液的 pH 值是脱硫装置运行中最主要的检测与控制参数之一，是浆池内石灰石反应活性与钙硫摩尔比的综合反应。加入吸收塔的新石灰石浆液的量取决于锅炉负荷、烟气中的 SO_2 及实际吸收塔浆液的 pH 值。根据系统管道的不同布置，pH 值计可以布置在吸收塔浆液再循环泵出口管道上，也可以布置在吸收塔浆液排出管道上。pH 值是衡量溶液酸碱度的参数。pH 值计也被称为酸碱度计，通过连续检测水溶液中氢离子的浓度来确定水溶液的酸碱度。

pH 值定义为水溶液中氢离子的活度的负对数，即

$$pH = -lg [H^+]$$

化学上定义水的 pH 为 7，pH 小于 7 呈酸性，pH 大于 7 呈碱性。

直接测量溶液中的氢离子是有困难的，所以通常采用由氢离子浓度引起的电极电位变化的方法来测量 pH 值。根据电极理论，电极电位与离子浓度的对数呈线性关系，因此，测量被测水溶液 pH 值的问题，就转化为测量电池电动势的问题。pH 值计构造示意如图 2-62 所示。

pH 值计的电极包括一支测量电极（玻璃电极）和一支参比电极（甘汞电极），二者组成原电池。参比电极的电动势是稳定且精确的，与被测介质中的氢离子浓度无关。玻璃电极是 pH 计的测量电极，其上可产生正比于被测介质 pH 值的毫伏电动势，原电池电动势的大小仅取决于介质的 pH 值，因此，通过测量电池电动势，即可计算出氢离子的浓度，从而实现了溶液 pH 值的检测。经对数转换为 pH 值，由仪表显示出来。

如果将参比电极与测量电极封装在一起就构成了复合电极，其具有结构简单、维护量小、使用寿命长的特点，在各种工业领域中的应用十分广泛。

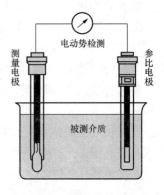

图 2-62　pH 值计构造示意

pH 值计在使用过程中，需要保持电极的清洁，并定期用稀盐酸清洗，且每次清洗后或长期停用后均需要重新校准。测量时须保持被测溶液温度稳定并进行温度补偿。

6. 石灰石、石膏浆液密度（浓度）检测

为了得到并控制送入脱硫塔石灰石浆液的浓度及浆液的质量流量，或得到并控制石膏浆液中固态物质的浓度及浆液排出量，需要实时检测石灰石、石膏浆液的浓度。由于浆液中固态物质的含量最高可达 30% 左右，无法采用常规的检测方法，因此，目前工业上一般采用基于核辐射射线原理的浓度计，如图 2-63 所示。

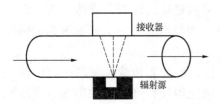

图 2-63　基于核辐射射线原理的浓度计

由核放射源发射的核辐射射线（通常为 γ 射线）

穿过管道中的介质，其中一部分被介质散射和吸收，其余部分射线被安装在管道另一侧的探测器所接收，介质吸收的射线量与被测介质的密度呈指数吸收规律，即射线的投射强度将随介质中固体物质的浓度的增加而呈指数规律衰减。射线强度的变化规律可表示为

$$I = I_0 e^{-\mu D}$$

式中　I_0——进入被测对象之前的射线强度；

　　　μ——被测介质的吸收系数；

　　　D——被测介质的浓度；

　　　I——穿过被测对象后的射线强度。

在已知核辐射源射出的射线强度和介质的吸收系数的情况下，只要通过射线接收器检测出透过介质后的射线强度，就可以检测出流经管道的浆液浓度。

射线法检测的浓度计为非接触在线测量，可测定石灰石浆液、石膏浆液、泥浆、砂浆、水煤浆等混合液体的质量百分比浓度或体积百分比浓度，也可检测烟气中的粉尘浓度。核射线能够直接穿透钢板等介质，使用时几乎不受温度、压力、浓度、电磁场等因素的影响。但由于射线对人体有害，因此对射线的剂量应严加控制，且需要严格的安全防护措施。

二、主要检测参数的测点布置

图 2-64 为典型的石灰石湿法烟气脱硫装置主要测点布置示意图。主要运行监测参数包括温度、压力、压差、液位、pH 值、密度（浓度）、流量、烟气成分、石膏层厚度等，这些参数均实时显示在控制系统的计算机画面上，并用于运行参数控制。

图 2-64 中，当石灰石浆液经再循环泵补入吸收塔时，pH 计布置在浆液箱出口管道；当

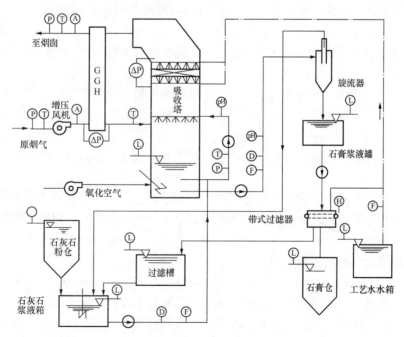

图 2-64　典型的石灰石湿法烟气脱硫装置主要测点布置示意图

P—压力计；ΔP—压差计；T—温度计；pH—pH 计；D—浓度计（密度计）；F—流量计；L—液位计（物位）；H—石膏层厚度测量计；A—烟气成分（O_2，SO_2，CO，NO_x 粉尘）测量计

石灰石浆液直接补入吸收塔时，pH计可布置在再循环泵出口管道。

为了检测送入脱硫塔中的石灰石浆液的质量流量，通常需要布置体积流量计（如电磁流量计）和浓度计（如核射线式浓度计）。pH值是脱硫装置运行与控制的重要参数，通常需要采用冗余设计，布置两台pH值计，并采取清洗与维护措施。检测浆液的压力或压差的取压装置必须安装隔离装置。

三、工业电视监视系统

烟气脱硫装置一般均设置必要的工业电视监视系统，对脱硫过程起到很好的辅助控制作用，主要的监测点有：①真空皮带脱水机；②石灰石或石灰石粉卸料机；③湿式球磨机；④石膏卸料机；⑤烟囱出口等。

第七节 脱硫装置的控制系统

一、概述

脱硫装置采用分散控制系统（DCS）实现全过程的自动调节与程序控制，按控制对象分解为以下各个控制子系统。

（1）吸收系统的控制。包括吸收塔浆液pH值控制，吸收塔浆池液位控制，吸收塔排出石膏浆液流量控制等。

（2）烟风系统的控制。包括增压风机烟气流量（压力）控制，旁路挡板压差控制，事故挡板控制等。

（3）石灰石浆液供给系统的控制。包括石灰石浆液箱的液位控制与石灰石浆液浓度控制等。

（4）石膏脱水系统的控制。包括真空皮带脱水机石膏层厚度控制与滤液水箱水位控制等。

（5）工艺水及冲洗系统的控制。包括除雾器冲洗控制，吸收塔浆液管道冲洗控制与工艺水箱液位控制等。脱硫装置设有工艺水箱，工艺水经水泵增压后用于除雾器冲洗水，浆液容器、管道冲洗水及GGH的冲洗水等。

（6）废水处理装置的运行控制。废水处理系统基本独立于整套脱硫装置，控制系统也相对独立。

以上各个控制过程中，脱硫工艺过程控制中的浆液pH值控制等相对较为复杂，需要采用比较复杂的控制系统；其他过程或设备的控制系统均比较简单，一般采用单回路反馈控制回路即可实现。

二、脱硫装置运行的主要控制系统

1. 吸收塔浆液pH值控制

吸收塔内浆液pH值是由送入脱硫吸收塔的石灰石浆液的流量来进行调节与控制的，也常被称为石灰石浆液补充控制，其控制的目地是获得最高的石灰石利用率、保证预期的 SO_2 脱除率及提高脱硫装置适应锅炉负荷变化的灵活性。吸收塔内浆液pH值控制回路是湿法烟气脱硫系统中最主要、也是相对较复杂的控制回路。吸收塔内的石灰石浆液pH值在一定范围内时，pH值增大，脱硫效率提高，pH值降低，脱硫效率随之降低。通常，浆液pH值应维持在5.0～5.8范围内。当吸收塔浆液pH值降低时，需要增大输入的石灰石浆液流量；

当 pH 值增大时，则相应减小输入的石灰石浆液流量。

脱硫装置运行中，可能引起吸收塔浆液 pH 值变化或波动的主要因素为烟气量与烟气中 SO_2 的浓度，还有石灰石浆液的浓度和供给量等。

（1）烟气量。如果送入脱硫吸收塔的石灰石浆液的流量不变，烟气量的增加会使浆液的 pH 值减小，反之会使 pH 值增大。通常情况下，火电厂锅炉机组的负荷变化频繁，烟气量也随之频繁改变。因此，对吸收塔浆液 pH 值控制系统来说，烟气量变化是最主要的外界干扰因素。

（2）烟气中 SO_2 的浓度。即使烟气量维持不变，由于锅炉所燃煤的含硫量发生变化，烟气中 SO_2 的浓度也将随之波动。但由于煤质变化幅度不会如负荷变化那么大，因此，烟气中 SO_2 浓度的变化通常不会很大。

所以，输入吸收塔的新鲜石灰石浆液的量取决于锅炉的原烟气量、烟气中 SO_2 的浓度（二者乘积的运算结果为送入吸收塔的 SO_2 质量流量）及实时检测的吸收塔浆液 pH 值，这些参数为检测参数。被控对象为吸收塔内石灰石浆液 pH 值，调节量为输入吸收塔的新鲜石灰石浆液流量。

由于吸收塔内的持液量很大，相对于烟气量变化的速率，浆液 pH 值发生变化的速率要缓慢得多，烟气量的变化不能迅速地体现为 pH 值的变化，即被控对象（pH 值）的延滞与惯性较大，单独依靠浆液 pH 值的检测信号与 pH 值设定值进行比较的反馈控制系统，将不能得到良好的控制质量。因此，必须采用锅炉烟气量与烟气中 SO_2 的浓度作为控制系统的前馈信号。

一般情况下锅炉侧均不设置烟气量的在线检测表计，因此必须由锅炉的其他在线检测参数来间接得到烟气量。如果锅炉煤质稳定，烟气量与锅炉负荷成线性关系。但如果锅炉煤质变化或过量空气系数变化，即使锅炉负荷不变，烟气量也会发生变化，因此，仅仅依据锅炉负荷并不能较理想地反映烟气量的变化。锅炉的送风量即反映锅炉负荷的变化，也反映燃烧煤质及过量空气系数的变化，总是与烟气量成线性关系，而且锅炉侧通常设置检测送风量的表计，因此，可以将锅炉负荷与送风量一起连同实时检测的原烟气中 SO_2 的浓度作为控制系统的前馈信号。

反馈控制系统是闭环系统，调节器是依据被控对象相对于设定值的偏差来进行调节的，检测的信号是被调量 pH 值，控制作用发生在偏差出现以后，控制作用影响被调量，而被调量的变化又返回来影响控制器的输入，使控制作用发生变化。不论什么干扰，只要引起被调量变化，就可以进行控制，但是，总是要在干扰已经造成影响，被调量偏离设定值后才能产生控制作用，控制作用总是不及时的。因此，在外界干扰频繁、对象有较大滞后时，如果仅仅依靠反馈调节，难以保证系统的调节品质。

前馈控制是根据干扰作用的大小进行控制的，检测信号是干扰量的大小。当干扰出现时，前馈控制器就对调节量进行预调整，来补偿干扰对被调量的影响。当干扰作用发生后，在被控变量还未出现偏差前，控制器就已经进行控制。如果这种前馈的控制规律设计合理，可以得到较好的补偿，使被控变量不会因干扰而产生误差。在前馈控制系统中，没有检测被调量，当控制器依据扰动产生控制作用后，对被控变量的影响并不返回来影响控制器的输出，所以前馈系统是一个开环系统，其控制效果并不通过反馈来检验。因此，必须对控制对象有彻底、精确的了解，才能得到一个合适的前馈控制作用。

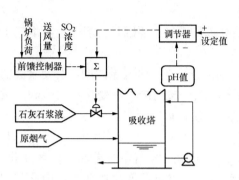

图 2-65　吸收塔浆液 pH 值单回路加前馈
复合控制系统

如果将前馈控制与反馈控制结合起来，利用前馈控制作用及时的优点，以及反馈控制能克服所有干扰及前馈控制规律不精确带来的偏差的优点，则会提高具有延滞惯性、强干扰被控对象的控制质量，这就是所谓前馈——反馈控制系统，也称为复合控制系统。

复合控制系统有单回路加前馈和串级加前馈两种构成方式，在吸收塔浆液 pH 值控制系统设计中均有采用。图 2-65 为吸收塔浆液 pH 值单回路加前馈的复合控制系统。

前馈控制器起前馈控制作用，用来克服由于烟气量与烟气中 SO_2 浓度的变化对被控变量 pH 值造成的影响。而反馈控制器起反馈控制作用，将浆液 pH 测量值与设定的 pH 值进行比较，得到的差值信号与作为前馈信号的锅炉烟气量与烟气中 SO_2 浓度的综合信号（为进入吸收塔的 SO_2 质量流量）相叠加，前馈与反馈控制共同作用产生一个调节信号，来控制石灰石浆液供给阀门的开度，使吸收塔内浆液 pH 值维持在设定值上。

图 2-66 是吸收塔浆液 pH 值单回路加前馈复合控制系统的方框图，是由一个反馈闭环回路和一个开环的补偿回路叠加而成的。

图 2-67 所示为吸收塔浆液 pH 值串级加前馈的复合控制系统，其与图 2-66 的主要区别在于增加了石灰石浆液流量测量仪表，取得流量测量值要比 pH 测量值更快、更直接。

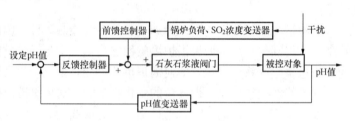

图 2-66　吸收塔浆液 pH 值单回路加前馈复合控制系统的方框图

为了防止依据 pH 测量值可能造成的过调，采用流量测量值构成一个副反馈回路，pH 测量值仍构成主反馈回路。在串级系统中，有两个调节器（主、副）分别接收来自被控对象不同位置的测量信号，主调节器接收浆液 pH 测量值，副调节器接收送入吸收塔的石灰石浆液流量测量值，主调节器的输出作为副调节器的设定值，副调节器的输出与前馈信号（进入吸收塔的 SO_2 质量流量）相叠加，来控制石灰石浆液供给阀门的开度，使吸收塔内浆液 pH 值维持在设定值上。串级回路由于引入了副回路，改善了对象的特性，使调节过程加快，具有超前控制作用，并具有一定的自适应能力，从而有效地克服了滞后现象，提高了控制质量。

图 2-68 是吸收塔浆液 pH 值串级加前馈复合控制系统的方框图，是由两个反馈闭环回路和一个开环的补偿回路叠加而成的。

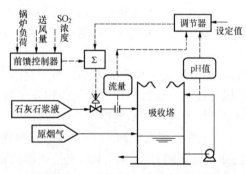

图 2-67　吸收塔浆液 pH 值串级加前馈
的复合控制系统

另外，该控制系统的设计中还应合理考虑浆液 pH 值测量仪表的纯滞后时间的影响。由于 pH 值测量元件安装位置引起的测量纯滞后通常很显著，一般情况下，被调量（浆液 pH 值）取样口设置在循环泵的出口管道或石膏浆液排出管道上，从取样口到吸收塔内的浆液有

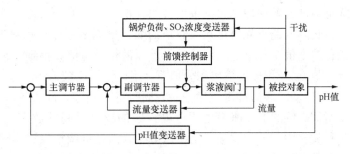

图 2-68　吸收塔浆液 pH 值串级加前馈复合控制系统的方框图

一段距离，取样口到测量电极之间的取样管也有一段较长长度，因此，吸收塔浆液 pH 值的分析测定需要较长的工作周期，从而造成纯滞后，这一滞后使测量信号不能及时反映吸收塔中浆液的 pH 值的变化。pH 值计电极所测得的 pH 值的时间延迟计算式为

$$\tau_0 = \frac{l_1}{v_1} + \frac{l_2}{v_2}$$

式中　v_1，v_2——出口管道与取样管道中浆液的流速；

l_1、l_2——出口管道与取样管道的长度。

2. 吸收塔浆池液位控制

脱硫装置运行中应控制吸收塔浆池的液位，维持吸收塔内足够的持液量，保证脱硫的效果。吸收塔浆池的液位是由调节工艺水进水量来控制的，由于浆液中水分蒸发和烟气携带水分的原因，流出吸收塔的烟气所携带的水分要高于进入吸收塔的烟气水分，因此，需要不断地向吸收塔内补充工艺水，以维持脱硫塔的水平衡。在维持液位的同时也起到调节补水量以调节吸收塔浆液浓度的作用，控制吸收塔浆液浓度的主要手段是控制石膏浆液的排放量。

吸收塔浆池液位控制系统的被调量为浆池液位，调节量为输入脱硫塔的工艺水流量，该补充水均是以除雾器冲洗水送入的。吸收塔浆池液位是通过控制除雾器冲洗间隔时间来实现的，采取间歇补水方式，吸收塔浆池液位控制系统为闭环断续控制系统。

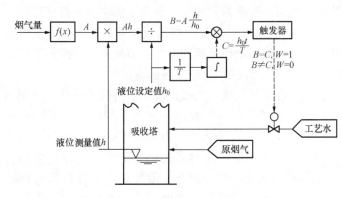

图 2-69　吸收塔浆液池液位闭环断续控制系统原理框图

由于吸收塔浆液损失的水量与进入的烟气量（与/或烟气温度）成正比，当烟气量增加时，蒸发与携带的水量也将随即增大，将会使液位下降速率增快。而且，脱硫塔的横截面很大，单靠水位偏差信号调节入水流量，其调节速度会比较缓慢。因此，吸收塔浆液池液位控制系统将烟气量（锅炉负荷）作为水位调节的提前补偿信号，来补偿烟气量变化对液位的影响，以克服液位调节的较大惯性，加快调节速度。

图 2-69 为吸收塔浆液池液位闭环断续控制系统原理框图。控制系统的作用是启动除雾器冲洗顺序控制。冲洗水阀门为电动门，接受开关量信号 w，在 $w=1$ 时开启补水门，进入

除雾器冲洗顺序控制，结束后关闭补水门，开关量只是基于运算回路形成的。

运算回路首先将进入吸收塔的烟气量测量值进行运算变换得到 A，然后 A 经乘法器与液位测量值 h 相乘，再经除法器除以液位设定值，得到一个经烟气量补偿的比较值 B。液位设定值 h_0 经积分器输出积分值 C，用比较器比较 B 与 C 的值，当 $B=C$ 时，触发器输出 $w=1$，启动除雾器冲洗顺序控制，同时将 C 清零，除雾器冲洗顺序控制结束后进入新一轮等待时间。C 的上升速率由积分器设定的积分时间常数 T 来控制。该系统为单向补水调节，运行调整中需要根据吸收塔中水分实际消耗量调整除雾器阀门开启最长等待时间（即积分时间常数 T），延长等待时间，可相应减少吸收塔的补充水量，避免液位上涨。

3. 吸收塔石膏浆液排出控制

脱硫吸收塔运行中，需要从浆池底部排放浓度较高的石膏浆液，以维持脱硫塔的质量平衡及合适的浆液浓度。过高的浆液浓度将会造成浆液管道堵塞，过低的浓度会降低脱硫效率。吸收塔石膏浆液为断续排放，因此，石膏浆液的脱水系统也是以间歇方式运行的，吸收塔石膏浆液排放的开关指令同时送给石膏浆液脱水控制系统。该控制系统为单回路闭环断续控制系统。

目前，常采用两种石膏浆液排出流量控制方式，区别在于所依据的检测参数不同。

（1）依据石灰石浆液供给量。根据进入吸收塔的石灰石浆液量与流出吸收塔的石膏浆液量的质量平衡关系，由检测的石灰石浆液质量流量计算出应排出吸收塔的石膏浆液的质量流量，依据计算得到的二者之间的线性比例关系，通过开、关石膏排出泵与阀门来控制吸收塔石膏浆液排出。

（2）依据浆液浓度检测参数。需要在浆液循环泵出口的管道上或者石膏浆排放泵出口管道上布置浆液浓度计，实时检测浆液的浓度值，根据检测值与设定值的差值来控制石膏浆液排出泵与阀门的开启与关闭。还可以进一步采用进入吸收塔的石灰石浆液量作为前馈信号，构成单回路加前馈的控制系统。也有依据吸收塔浆液的液位来控制石膏浆排放量的，但必须同时有其他检测或计算参数作为辅助参数，如浆液浓度、石灰石浆液补给流量等。

4. 增压风机压力（流量）控制

为了克服脱硫装置所产生的额外压力损失，通常需要增设一台独立的增压风机（比如动叶可调轴流式风机）。由于锅炉的负荷变化，流过脱硫装置的烟气量及其造成的压力损失也随之变化，因此，需要设置专门的控制回路来控制增压风机的叶片调节机构，以控制脱硫装置进口烟道的压力值。图 2-70 为增压风机压力（流量）复合控制回路。

增压风机压力（流量）控制回路采用复合控制系统。为了跟踪锅炉负荷的变化，采用锅炉负荷作为控制系统的前馈信号，采用增压风机入口烟道压力测量值作为反馈信号。将压力测量值与不同锅炉负荷下的设定值进行比较，得到的差值信号与锅炉负荷信号相叠加，前馈与反馈控制共同作用产生一个调节信号，来控制增压风机的叶片调节机构，使增压风机入口烟道压力值维持在设定值。

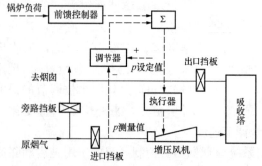

图 2-70　增压风机压力（流量）复合控制回路

5. 石灰石浆液箱的液位与浓度控制

石灰石浆液箱液位是依据检测的液位信

号，采用单回路闭环控制系统进行控制的。石灰石浆液浓度的控制可通过保持石灰石给料量和工艺水（与过滤水）的流量的比率恒定来实现，以开环方式控制石灰石浆液的浓度。也有依据布置在石灰石浆液泵出口管道上的浓度计检测的浆液浓度来实现闭环控制。

6. 真空皮带脱水机石膏层厚度控制

在石膏脱水运行中需要保持皮带脱水机上滤饼有稳定的厚度，因此，根据厚度传感器检测的皮带脱水机上滤饼的厚度，采用变频调速器来调整和控制皮带脱水机的运动速度，该系统为单回路反馈控制系统。

■ 第八节　脱硫装置的顺序控制、保护与连锁

一、顺序控制

顺序控制是实现工艺过程所要求的一系列顺序动作的控制，顺序控制的功能是按照预定的顺序和条件自动完成相关控制对象的开关操作，是开关量控制组中一种主要的控制方式。按时间始发的顺序控制的为时间定序顺序控制；按条件始发的顺序控制的为条件定序顺序控制。顺序控制主要用于机组的启停和辅助系统的操作，以减轻运行人员的劳动强度和减少人为的误操作。

脱硫装置顺序控制的目的是满足脱硫装置的启动、停止及正常运行工况的控制要求，并实现脱硫装置在事故和异常工况下的控制操作，保证脱硫装置的安全。顺序控制的具体功能包括：

（1）实现脱硫装置主要工艺系统的自启停。

（2）实现吸收塔及辅机、阀门、烟气挡板的顺序控制、控制操作及试验操作。

（3）实现辅机与其相关的冷却系统、润滑系统、密封系统的连锁控制。

（4）在发生局部设备故障跳闸时，连锁启停相关设备。

（5）实现脱硫厂用电系统的连锁控制。

脱硫工艺的顺序控制及连锁功能可纳入脱硫分散控制系统，也可采用可编程控制器实现。

脱硫装置顺序控制的典型项目包括：

（1）脱硫装置烟气系统的顺序控制。具体为 FGD 的进口与出口烟气挡板、旁路进口与出口烟气挡板的开启与关闭操作。为了确保脱硫装置和机组安全运行，通常配置旁路挡板的后备操作设备。

（2）除雾器系统的顺序控制。具体为各层冲洗水的开启与关闭操作。

（3）吸收塔浆液循环泵的顺序控制。具体为循环泵的电动门、排污门、冲洗水门及循环泵的开启与关闭操作。

（4）石灰石浆液泵的顺序控制。具体为浆液泵的电动门、排污门、冲洗水门及浆液泵的开启与关闭操作。

（5）石膏浆液泵的顺序控制。具体为浆液泵的电动门及泵的开启与关闭操作。

（6）工艺水泵的顺序控制。具体为水泵的电动门、排污门、冲洗水门及循环泵的开启与关闭操作。

（7）排放系统的顺序控制操作。

（8）电气系统的顺序控制操作。

二、保护与连锁

保护是指当脱硫装置在启停或运行过程中发生危及设备和人身安全的工况时，为防止事故发生和避免事故扩大，监控设备自动采取的保护动作。保护动作可分为三类动作形态：

（1）报警信号。向操作人员提示机组运行中的异常情况。

（2）连锁动作。必要时按既定程序自动启动设备或自动切除某些设备及系统，使机组保持原负荷运行或减负荷运行。

（3）跳闸保护。当发生重大故障，危及设备或人身安全时，实施跳闸保护，停止整个装置（或某一部分设备）运行，避免事故扩大。

脱硫运行中的保护与报警的内容包括：

（1）工艺系统的主要热工参数、化工参数和电气参数偏离正常运行范围。

（2）热工保护动作及主要辅机设备故障。

（3）热工监控系统故障。

（4）热工电源、气源故障。

（5）辅助系统及主要电气设备故障。

在脱硫装置启停过程中应抑制虚假报警信号。

脱硫运行中保护与连锁的典型项目包括：

（1）FGD装置的保护。FGD装置停运保护的工况包括两台浆液循环泵都故障停运、正常运行时FGD入口或出口挡板关闭、FGD系统失电、FGD入口烟温超过规定值、GGH发生故障等。

（2）烟气挡板的保护与连锁。

（3）密封风机的保护与连锁。

（4）除雾器系统的连锁。

（5）循环泵的保护与连锁。

（6）吸收塔搅拌器的保护与连锁。

（7）氧化风机的保护与连锁。

（8）石灰石浆液泵的保护与连锁。

（9）石灰石浆液罐液位及搅拌器的保护与连锁。

（10）石膏浆液泵及电动门的保护与连锁。

（11）石膏浆罐液位及搅拌器的保护与连锁。

（12）工艺水箱液位的保护与连锁。

第三章 FGD系统的防腐材料

第一节 FGD系统内的主要腐蚀环境及常用的防腐材料

烟气中含有粉尘、SO_2、HF、HCl、NO_x、水蒸气、H_2SO_4、H_2SO_3等复杂的组合成分，酸碱交替、冷热交替、干湿交替、腐蚀磨损并存，系统必须承受物理、化学、机械负荷、温度变化等多种多样的损伤。特别是其中新生态的H_2SO_3、H_2SO_4、HF、HCl是导致设备腐蚀的主体，因此，FGD设备对防腐材料的要求极为严格。FGD系统内的主要腐蚀环境见表3-1。但是直到现在，对FGD湿法工艺主要设备的防腐仍没有形成统一的模式，各国在工程实践中形成了各自的技术特点。综合考虑国内外防腐公司多年研究结果和电厂的实际运行经验，目前烟气脱硫防腐中一般采用以下几种防腐材料：

(1) 镍基耐蚀合金。

(2) 橡胶衬里，特别是软橡胶衬里。

(3) 合成树脂涂层，特别是带玻璃鳞片的。

(4) 玻璃钢。

(5) 耐蚀塑料，如聚丙烯，硬聚氯乙烯，填充聚四氟乙烯，聚三氟氯乙烯等。

(6) 不透性石墨。

(7) 耐蚀硅酸盐材料如化工陶瓷。

(8) 人造铸石等。

这些材料的性能各异，具体的应用范围也不尽相同。

表 3-1 　　　　　　　　　　FGD系统内的主要腐蚀环境

序号	位　置	腐蚀物	温度（℃）	备　注
1	原烟气侧至 GGH 热侧前（含增压风机）	高温烟气，内有 SO_2、SO_3、HCl、HF、NO_x、烟气、水汽等	130～150	一般来说，烟气温度高于酸露点，但 FGD 系统停运时烟气可能漏入，可适当考虑防腐
2	GGH 入口段、GGH 热侧	部分湿烟气、酸性洗涤物、腐蚀性的盐类（SO_4^{2-}、SO_3^{2-}、Cl^-、F^-等）	80～150	应考虑防腐
3	GGH 至吸收塔入口烟道	烟气内有 SO_2、SO_3、HCl、HF、NO_x、烟气、水汽等	80～100	烟气温度低于酸露点，有凝露存在，应防腐
4	吸收塔入口干湿界面区域	喷淋液（石膏晶体颗粒、石灰石颗粒、SO_4^{2-}、SO_3^{2-} 盐、Cl^-、F^-等），湿烟气	45～80	pH=4～6.2，会严重结露、洗涤液易富集、结垢，腐蚀条件恶劣

序号	位　置	腐蚀物	温度（℃）	备　注
5	吸收塔浆液池内	大量的喷淋液（石膏晶体颗粒、石灰石颗粒、SO_4^{2-}、SO_3^{2-} 盐、Cl^-、F^- 等）	45～60	$pH=4～6.2$，有颗粒物的摩擦、冲刷
6	浆液池上部、喷淋层及支撑梁、除雾器区域	喷淋液（石膏晶体颗粒、石灰石颗粒、SO_4^{2-}、SO_3^{2-} 盐、Cl^-、F^- 等），过饱和湿烟气	45～55	$pH=4～6.2$，有颗粒物的摩擦、冲刷，温度低于酸露点
7	吸收塔出口到 GGH 前	饱和水汽、残余的 SO_2、SO_3、HCl、HF、NO_x，携带的 SO_4^{2-}、SO_3^{2-} 盐等	45～55	温度低于酸露点，会结露、结垢
8	GGH 冷侧	饱和水汽、残余的 SO_2、SO_3、HCl、HF、NO_x，携带的 SO_4^{2-}、SO_3^{2-} 盐等，热侧进入的飞灰	45～80	温度低于酸露点，会结露、结垢
9	GGH 出口至 FGD 出口挡板	水汽、残余的酸性物 SO_2、SO_3、HCl、HF 等	≥60	会结露、结垢
10	FGD 出口挡板至烟囱	水汽、残余的酸性物 SO_2、SO_3、HCl、HF 等	≥60～150	FGD 运行时会结露、结垢，停运时要承受高温烟气
11	烟囱	水汽、残余的酸性物	≥60～150	FGD 运行时会结露、结垢，停运时要承受高温烟气
12	循环泵及附属管道	喷淋液（石膏晶体颗粒、石灰石颗粒、SO_4^{2-}、SO_3^{2-} 盐、Cl^-、F^- 等）	45～55	有颗粒物的严重摩擦、冲刷
13	石灰石浆供给系统	$CaCO_3$ 颗粒的悬浮液，工艺水中的 Cl^-、盐等，$pH≈8$	10～30	有颗粒物的严重摩擦、冲刷
14	石膏浆液处理系统	石膏浆液（石膏晶体颗粒、石灰石颗粒、SO_4^{2-}、SO_3^{2-} 盐、Cl^-、F^- 等），$pH<7$	20～55	有颗粒物的严重摩擦、冲刷
15	其他如排污坑、地沟等	各种浆液，一般 $pH<7$	<55	需防腐
16	废水处理系统	浓缩的废水，Cl^- 含量极高，可达 $4×10^{-2}$（体积）	常温	需防腐

■ 第二节　镍基耐蚀合金

许多早期的 FGD 设备通常在碳钢表面衬塑料或非金属涂层。但在一定的温度条件下，内衬损坏会导致电厂停机，如 1987 年 1 月德国莱茵——威斯特法仑公司努劳特电厂的 FGD 设备失火、1990 年 5 月日本关西电力公司的 Kainan 电厂失火、1993 年德国费巴公司的苏尔文电厂失火和北美的电厂失火等。目前非金属防腐材料已有很大发展，镍基合金以其出色的防腐蚀性能，在 FGD 装置中得到了广泛的应用。选用适当的含镍合金和不锈钢，可以有效地解决大部分 FGD 设备的材料问题，在常规电厂预期设备寿命期间，可确保较低的维修费用和较高的设备利用率。

镍之所以能作为高性能耐蚀合金的重要基体，是因为它具有一些独特的电化学性能和其他必要的工程性质。由于镍的电位序高于 Fe（$E_{Ni}^0=-0.025V$；$E_{Fe}^0=-0.44V$），容易极化，同时镍能耐性质活泼的气体（如氟、氯、溴以及他们的氢氧化物）、氢氧化物（如 NaOH、KOH）和盐等介质，并且抵御多种有机物质的腐蚀能力比 Fe 好得多，这也暗示镍基耐蚀合金的耐蚀性要远优于铁镍基合金和铁基不锈钢。镍的电极电位尽管比 Cu（$E_{Cu}^0=0.34V$）小，但它在非氧化性酸中保持稳定，因为与 Cu 相比，镍具有较大的转化为钝化态的能力，使其耐蚀性能显著提高，尤其在中性和碱性溶液中。

镍在干、湿大气中非常耐蚀，在非氧化性的稀酸（如小于 15％的盐酸、小于 70％的硫酸）和许多有机酸中，室温下相当稳定。镍在碱类溶液（无论高温或熔融状态的碱）中都完全稳定，这是镍的突出特性，如镍在 75％NaOH 中的腐蚀率为 0.076mm/a，仅为钢的1/100，因此镍是制造溶碱容器的优良材料之一。镍还具有较高的强度与塑性。

镍在耐蚀合金中的一个极其重要的特征是，许多具有种种耐蚀特性的元素（例如 Cu、Cr、Mo、W），在镍中的固容度比在 Fe 中大得多（在 Ni 中分别可溶 100％ Cu、47％ Cr、39.3％ Mo 及 40％W），能形成成分广泛的固溶体合金，既保持了镍固有的电化学特性，又兼有合金良好的特有耐蚀品质。这样镍基耐蚀合金既具有优异的耐蚀性能，又具有强度高、塑韧性好，可以冶炼、铸造，可以冷、热变形和成型加工，以及可以焊接等多方面的良好综合性能。

一、常用的几种镍基合金的化学成分

镍基合金的种类很多，常用的几种镍基合金的化学成分见表 3-2。

表 3-2 常用的几种镍基合金的化学成分及含量 ％

镍基合金	化 学 成 分								
	Ni	Fe	Cr	Mo	Cu	C	Si	Mn	N
316L	13.0	平衡值	17.0	2.25	0	≤0.03	≤1.0	1.8	0.02
317L	14.0	平衡值	19.0	3.25	0	≤0.03	≤1.0	≤2.0	—
904L	25.0	47.0	20.0	4.5	1.5	≤0.02	0.35	1.7	—
317LM	15.5	平衡值	18	4	—	—	—	—	0.06
317LMN	14.0	平衡值	18	>4.5	—	—	—	—	0.16
合金 825	42.0	30	21	3.0	1.8	0.03	0.35	0.65	—
合金 G	45	20	22	6.5	2.0	0.03	0.35	1.3	—
双相不锈钢	5.5	平衡值	22	3	—	—	—	—	0.17
超级奥氏体不锈钢	平衡值	21	6.5		1	—	—	—	0.22
超级双相不锈钢	6.5	平衡值	21	6.5	—	Mo22		—	0.22
合金 625	61	平衡值	22		—	—	—	—	—
合金 C-276	56	平衡值	16	16	—	—	—	—	—
合金 C-22	59	—	22	13	—	—	—	—	—

不同的镍基合金，其化学成分不同，因此它们的耐蚀能力也不一样，组成一种合金的每一种元素都会对合金暴露于各种环境时的特性和使用性能产生影响。

铬是一种比铁更为活泼的元素，在氧化性介质环境下很容易与氧反应，在合金表面生成一种具有保护性的薄膜——钝化膜，而绝大部分的金属或合金的耐蚀能力主要是由这种金属或合金能否迅速生成钝化膜，以及这层钝化膜被破坏后，再次生成钝化膜能力的高低所决定的。铬与氧反应生成的钝化膜是使铁基和镍基合金具有良好耐蚀性能的主要原因，因此，铬赋予镍在氧化条件下（如 HNO_3、$HClO_4$ 中）的抗蚀能力，以及高温下的抗氧化、抗硫化的能力，使其耐热腐蚀性能提高。实践表明，当镍、铬合金表面的钝化膜遭受破坏时，钝化膜可以在瞬间修复，比纯铬合金表面钝化膜的修复要快得多。

钼可以提高奥氏体不锈钢对硫酸、新生态亚硫酸和大多数有机酸的耐蚀性。在石灰石/石膏湿法 FGD 装置中，各运行区的 pH 值在 $0.1\sim7$ 之间，Cl^- 的浓度在 $0.01\%\sim3\%$ 之间。此时钼对合金的耐蚀性能影响最大，它可以提高合金对点蚀和缝隙腐蚀的耐蚀性，特别是在 Cl^- 浓度较高时，更显示出钼的作用，钼的含量超过 2.9% 时，其耐应力腐蚀断裂的性能大大增强。试验表明：Cr18Ni14M4 合金在中性氧化物中抵抗应力腐蚀断裂的时间为 1440h，在酸性氧化物中为 1464h；而工业品的 304 不锈钢 Cr8Ni9 在同样环境中分别为 120h 和 160h 以下。试验表明，随 Mo 含量的提高，镍铬合金在 H_2SO_4、HCl、H_3PO_4 等还原性酸和 HF 气氛中的耐一般腐蚀性能，以及在 $FeCl_3$ 溶液中的耐孔蚀性能均提高。

铜的加入提高了镍在还原性介质中的耐蚀性和在高速流动的充气海水中均匀的钝性；但铜会降低镍在氧化性介质中的抗蚀能力以及在空气中的抗氧化性。

不锈钢只能用于普通自然环境以及稀硝酸中，在较高温度和较苛刻的介质（无论是还原性或氧化性的）中腐蚀严重。一旦存在氯离子，不锈钢就会产生点蚀和缝隙腐蚀，还具有严重的应力腐蚀倾向（危害最大），氯化物应力腐蚀断裂是限制奥氏体不锈钢应用的主要因素，铜合金主要耐大气腐蚀、淡水腐蚀，白铜对海水有较好的抗蚀能力，铁及钛合金容易钝化，但在许多介质中（含海水）有较为严重的应力腐蚀开裂倾向。

镍基耐蚀合金，不光耐蚀性能比上述合金更为优良，而且适应性比较广泛。它除了适应于普通环境（大气、淡水、海水、中性溶液）外，还能在氧化、还原反应性介质中应用。镍基耐蚀合金对特别强烈腐蚀性介质（如盐酸、氢氟酸）以及某些特殊介质（如 3 价铁离子溶液、热的 HF 溶液）具有卓越抗力，这一家族中的某些合金还能承受各种复杂的化工过程和污液侵蚀。由于合金中铬、钼的含量高，其抗均匀腐蚀性远胜于奥氏体不锈钢，在含热氯化物介质中也极少发生应力腐蚀、点蚀、开裂，是能够抵抗热氢氟酸的少数几种材料之一。这种介质对于 Ti、Zr、Nb 及 Ta 极具腐蚀性。例如镍基耐蚀合金具有大大改善了的、在各种氯化物介质中抗应力腐蚀开裂的性能，有试验表明，美国 304 与 316L 奥氏体不锈钢在沸腾的 $42\%MgCl_2$ 中 $1\sim2h$ 即断裂，而镍基耐蚀合金 C-276 及 625 在同样条件下 1000h 仍未断。

二、不同腐蚀环境条件下镍基合金的选材原则

在 FGD 装置中，镍基合金的选择主要由以下几个因素来决定：使用环境条件下的温度、pH 值、氯化物的浓度以及可溶性氟化物的浓度。不同腐蚀环境条件下的选材原则见表 3-3。

由于绝大多数大型洗涤塔都是石灰石/石膏法，氟离子可以与钙离子生成氟化钙沉淀下来，不存在氟离子富集的问题，因此可溶性氟化物的腐蚀问题可以不考虑。在我国 FGD 系

统中，Cl^- 浓度在 3×10^{-2}（体积分数）就使用 C276 了。

表 3-3 不同腐蚀环境条件下的选材原则

pH值 ＼ Cl⁻浓度（×10⁻⁶）	100～500	1000	5000	10000	30000	50000	100000	200000
6.5	316L	不锈钢	317LMN 不锈钢				镍合金 625 等	
4.5		317LMN 不锈钢		超级双相不锈钢		超级奥氏体不锈钢	镍合金 C-276 等	
2.0	317LM 不锈钢		双相不锈钢					
1.0	317LMN 不锈钢	超级奥氏体不锈钢			镍合金 625 等			

注意：无论吸收塔的性能多么相似，塔内环境条件都不尽完全相同，燃料、水、运行状态等的微小差异都会对材料性能产生较大的影响。

三、设计中的注意事项

奥氏体不锈钢及高镍基合金在设计制造中应注意的事项如下：

（1）采用轻型设计，降低设备成本。

（2）设计安装的少死角原则（光滑曲面可以）。

（3）基板应平整，无凹凸。在焊接前应清理干净，确保无油物、氧化物、腐蚀物等，特别是要保持焊接区域干净。需要焊接的部件和焊条上的焊药应干燥无水，无焊渣，无氧化物，以避免焊缝出现气孔。同时为防止缝隙腐蚀，焊接应完全焊透，表层焊缝及焊渣必须清理干净。

（4）焊接时应按规定的参数要求操作，如电源特性、移动速度、电压高低、电流大小、焊接速度等。

（5）在采用贴壁纸衬里时，应注意到奥氏体不锈钢的电阻率、导热性和热膨胀系数，与碳钢焊接时，应事先计划好操作顺序、定位工序，防止扰曲或皱折。加工安装时应小心，防止造成贴壁纸的机器损伤。当然，碳钢基体与前面讲到的橡胶、涂层衬里一样，需要进行表面去锈、去油污等工作后方可进行衬里的有关操作。

目前，合金钢在FGD领域中的应用有两种方式：一种是在FGD系统中某一局部范围内作为整体构件使用，如局部区域吸收塔入口烟道壁板、烟气挡板、部分管道等，国外也有极少整个吸收塔等罐体用合金钢制造的；另一种是在价格低廉的碳钢上衬合金钢箔（贴壁纸）形成复合板，用于吸收塔和烟道内表面的防腐。

四、整体合金钢的使用

整体合金就其单位成本而言，与其他材料相比，其价格要高得多，但它具有以下优点：

（1）整体合金设备的维护工作既可以在锅炉设备检修停炉时平行进行，又可以在烟气除尘脱硫装置运行中从外部进行维修，而采用衬里结构的装置出现故障时必须立即停机检修，以免造成更大程度的损坏。

（2）合金设备的外表面不用刷漆，改变设备结构容易，不用担心衬里造成破坏。

（3）可以根据设备不同部位的腐蚀环境，选择相应的镍基合金，采用不同耐蚀合金的组合焊接，以获得最低成本的设备。

（4）镍基合金具有很好的加工特性，这为改变设备结构和维修提供了方便。

（5）镍基合金耐高温性能好，即使在使用过程中出现温度高于设计要求的现象，也不会对烟气除尘脱硫装置造成损害。

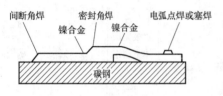

图 3-1　贴壁纸焊接技术示意图

（6）贴壁纸工艺是采用薄壁合金板材作为碳钢的衬里，典型使用的厚度仅为 1.6mm。采用贴壁纸工艺可以大大降低 FGD 装置的造价，从长远来看，比磷片或衬胶更节约成本，因此，贴壁纸工艺也就越来越得到人们的重视。美国和欧洲在这方面已有近 20 年的丰富经验。但它对焊接工艺参数的控制要求较为严格，通常需要用微机严格控制焊接工艺参数，并使用 MIG 焊机进行焊接，以避免碳钢基体和镍基合金衬里因热膨胀而产生热应力。若用电弧点焊时，在完成焊接工艺后，需利用填充金属连续地对焊接处进行熔敷盖面，以弥补焊接缝耐蚀能力的降低。图 3-1 为确保合金薄板贴到基板和完全密封所采用的贴壁纸焊接技术示意图，以适当的间距（0.61m）进行塞焊或电弧点焊可有效地减少振动。

▆ 第三节　橡　胶　衬　里

橡胶是有机高分子化合物，有优良的物理、化学性质，如高度的弹性和一定的机械性能，耐磨、耐腐蚀、可黏结、可配合、可硫化，是用途广泛的一种工业材料。通常将其加工成片状，贴合在碳钢或混凝土表面形成良好的表面防腐层，将基体与介质隔离。

一、对橡胶衬里的要求

橡胶衬里应满足的要求如下：

（1）应对水蒸气、SO_2、HCl、SO_3、NO_x、O_2 及其他气体有强的抗渗性。

（2）能耐盐酸、新生态亚硫酸、浓硫酸、氢氟酸及盐类的腐蚀。

（3）有较强的抗氧化性（主要是浓硫酸氧化）、抗老化性。

（4）能耐较高的温度（通常在 70℃以上）。

（5）耐磨性能好（与悬浮液接触时）。

（6）有良好的黏结性。

（7）施工操作简单安全可靠。

天然橡胶的基本化学结构是异戊二烯，以其为单体，通过与其他有机物、无机物、单元素等反应，得到合成橡胶，主要有氯丁橡胶、丁基类橡胶（包括丁基橡胶、氯化丁基橡胶、溴化丁基橡胶）等。与天然橡胶相比，合成橡胶的化学、物理性能都发生了变化。

二、橡胶的抗渗透性

橡胶衬里的抗渗透性能（或橡胶的低溶涨性）是评价和选择橡胶的一个非常重要的指标。气体渗透的基本原理是：气体分子首先溶解于橡胶材料中，然后，由于橡胶两面分压差的存在，气体分子由分压高的一侧向分压低的一侧扩散。因此，渗透过橡胶板的气体流量 Q 与橡胶表面积 A、时间 t 和分压差 Δp 成正比，而与橡胶板厚度 L 成反比，即

$$Q = DSAt\Delta p/L$$

比例系数 D 表征气体分子在橡胶层中的流动性，称做扩展系数；S 为溶解系数，代表气体在橡胶层中的溶解度。两者的乘积称为渗透系数 $P=DS$，P 越大表明材料的防渗透性越差。

在 FGD 系统中，对水蒸气、SO_2、HCl 和其他气体有较低渗透系数的要求，限制了橡胶的选择。只有几种橡胶对水蒸气及其他气体的渗透性较低，其中最重要的是丁基材料，如丁基橡胶、氯丁基橡胶、溴丁基橡胶。几种橡胶的抗水蒸气渗透性能见表 3-4。

表 3-4　　　　　　　　　　　　几种橡胶的抗水蒸气渗透性能

材料名称	丁基橡胶		氯丁基橡胶			溴丁基橡胶		氯丁橡胶	天然橡胶
温度（℃）	20	38	20	38	65	20	65	38	38
渗透系数 [ng·cm/(cm²·h·Pa)]	159.99	533.29	106.66	666.61	733.27	106.66	773.27	5866.18	7066.09

38℃时，丁基橡胶由于甲基群体的存在而导致很低的渗透率；氯化丁基橡胶、溴化丁基橡胶由于含有极性卤原子，而渗透率降低。从表 3-4 中还可看出，渗透系数随温度的升高而增大。

人们发现，氯丁基橡胶可掺入一定比例的氯丁橡胶而不致明显地增大渗透性。随着氯丁橡胶的掺入，橡胶衬里的一些特性，如可加工性得到改善。用掺入氯丁橡胶的氯丁基橡胶制的预硫化橡胶板在 FGD 装置中显示出优良的性能。

一般可采取以下措施来增强橡胶的抗渗耐蚀性能：

（1）增强硫化程度。硫化程度增强，橡胶渗透性减小。但硫化程度对丁基橡胶抗渗性能的影响比对其他橡胶（如天然橡胶）的影响要小。

（2）适当提高补强剂、填充剂等添加剂及颜料的含量。选用特种填充剂可将水蒸气渗透性在一定程度内降低，但过高的添加剂和颜料的含量会引起橡胶基体中固体的分散不均匀，形成不合要求的孔隙率，而且由于极性组分的加入会使橡胶的吸水量增高，引起橡胶膨胀，造成橡胶机械性能下降。

（3）增加橡胶件层的厚度。渗透通量与衬里厚度成反比，达到饱和浓度的时间与厚度的平方成正比，实践中基于这一方面的考虑，橡胶层的厚度高达 3～4mm，甚至更厚。与合成树脂涂层不同，衬橡胶达到这一厚度没有特殊的技术问题。

（4）采用合适的硫化方式。硫化决定了橡胶衬里的基本特性。对于厂家车间生产衬橡胶无任何困难，因为硫化可在温度为 120～150℃、压力高达 600kPa 条件下完成。可在蒸汽硫化釜或热空气硫化釜内进行。然而，现场无法满足这些条件，故现场一般使用自硫化橡胶板或预硫化橡胶板。自硫化橡胶板的硫化经加速（加含硫的加速剂）后在 40℃ 以下就能进行。预硫化橡胶板是厂家已在一定条件下硫化的，在现场可直接应用。

预硫化橡胶有下列特点：

1）预硫化橡胶板具有一定的硫化度，在现场应用时已有稳定的机械性能；

2）它们可以无限期储存而不必冷藏；

3）无需在现场进行费时而昂贵的硫化；

4）衬完胶后即可承受各种物理、化学负荷；

5）黏合剂可在环境温度下凝固；

6）可方便地连接和维修。并非所有橡胶都适于制作自硫化或预硫化橡胶板。溴丁基橡胶、氯丁基橡胶及氯丁橡胶比丁基橡胶容易硫化，后者需要更高的硫化温度。因此，含丁基橡胶的衬胶一般在厂家生产车间内完成。

（5）选择合适的黏合剂，严格控制黏合剂的用量。

为了保证橡胶衬里的使用寿命，整个钢表面都要与橡胶衬里完全贴好。要达到这一目的，必须使用黏合剂。黏合剂含有天然橡胶、聚合物及树脂等。在厂家生产车间内衬胶时，黏合剂与橡胶板一起硫化。在现场衬胶时，由于只能在环境温度或比它稍高一点的温度下施工，黏合剂中必须加入硫化剂，以加速硫化。硫化剂与橡胶板中的相似，如含硫的加速剂，还有聚异氰酸酯（其中以三异氰酸酯用得最多）。用预硫化橡胶板时，要求黏合剂能在短时间内达到其黏合强度，以克服橡胶板的恢复力，尤其是径向产生的恢复力。在其他领域已用了几十年的由氯丁橡胶和芳香三异氰酸酯制成的黏合剂在实际应用中很成功。

溶剂蒸发后，氯丁橡胶部分结晶，从而获得了初始黏合强度。聚异氰酸酯和氯丁橡胶的烃基进行反应，使黏合剂的黏合强度在几天内进一步提高。聚异氰酸酯的应用不仅提高黏合强度，也提高抗化学腐蚀性、抗热性和黏合力。应注意的是，一定要使聚异氰酸酯均匀地分布于整个黏合层上，并且过量添加，以便反应后黏合剂中仍有自由异氰酸酯存在。异氰酸酯是可与许多物质发生反应的活性部分。但它与水反应产生的二氧化碳会引起麻烦，因为二氧化碳的累积可在橡胶衬里中形成气泡。黏合剂的涂量为 $15mg/cm^2$ 时，若黏合剂中异氰酸酯的质量百分比为 1.5%，则异氰酸酯与水完全反应生成的二氧化碳为 $0.12mg/cm^2$ 或 $0.06cm^3/cm^2$（常温常压下）。这一少量的二氧化碳是在水渗过整个厚度中很长的时间内生成的，故一般不考虑气泡的生成。

使用氯丁橡胶黏合剂时可能会生成氯化氢，但试验结果没有发现氯化氢的大量生成。在正常黏合剂涂量下，钢表面的氯负荷大约为 $15mg/m^2$，这大大低于 DIN 标准中的危险氯负荷 $500mg/cm^2$。这一结果与实践及文献中描述的结果一致，含氯丁橡胶的黏合剂能够长时间使用。

橡胶板内的气体（如水蒸气）的分压差也影响渗透。若橡胶板内的温度梯度很低，则仅有很小的分压差。这样，在设计 FGD 装置的构件时，衬胶部件的绝缘问题就显得特别重要。

三、橡胶的防 Cl⁻ 性能

Cl⁻ 对橡胶具有强烈的渗透性能，一般应选择在任何溶液中都具有很好抗 Cl⁻ 性能的丁基橡胶和氯丁橡胶，这样，完全不会发生任何腐蚀问题。

四、橡胶的抗热性

橡胶被热源破坏是由于电解氯气渗透到橡胶分子中而导致胶板被氧化和破坏。同时，橡胶的防热性能比处于高度不饱和状态下的橡胶分子差。橡胶的防热性能通常按以下顺序排列：天然硬质橡胶≥丁基橡胶＞氯丁橡胶＞天然软质橡胶。一般氯丁橡胶的最大操作温度为 90℃，比丁基类橡胶低 30℃。氯丁橡胶的抵抗热性会使其暴露部位的机械性能下降，并使它在工作环境中表层等脆化。

五、橡胶的耐磨性

表 3-5   几种橡胶的耐磨性能

材料名称	磨耗量（mg）	磨耗条件	材料名称	磨耗量（mg）	磨耗条件
丁氯橡胶	44	Cs17 轮	丁苯橡胶	177	23℃
天然硬质橡胶	235	1000g/轮	丁基橡胶	205	
天然软质橡胶	146	5000r/min	氯丁橡胶	200	

几种橡胶的耐磨性能见表 3-5。橡胶的防浆料磨耗性能是由于橡胶的高弹性，能够吸收碰撞浆料带来的能量形成的。

橡胶的防磨耗性能按以下顺序排列：天然软质橡胶＞氯丁橡胶＞丁基橡胶＞天然硬质橡胶。

从 FGD 装置及其管道的实际使用情况来看，丁基橡胶的防浆料磨耗性能足以满足使用要求，橡胶只用于接头和管道的法兰橡胶。另外，防浆料磨耗性能在很大程度上取决于橡胶板厚度。

六、橡胶的抗膨胀性

橡胶吸水能力强，就容易膨胀，抗膨胀性就差。由于硫化和交链程度低于热固塑料，与合成树脂涂层相比，橡胶衬里对水分的吸收量较大，因而有较大的膨胀度。这一弱点，可以用橡胶衬里的厚度来弥补，因为吸收达到饱和的时间与橡胶衬里厚度的平方成正比，分析表明，丁基类橡胶能从吸收塔内介质中吸收水分。橡胶衬里对水吸收的饱和度取决于它的组成，非极性橡胶，如丁基橡胶，比含极性组分的橡胶吸收的水要少。在丁基类橡胶中，丁基橡胶对水的吸收量最少，而氯丁基橡胶和溴丁基橡胶由于含有极性卤原子，而吸收更多的水。对水的吸收也受填充剂、颜料、硫化剂等能引入极性组分物质的加入和橡胶衬里硫化度的影响。由于水分子要占据一定的空间，橡胶的膨胀与水的吸收有关。橡胶的膨胀度，尤其与工艺介质接触的一层，如果吸水量很高，会引起机械性能的下降。橡胶抵抗这种膨胀的能力按以下顺序排列：天然硬质橡胶＞氯丁橡胶＞丁基橡胶＞天然软质橡胶。

七、橡胶的防氟离子（F^-）性能

若胶板用于含有 F^- 的盐溶液中，如 NaF 或 CaF_2 溶液中，F^- 不会直接影响橡胶衬里。若胶板存在于酸性介质中，如氢氟酸中，胶板会由于强烈的渗透性而膨胀和被破坏。胶板的抗 F^- 性能一般按以下顺序排列：天然硬质橡胶＝丁基橡胶＞氯丁橡胶＞天然软质橡胶。

八、橡胶的防 SO_2 性能

SO_2 气体和 H_2SO_4 很容易和有机物质相溶，他们含量越高，胶板越容易膨胀和被破坏。如果含量较低，所有胶板都能保持良好的抵抗性能，即使 SO_2 气体和 H_2SO_4 变成盐质，也不会对胶板带来任何直接影响。橡胶抵抗 SO_2 性能按以下顺序排列：天然硬质橡胶＞丁基橡胶＞氯丁橡胶＞天然软质橡胶。

由以上分析可知，丁基橡胶具有良好的抗蒸汽渗透、防浆料磨耗、防 F^-、防 SO_2 腐蚀和抗热性能，因此选择丁基橡胶作为衬里材料极佳，厚度为 5mm 较合适。但不论是何种橡胶作衬里，都有着表 3-6 中所示的优缺点。

表 3-6 橡 胶 的 优 缺 点

优 点	缺 点
(1) 对基体结构的适应性强，可进行较复杂异形结构件的衬覆。 (2) 具有良好的缓和冲击、吸收振动能力。 (3) 衬里破坏较易修复。 (4) 衬胶方式灵活，对于小型部件，可采用车间衬胶；对于大型设备，可采用现场衬胶。 (5) 衬胶层的整体性能好，致密性高，具有良好的抗渗性能。 (6) 橡胶衬里的价格较低，其价格性能比非常具有竞争力	(1) 耐用热性能较差，一般硬质橡胶的使用温度为 90℃以下，软质橡胶为 -25～80℃。近年来，由于生产加工等技术的进步，许多橡胶已可以耐温达 130～150℃，但尚需长期实施验证。 (2) 对强氧化性介质的化学稳定性较差。 (3) 橡胶衬里容易被硬物等造成机械性损伤。 (4) 橡胶的导热性能差，一般其导热系数为 0.576～1kJ/mh℃。 (5) 硬质橡胶的膨胀系数要比金属大 3～5 倍，在温度剧变、浊差较大时，容易使衬胶开裂及胶层和基体之间出现剥离脱层现象。 (6) 设备衬胶后，不能在基体进行焊接施工，否则会引起胶层遇高温分解，甚至发生火灾事故

为确保橡胶衬里的质量，必须对整个施工过程进行全面的质量控制（见表 3-7、表 3-8）。

表 3-7 原材料（胶料）质量控制

控制项目	检测方法	控制指标	控制项目	检测方法	控制指标
可塑度	可用塑度计测定	按有关标准执行	厚度	用磁性测厚仪测量	按有关标准执行
门尼焦烧	用门尼黏度计测定				
物理机械性能（如硬度、相关强度等）	用专门橡胶仪器测定		平整度	用直尺测量	

表 3-8 衬里胶层的质量控制

控制项目	检 测 方 法	控 制 指 标
外观	用目测和锤击法检测	胶层表面允许有凹陷和深度不超过 0.5mm 的外伤以及在黏结滚压时产生的印象，但不得出现细纹或海绵状气孔
尺寸规格	用直尺、卡板、样板检测	按有关要求执行
衬里胶层厚度	用磁性测厚仪测定	按有关要求执行
衬里胶层针孔	用电火花针孔检测仪检查	不得有漏电现象
衬里胶层硬度	对软质橡胶板，用邵氏 A 硬度计测定；对硬质或半硬质橡胶板，用邵氏 D 硬度计测定	按有关标准执行
衬里胶层黏结的连续性	对软质橡胶用金属棒轻敲法或指压法	对真空、受压设备和转动部件、法兰边缘等不得有脱层现象。对常压设备，允许橡胶与金属脱开面积在 20cm² 以下，衬里面积大于 4m² 的不多于三处，面积为 2～4m² 的水不多于两处，衬里面积小于 2m² 的不多于一处。常压管道衬里胶层允许有不破的气泡，每处面积不大于 1m²，突起高度不大于 2cm，脱开面积不大于管道总面积的 1%

第四节　合成树脂涂层

防腐涂层是将防腐涂料涂敷于经处理的金属表面、混凝土表面等需防护的材料表面上，再经室温固化后所得到的衬层。由于涂层具有屏蔽缓蚀和电化学保护功能，可以对被防护的材料起到良好的保护作用。

为提高防腐涂层对水蒸气、二氧化硫及其他气体的抗扩渗能力，20 世纪 50 年代美国一家公司发明出鳞片树脂防腐涂料。它在涂料中掺入具有一定片径和厚度的磷片，鳞片填料对于大幅度提高防腐涂料的耐蚀性能具有重要的作用。目前，国内外生产使用的鳞片主要有玻璃鳞片、镍合金不锈钢鳞片、云母鳞片及利用其他一些硅酸盐类矿产原料生产的鳞片，这些鳞片具有良好的耐蚀、耐温性能。玻璃片可采用人工吹制或专用机械制得，而云母由于其具有极其良好的解体整理性，可以剥成很薄的鳞片。由于镍合金不锈钢鳞片和云母鳞片价格昂贵，其他一些硅酸盐类鳞片尚未有长期应用的经验，因此，目前应用最为广泛的鳞片仍是玻

图 3-2　玻璃鳞片涂层
断面显微照片

璃鳞片。玻璃鳞片涂料是以耐蚀树脂作为成膜物质，以玻璃鳞片为骨料，再加上各种添加剂组成的厚浆性涂料。由于玻璃鳞片穿插平行排列，使抗介质渗透能力得到极大提高。玻璃鳞片涂层断面显微照片如图 3-2 所示。

一、鳞片防腐层组成及各组分对材料性能的影响

鳞片衬里材料的组成主要有树脂、鳞片、表面处理剂、悬浮触变剂、其他添加剂等。对其性能影响最大的是鳞片填加量及表面处理剂量，对施工性能影响较大的是悬浮触变剂等。

1. 树脂

凡可室温固化的离子型固化反应的耐腐蚀热固性树脂均可作材料的基料，如环氧、聚酯、乙烯基酯树脂等。之所以要强调室温固化，是因为高温固化的树脂在升温时会出现流淌，使厚度失控，导致表面劣化。

如先经室温初步固化，再进行热固化则是允许的。此外，若树脂在固化时，有大量低分子气体逸出则应慎重，因这种情况下低分子气体在鳞片层中不易逸出，影响材料的使用寿命。

2. 鳞片

目前国内生产的鳞片主要由人工吹制，化工机械研究院 1992 年开发成功机械化生产装置，生产的鳞片厚度为 40μm 以下、20μm 以下、6μm 以下 3 种规格。粒径分 3 级，分别为 0.4mm 以下，0.4～0.7mm，0.7～2.0mm，以满足不同的配制需要。

由于鳞片的原料与制造玻璃纤维用的原料相同，故耐蚀性可参照玻璃纤维。鳞片的影响主要在于它的填加量及片径大小。试验结果表明，鳞片填加量越高，其沸水煮 8h 的弯曲强度也越高，但其孔隙率则随之增大。浸泡质量增加试验结果表明，鳞片片径的增大使材料的抗渗性提高（见图 3-3）。

但对强腐蚀介质（如 H_2SO_4）效果则不显著，这是因为强腐蚀介质对树脂及界面的破

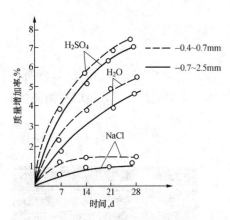

图 3-3 浸泡质量增加

坏作用已超出鳞片片径对材料所起的作用。

3. 界面偶联

界面偶联即采用化学处理剂来改善树脂与鳞片的界面黏结，旨在提高材料的湿态强度及耐蚀性。玻璃鳞片是否经偶联剂处理，对材料性能及预混料性能的配制工艺影响很大。增加质量及巴氏硬度测定结果表明：偶联剂对材料性能的影响特别是在 H_2SO_4 类强腐蚀介质中最为明显（见图 3-4、图 3-5，浸泡温度 80℃；H_2SO_4 质量分数 25％；NaCl 溶液浓度饱和）。

这说明不同介质对同一种偶联剂作用不同，破坏力也不同。H_2SO_4 对树脂及界面的破坏力较强，故偶联剂对界面的效应很明显，而 NaCl 及水对界面的破坏力较弱，故偶联剂对它们破坏的缓解作用也不明显。

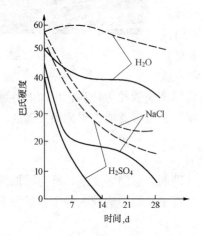

图 3-4 浸泡过程巴士硬度
随时间的变化图

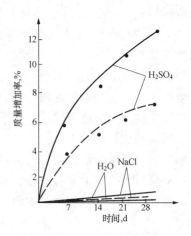

图 3-5 浸泡增加质量
随时间的变化

4. 防腐特性

鳞片涂层或胶泥具有优良的耐腐蚀性能，主要与其组成有关。一般情况下，防腐功能的减退表现为：基体树脂首先产生失重、变色等情况，引起材料的鼓泡、分层、剥离或开裂，最后导致防腐蚀层失效。尤其由于渗透等因素，加速了腐蚀性的化学介质渗入到防护层的内部。因此在选择具有良好耐腐蚀性能树脂基体的同时，应采取有效的措施来减弱、减缓腐蚀介质或水蒸气的渗透作用。以乙烯酯树脂 VEGF（Vinyle Ester Glass Flake）鳞片胶泥为例，它比基体树脂能够提供更为有效的耐腐蚀性能，主要是因为它能够有效地防止腐蚀介质或水蒸气的物理渗透。

5. 抗渗透性

VEGF 鳞片胶泥中含有 10％～40％片径不等的玻璃鳞片、胶泥，在施工后，扁平的玻璃鳞片在树脂连续相中呈平行重叠排列，形成致密的防渗层结构，并有迷宫效应。腐蚀介质在固化后的胶泥中渗透必须经过无数条曲折的途径，因此在一定厚度的耐腐蚀层中，腐蚀渗透的距离大大延长，客观上相当于有效地增加了防腐蚀层的厚度，或提高了渗透阻止效应。

而在无玻璃鳞片增强情况下，树脂基体连续相中会存在大量的所谓"缺陷"，如微孔、气泡及其他微缝等，这些缺陷的存在会加速腐蚀介质的渗透过程。因为一旦介质渗透到这些缺陷中，即加速了物理渗透和化学腐蚀过程。而在玻璃鳞片胶泥中，由于平行排列的玻璃鳞片能够有效地消除、分割基体树脂连续相中的这些"缺陷"，从而能够有效地抑制腐蚀介质的渗透速度。

除了具有腐蚀性的化学介质渗透之外，还存在着水蒸气的渗透。通常高分子聚合物材料的分子间距为 10Å（$1\text{Å}=10^{-10}\text{m}$），而对于水蒸气来说，只要高分子聚合物材料的分子间距达到 3Å，水蒸气就能容易地透过高分子聚合物的单分子层。若基础材料是碳钢，水蒸气由于渗透而达到碳钢表面后，在氧气存在情况下，由于电化学反应而生锈。

VEGF鳞片胶泥在固化后，乙烯基酯树脂的高交联密度可以有效地减弱水蒸气和化学腐蚀介质的渗透，并由于其独特结构更能达到防渗和减渗效果。

6. 固化后的鳞片胶泥

固化后的鳞片胶泥是一种复合材料，其中基体树脂起黏结作用。具有高度活性的不饱和双键基体树脂通过交联，形成三维的体型结构，其线性的高分子形成网状的介质会导致化学体积的收缩，同时分子中的不饱和双键打开生成饱和单键时伴随着分子体积的变化。有数据表明：液态树脂中 $C=C$ 基因分子体积在固化后会缩小 25%，这个树脂固化过程中分子自由体积的变化，也是造成不饱和树脂收缩的一个重要原因。而收缩会产生内应力，严重时会导致微裂纹等的出现，并且残余内应力的存在为微裂纹的扩展提供了潜在条件。因此在选择基体树脂时，应充分考虑树脂具有良好的耐腐蚀性能，同时应具有较低的收缩率。由于加入了玻璃鳞片和其他填料，鳞片胶泥的收缩率会大幅度降低。玻璃鳞片的存在还可以起到降低固化后的残余内应力的作用，这是因为在树脂基体中不规则分布的玻璃鳞片是具有较大比面积的分散体。在胶泥固化后，树脂由于固化后收缩而产生的界面收缩内应力可以被玻璃鳞片所稀释或松弛，因此有效地减弱了内应力影响。虽然玻璃鳞片在树脂基体连续相中，绝大多数是近乎平行排列的，但还是存在一定的倾角，该倾角的存在，对收缩应力起到制约作用，可以有效地分割树脂基体连续相为若干个小区域，使应力不能相互影响或传递，如图3-6所示。

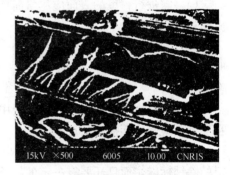

图 3-6　玻璃鳞片的存在有效阻止
了树脂中裂纹的发展

7. 良好的耐磨性

鳞片树脂衬里的耐磨性是通过合理的材料配比实现的，其中玻璃鳞片是耐磨的主要骨架。另外，在个别磨损严重的部位还须作特别处理或进行特殊耐磨结构设计。试验表明，在无腐蚀条件下，玻璃鳞片树脂的耐磨性优于天然橡胶和丁基橡胶，但较氯丁橡胶略差一些。经过腐蚀介质的浸泡后，橡胶的耐磨性急剧下降，而玻璃鳞片树脂涂层的耐磨性却几乎保持不变，这是对富士6R涂层与橡胶的对比试验得出的结论（氯丁橡胶是早期FGD防腐内衬采用的橡胶，由于其较高的吸水率、水蒸气透过率和可被吸收浆液浸出相关组分等缺陷而被丁基橡胶取代）。图3-7是在耐腐蚀试验（$5\%\,H_2SO_4$，$80℃$）后做擦伤试验得出的性能比较曲线。

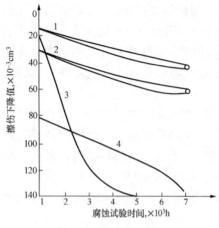

图 3-7　玻璃鳞片涂料与橡胶
的耐磨性比较

1—富土鳞片 6RU．AC；2—富土鳞片 6RU．AR；
3—氯丁橡胶；4—丁基橡胶

另外，鳞片涂层的机械性能通过叠压平行于基体表面的鳞片而得到明显改善，它具有较小的扯断伸长率。双酚 A 型乙烯酯树脂的热稳定性为 120℃（在干燥环境中），酚醛类乙烯酯树酯可耐 180℃。

二、橡胶衬里和防腐涂层对基体（金属和混凝土）结构及表面状态的要求

（一）对金属基体结构及表面的质量要求

（1）金属构件必须具有足够的强度和刚度，确保能够承受金属构件在运输、安装、施工、使用等过程中所发生的机械性强度，不发生变形。当采用硬橡胶或涂层时，更应注意防止金属构件变形而发生龟裂（对涂层来说，还要考虑温度变化时，两体线胀系数差异可能造成的不良影响）。

（2）金属构件的结构必须满足材料施工的作业条件，以能够用手够得到为宜，同时还应考虑检测、维护、保养是否容易进行，所以构件结构应尽可能简单，并可拆卸分割。

（3）无论是橡胶衬里还是涂层，其施工条件都是比较恶劣的，且属于有毒易燃物质，有关密闭容器应按规定开设人孔，使容器内部保持良好的通风条件，并有利于安全监护人员处理紧急情况。

（4）需进行衬里的表面应尽量简单、光滑平整及无焊渣、毛刺等，表面焊缝凸出高度不应超过 0.5mm。

（5）不可直接向衬胶壳体外侧加热，以防止橡胶、涂层的剥离和翘起。从衬里侧加热时，加热管道应距离衬里 100mm 以上；吹入蒸汽时，其构造不能使蒸汽直接吹在衬里表面。

（6）装有内部构件并在运行使用中需经常检修的设备，应具有检修、安装的条件，确保在安装及检修中不损坏衬层。

（7）金属表面预处理质量的好坏，直接影响到防腐蚀施工质量。基体表面不但要达到规定的除锈标准，而且还要有一定的粗糙度。通常要求表面必须经过严格的喷砂除锈，并使预处理表面质量等级至少达到 GB 8923—1988 规定的 Sa2I/2 的水平。金属表面预处理后应立即施工或采取保护措施，以防重新锈蚀。

（8）衬里侧的焊缝应为连续焊缝，不能采用重叠焊缝，应采用对接焊缝。焊接时优先焊接衬里一侧，不得已从对侧先开始焊接时，应将焊缝间隙扩大，先对背面打磨加工后再进行焊接。

（9）在使用铆钉的场合，衬里侧应使用沉头铆钉，完全铆接后进行平滑加工。

（10）需进行衬里施工的阴阳角处应有圆滑过渡，过渡半径应不小于 3mm，通常选择 6mm 以上比较合适。

（11）应避免管口直接伸入内表面，必要时可采用法兰连接。

（12）对要进行衬里施工的螺孔不能进行圆弧加工时，应取 45°左右的斜面。

（13）设备所有的加工、焊接、试压应在衬里施工之前完成，衬里完成后严禁在金属构件上进行焊接，否则轻则破坏衬里，重则引发火灾。

（14）进行衬里施工的管道尽可能用无缝钢管，镀锌表面不能涂盖防锈漆。

（二）对混凝土基体结构及表面的质量要求

（1）混凝土基体或水泥砂浆抹面的基体，必须坚固密实、平整，需对衬里表面进行喷砂处理，除去那些松脆、易剥落的水泥渣块、泥灰及其他杂物。

（2）进行衬里施工的表面的平整度可用2m的直尺检查，允许间隙不大于5mm。

（3）表面应在衬里施工之前，涂上一层约1mm厚的光洁导电薄膜找平层，可改善表面的平整度及用作电火花检测衬里密封性时的反极。

（4）混凝土必须干燥，其表面残余湿度应低于4％。

（5）选用底漆时，应考虑到混凝土的碱性是否会使底漆发生皂化反应，因为基体发生皂化反应，涂层将会很快脱落，此时应考虑选用耐潮、耐碱性能良好的底漆对混凝土表面进行中和处理。

（6）施工环境温度以15～30℃为宜，相对湿度以80％～85％为宜。

应该说涂层的防腐蚀性是相当出色的，但目前其价位仍然偏高，是限制涂层广泛应用的一个重要因素。因此，国内外的厂家都在积极开发物美价廉的涂料，他们主要从以下几方面着手：

（1）采用价格低廉的鳞片填料。通常采用一些来源广泛、价格便宜的硅酸盐类矿产原料或废渣制取鳞片，经过化学处理剂进行表面处理后，可以达到与玻璃鳞片相当的防腐性能，用来替代玻璃鳞片，因而也就降低了成本。

（2）无溶剂化。所谓无溶剂化是指涂料中不含或仅含有少量的挥发性溶剂，这样的涂料固体含量高，大大减少了施工中溶剂挥发造成的材料浪费，同时也减轻了环境污染，涂装效率也得到了提高。

（3）表面处理简单化。涂层对基体表面较高的预处理要求，也是导致使用涂料价位偏高的原因之一，基体表面处理的简单化依赖于涂层与基体要求（金属或混凝土表面）黏结强度的提高。

（4）采用先进的涂装技术。如果涂料的涂装工艺过于烦琐，要求过于苛刻，即使其防腐性能再突出，要在工程上实施也是很困难的。现在比较流行的涂装技术是采用高压无空气喷涂、底漆、面漆合一的技术，简化了施工工艺难度，提高了涂装效率，降低了工程成本。

■ 第五节　湿法烟气脱硫设备中鳞片衬里的防腐工艺

一、湿法烟气脱硫的防腐选材

由于湿法烟气脱硫的基本原理是，烟气中的 SO_2、SO_3、HF 和其他有害成分与液相中的吸收剂起化学反应产生稀硫酸、硫酸盐和其他化合物，烟气温度随之降低到露点以下，给脱硫装置带来腐蚀问题。因此，对于湿法烟气脱硫工艺来说，必须对有关设备进行防腐处理。湿式烟气脱硫的防腐材质应具备的条件是：耐腐蚀、耐磨损、耐高温。耐腐蚀主要是耐硫酸、盐酸腐蚀，以及 F^- 的腐蚀，能够阻挡有害气体侵蚀和 F^+ 等离子的渗透；耐磨损主要是能够抵御吸收浆液中含固量的磨损、喷淋层浆液的冲击以及烟气的冲刷；耐高温主要是能够承受烟气入口高温烟气，同时应能承受锅炉运行故障时烟气温度突变的冲击。湿法烟气脱硫需要防腐部位主要有吸收塔、烟气换热器、烟气换热器与吸收塔之间的烟道、净烟道、事故浆液罐、浆液管道、盛有腐蚀性液体的浆液罐、地坑和地沟等，其中烟道和吸收塔的防腐面积最大，所占费用比例也最高。烟道主要以涂玻璃鳞片为主。对于吸收塔，美国主要采用镍基合金或碳钢内覆高镍基合金板；德国多采用碳钢内衬橡胶板；日本多采用碳钢内涂玻璃鳞片树脂防腐。国内根据引进的脱硫技术不同，主要是衬胶和鳞片衬里，具体情况见表3-9，镍基合金或碳钢内覆高镍基合金板使用寿命长但价格过于昂贵，国内尚无使用业绩。

表 3-9　　　　　　　　国内有关电厂湿法脱硫防腐采用鳞片衬里的情况

电厂名称	FGD 容量（MW）	玻璃幼片防腐部位	施工单位
华能珞磺发电厂	2×360	吸收塔、烟道、事故浆罐	日本三菱
杭州半山电厂	2×125	烟道、事故浆罐	西格里
北京一热	4×100	烟道、事故浆罐	西格里
重庆电厂	2×200	烟道、事故浆罐	西格里
京能热电	2×200	烟道、事故浆罐	西格里
广东粤连电厂	2×125	烟道、事故浆罐	西格里
浙江钱清发电厂	135	烟道、事故浆罐	靖江中环
夏港电厂	300	吸收塔、烟进、事故浆罐	靖江中环
山东黄台发电厂	2×330	烟道、事故浆罐	靖江中环

二、鳞片衬里的防腐特点

鳞片衬里是以耐酸树脂为主要基料，以薄片状填料（外观形状似鱼鳞，故称之为鳞片）为骨料，添加各种功能添加剂混配成胶泥状或涂料状防腐材料，再经专用设备或人工按一定施工规程涂覆在被防护基体表面而形成的防腐蚀保护层。图3-8为鳞片衬里的断面结构。

鳞片衬里层有不连续的片状鳞片。单层鳞片是不透性实体，在衬层中垂直于介质渗透方向的鳞片呈多层有序叠压排列。

鳞片树脂衬里最突出的性能是具有优良的抗腐蚀介质渗透性。有关试验表明：0.5mm厚的鳞片的抗渗透性略大于20mm的玻璃钢，1.5mm厚的鳞片衬里，就可以达到非常理想的抗渗效果。鳞片防腐之所以具备很高的抗渗透性能，是由于鳞片的防腐层中扁平的鳞片在树脂中平行叠压排列，介质渗透为绕鳞片曲折狭缝扩散过程。玻璃鳞片具有很好的迷宫效应，如图3-9所示，使渗透介质在不同鳞片层内渗透动力逐渐衰减，介质向纵深渗透趋缓。

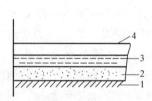

图3-8　鳞片衬里断面结构

1—基体；2—底涂；

3—鳞片衬层；4—面漆层

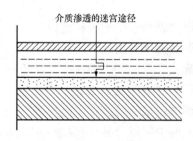

图3-9　鳞片衬里渗透迷宫
效果示意图

对于烟气脱硫来说,玻璃鳞片按照其使用部位与特点,可分为低温玻璃鳞片、高温玻璃鳞片和耐磨玻璃鳞片等。低温玻璃鳞片一般具有优良的耐水汽的渗透性、耐化学性、耐腐蚀性等特点,使用温度一般低于100℃,是脱硫装置的重要衬里材料,主要应用于吸收塔的低温部分、事故浆罐、净烟气烟道等部分。高温玻璃鳞片一般具有优良的耐高温性能,其长期使用温度可以达到160℃以上。主要应用于烟气换热器与吸收塔之间的原烟气烟道、吸收塔入口处、烟气换热器原烟气区域以及烟气出口挡板门后的烟道部分。耐磨玻璃鳞片是特殊配方的鳞片树脂,一般添加陶瓷耐磨材料增加耐磨特性。耐磨玻璃鳞片主要应用于吸收塔喷淋部位或浆液磨损严重的区域(如安装搅拌器的部位)。

三、玻璃鳞片的施工要领

鳞片衬里施工为手工作业,施工质量在很大程度上取决于操作者的操作技能和熟练程度。在钢材表面涂玻璃鳞片时,要求在焊缝位打磨、钢板焊接、喷丸处理等各个方面都必须严格把关,一个环节出现问题都会引起运行后鳞片衬里起气泡、脱落等问题。一般应从以下几个方面控制施工质量:

1. 环境参数的控制

环境参数对于喷丸处理、刷底涂层和涂鳞片都非常重要,尤其是湿度的控制。湿度一般应低于70%,设备表面的温度至少应高于露点温度3K以上,在整个施工过程中不能有结露,冬天施工环境温度至少在10℃以上,达不到上述条件应采取去湿或升温等相应措施。

2. 喷丸前的表面检查

喷丸前对表面进行检查的项目主要有表面平整度、焊缝打磨检查。表面平整度一般要小于3mm/m。要求焊缝打磨成圆角,外凸的最小圆角为3mm,内凹的转角的最小半径为10mm,焊缝处不得有气孔。

3. 喷丸要求

喷丸首先要保证环境参数的控制,可使用充分干燥的石英砂或铁矿砂。对喷丸工艺有一个重要的检查指标是表面粗糙度,喷丸标准要达到表面粗糙度为 $R_a>70\mu m$,喷丸结束后的金属表面和焊缝不能有气孔等缺陷。

喷丸用的压缩空气应干燥洁净,不得含有水分和油污。检验方法:将白布或白漆靶板置于压缩空气流中1min,表面观察无油污为合格。

4. 刷底涂

刷底涂是为了增加玻璃鳞片的附着力。刷底涂应在喷丸后尽快涂刷,一般应在表面处理完成后6h内完成第一道底漆涂刷。刷底涂前将金属表面的灰尘清理干净,刷底涂应均匀,避免淤积、流挂或厚度不匀等。第二道底漆应在第一道底漆初凝后即行涂刷,且涂刷方向与第一道相垂直。

5. 不同涂层的施工要领

鳞片衬里的施工方法有3种:一是高压无空气喷涂;二是刷、刮涂,主要用于厚浆型涂料施工;三是抹涂滚压法,主要用于胶泥状鳞片衬里涂抹施工。其中抹涂滚压法施工简便,衬里施工质量高,应用较广泛。作为鳞片涂料,厚浆型无溶剂鳞片涂料是发展选择的方向。

(1)抹层防腐。抹层防腐是用抹刀施工,其结构通常有以下几个部分:底涂、中间层、抹层、密封层。抹层的鳞片一般粒径较大。原材料按厂家说明书按比例添加凝固剂，需配备专用真空搅拌混料设备混合均匀，以最大限度地减少配料过程中气泡的产生。用抹刀均匀地将涂料抹在已刷底涂的基体表面上，并使表面平整一致，必要时再用棍子压实，使鳞片埋在树脂中合适的位置，避免鳞片外露，涂层内无气泡，厚度不足处应补足厚度。

第一层涂完后应进行相关的检查，合格后再进行第二层的施工。两层涂抹层的搭界接头处必须采取搭接方式。

（2）喷涂防腐。喷涂一般只有两层：底涂和喷涂层。采用喷涂可以多遍喷涂，每一遍的厚度和施工时间间隔由涂层材料厂商提供。各层的颜色应有区别，以便检查和确定是否漏喷。

6. 中间检查和最终验收

防腐是湿法烟气脱硫工程建设中非常重要的环节，关系到脱硫系统投入运行后设备能否安全运行，因此必须加强防腐施工过程的验收，同时要检查和监督施工过程中同时制作的实验板。

（1）外观检查。目视、指触等确定有无鼓泡、针孔、伤痕、流挂、凹凸不平、硬化不良、鳞片外露等。

（2）厚度检查。使用磁石式或电磁式厚度计测定鳞片涂层厚度，对不合格处进行修补。

（3）硬度检查。玻璃鳞片的硬度检查应在实验板上进行，不能直接在涂层上做硬度检查，以免损坏玻璃鳞片。

（4）打诊检查。用木制小锤轻轻敲击衬里面，根据声音判断衬里内有无气泡或衬里不实的现象。

（5）漏电检查。对于玻璃鳞片衬里，漏电检查非常重要，其目的是检查有无延伸到基体的针孔、裂纹或其他缺陷。使用高压漏电检测仪 100% 扫描衬里面，根据衬里的厚度调整检查电压数值。如果漏衬或衬里层有孔，电弧会被金属吸引，产生电火花。

（6）黏结强度。将实验模块黏结在实验板上，在模块上施力通过拉断实验模块与实验板间的玻璃鳞片，确定玻璃鳞片的黏结力。一般黏结强度应大于 $5N/mm^2$。

7. 缺陷的修补

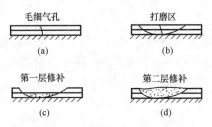

图 3-10　缺陷的修补方法

鳞片衬里在施工过程中或运行一段时间后出现以下情况需要进行修补处理：①针孔；②表面损伤；③鳞片内有明显杂物；④施工后出现的碰伤。修补时将缺陷周围磨成波形坡口，将缺陷完全消除，然后用溶剂清洗干净，应打磨该区域，然后按鳞片衬里施工方法修涂，缺陷的修补方法如图 3-10 所示。

对于特殊部位的处理，如烟道与吸收塔的连接、法兰面等处，由于鳞片是分散不连续填料，其配制成鳞片衬里的材料强度比玻璃钢低，易受应力破坏，因此需要在特殊部位采取玻璃布补强措施。

由于防腐技术的不断进步，鳞片衬里在湿法烟气脱硫工艺中应用越来越广泛，基本能够满足湿法烟气脱硫苛刻的工艺要求。鳞片衬里具有的耐高温特性（可在 160℃ 环境下稳定运行）是衬胶和玻璃钢所不具备的，同时具有耐腐蚀和耐腐损的特性。某电厂鳞片防腐验收检查结果汇总表见表3-10。

表3-10　　　　　　　　　　某电厂鳞片防腐验收检查结果汇总表

检查内容	评判标准	检查结果	检查工具
喷丸	$R_a \geqslant 70\mu m$，无气孔	$R_a > 75\mu m$	粗糙度仪、目测
鳞片外观	无机械损伤、锐器划伤等伤痕，无严重的凹凸不平、硬化不良等缺陷，无鼓泡、异物、脏物，无对使用有害的缺陷	光滑平整、无明显杂物、无硬化不良区域、无颜色不均现象	目测、直尺
法兰	法兰面平整度	法兰面平整	
鳞片厚度	标准厚度为1.5～2.0mm	1.7～1.9 mm	电磁测厚仪
电火花	无漏电现象	4kV/mm无漏电	电火花检测仪
黏结强度	最小断裂强度5N/mm²	> 6N /mm²	引张附着试验器

第六节　玻　璃　钢

一、组成与特点

玻璃钢（fiberglass reinforced plastics，FRP）是一种由基体材料和增强材料两个基本组分，并添加各种辅助剂而制成的一种复合材料。常用的基体材料为各种树脂，如环氧树脂、酚醛树脂，呋喃树脂等；常用的增强材料主要有碳纤维、玻璃纤维、有机纤维等；常用的辅助剂有固化剂、促进剂、稀释剂、引发剂、增韧剂、增塑剂、触变剂、填料等。在FGD装置中，用的较多的玻璃钢是由玻璃纤维和碳纤维制成的。

碳纤维多采用聚丙烯腈纤维为原料制成，玻璃纤维则是由各种金属氧化物的硅酸盐类经熔融后抽丝而成，其成分以二氧化硅为主，通常含有碱金属氧化物。碳纤维与玻璃纤维相比，前者的弹性模量高于后者，在相同外载的作用下，应变小；前者制件的刚度也比后者制件高。此外，碳纤维比玻璃纤维具有更好的耐腐蚀性能，但碳纤维与树脂的黏结能力比玻璃纤维差，所以碳纤维复合材料的层间剪切强度较低。目前烟气除尘脱硫装置中使用最多、技术最为成熟的玻璃钢仍采用玻璃纤维作为增加材料。

FGD装置中使用的玻璃钢通常有两种形式，即整体玻璃钢和玻璃钢衬里。整体玻璃钢大多作为单元设备来使用，玻璃钢作衬里使用时，绝大多数是以碳钢作为基体，但玻璃钢的许多性能与钢材相比，具有较大的差别。玻璃钢的热导率比碳钢低，具有较好的绝热性能，在20～200℃范围内玻璃钢的热导率约为3kJ/mh℃，钢材的热导率为148～221kJ/mh℃。另外，在20～200℃范围内，玻璃钢的线膨胀系数约为$1.8 \times 10^{-5}℃^{-1}$，钢材约为$1.2 \times 10^{-5}℃^{-1}$。因此，使用玻璃钢衬里时，需考虑到玻璃钢基体的黏结性能及基体本身的耐酸、耐温性能。根据使用树脂的不同，玻璃钢可分为环氧玻璃钢、酚醛玻璃钢及呋喃玻璃钢。常用玻璃钢的性能及其适用范围见表3-11。

表 3-11   **常用玻璃钢的性能及其适用范围**

种类	性 能 特 点	适 用 范 围
环氧玻璃钢	耐稀酸、稀碱性能好；与基体钢板的黏结力强，抗渗性能好，固化时收缩率低；但价格较贵，脆性较大	适用于操作温度为100℃以下的稀酸；另外，还常用于复合树脂层中做底漆使用
酚醛玻璃钢	耐酸性介质性能好，与基体黏结力强，抗渗性尚好，使用温度在120℃以下；不耐氧化性介质与碱性介质，对玻璃纤维的黏结力差	适用于操作温度为120℃以下的70%以下的硫酸、盐酸、醋酸等介质中
呋喃玻璃钢	耐酸、耐碱能力好，抗渗能力一般，与基体黏结力弱，成型收缩率大，使用温度小于150℃，不耐氧化性介质	特别适用于操作温度为150℃以下的酸碱交替的设备中

从表 3-11 可以看出，单一树脂的玻璃钢各有各的优缺点，难以满足 FGD 系统的防腐要求，但可将这些树脂进行混配改性，优势互补，可制得性能优良的复合玻璃钢。一般 FGD 装置中使用的玻璃布为无碱（或微碱）、无捻平纹方格玻璃布，可以避免强度的方向性和减轻腐蚀介质沿玻璃布纹的渗透。树脂一般采用黏结力强、机械强度高、固化成型方便的环氧树脂打底，复配耐温性好、耐酸碱性能也较好的呋喃树脂，并加入耐磨（如二硫化钠）、导热（如金属粉末）及抗老化、抗渗性好的填料（如瓷土、石英粉等）和辅助剂。

实践表明，这种利用改性呋喃树脂制成的玻璃钢，其耐磨、耐水、耐湿热、抗老化、抗拉、抗压、抗剪切力学性能均明显优于单一树脂制成的玻璃钢。

（1）耐腐蚀性。玻璃钢的耐腐蚀性主要取决于树脂。随着科学技术的不断进步，树脂的性能也在不断完善，尤其是 20 世纪 60 年代乙烯基酯树脂的诞生，进一步提高了玻璃钢的耐腐蚀性及耐热性。乙烯基酯是用环氧与不饱和酸反应制成的。它的分子链结构不同于聚酯，末端具有高交联度、高反应活性的双链，具有稳定的化学结构，其中的稳定苯醚键使树脂耐腐蚀，强度接近环氧。另外，酯基只位于分子链端部，与聚酯不同，聚酯的酯基出现在主链上，因此，水解后，乙烯基酯性能并不下降。此外，当固化反应后，交联反应只在端部进行，整个分子链不全参加反应，因此，分子链可以拉伸，宏观上表现出较好的韧性，乙烯基酯延伸率为 4%～8%，而聚酯的仅为 1%～1.5%。由于乙烯基酯独特的分子链构造及其制造合成方法，使其固化后的性能与环氧接近，其工艺性能类似于聚酯，耐酸性优于氨类固化环氧，耐碱性优于酸类固化环氧和不饱和聚酯。从工艺上看，乙烯基酯适合于大多数的玻璃钢成型工艺，例如纤维缠绕、拉挤、手糊等等。乙烯基酯黏度低，与纤维浸渍效果好，可保证制品的质量。因此乙烯基酯非常适合于做脱硫玻璃钢设备的树脂基体，它的防腐性能好，韧性好，高温性能突出，价格适中。在国外的玻璃钢脱硫设备中基本上都采用乙烯基酯玻璃钢，几种国外的乙烯基酯室温时的标准性能见表 3-12。表 3-13 列出了几种材料的耐酸性比较。

表 3-12 几种国外的乙烯基酯树脂室温时的标准性能

性　能	双酚 A 环氧树脂系乙烯基酯树脂	可溶酚醛环氧树脂系乙烯基酯树脂	双酚 A 环氧树脂系乙烯基酯树脂溴化结构
未硬化树脂 25℃时黏度（mPa·s）	500	200	250
苯乙烯含量（%）	45	36	40
硬化树脂 拉伸强度（N/mm²）	81	73	73
伸长率（%）	6	3.6	5
弯曲强度（N/mm²）	124	133	124
弯曲模量（N/mm²）	3100	3800	3500
冲击强度（kJ/m²）	22	11	16
耐热畸变性（℃）	102	145	110

表 3-13 几种材料的耐酸性比较

材　料	H_2SO_4（稀）	H_2SO_4（冷凝）	HCl（稀）	HCl（冷凝）	HNO_3（稀）	氟化物（盐）	NaOH（稀）
FRP	+	+	+	+	+	+	+
碳钢（1020）	－	+	－	－	－	－	+
316 不锈钢	+	+	－	－	+	+	+
镍合金钢	+	+	+	+	+	+	+

注 ＋表示未腐蚀；－表示腐蚀。

（2）耐热性。图 3-11 是酚醛环氧型乙烯基酯树脂玻璃钢和氯茵酸型聚酯树脂玻璃钢在连续干热状态下的抗弯强度和耐温性能比较。

将用 2 种树脂分别做成的试样暴露在 193℃空气中 12 个月后，发现酚醛环氧型乙烯基酯树脂的保留强度比氯茵酸聚酯树脂高得多，而后者已在湿法 FGD 系统的烟道和烟囱衬里工艺中成功应用多年。由此可以证明，乙烯基酯树脂玻璃钢做成的脱硫塔，将能耐受更高的温度，使用寿命更长，也更可靠。图 3-12 是 2 种树脂做成的玻璃钢层合板暴露在 65℃烟气中 90 天弯曲强度与热震性能比较。

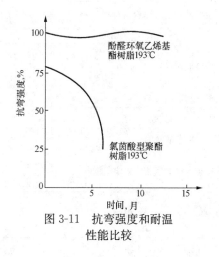

图 3-11　抗弯强度和耐温性能比较

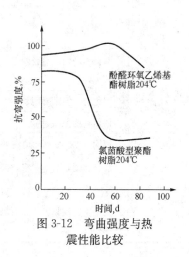

图 3-12　弯曲强度与热震性能比较

热震性能试验是把2种玻璃钢层合板放到204℃以上的溶液中，取出后立即放入冷水并保持2h，再对2种层合板进行6h的干燥，然后测定弯曲强度。试验表明，用乙烯基酯树脂制成的玻璃钢层合板保留了绝大部分抗弯强度，而用耐温氯茵酸聚酯树脂制成的玻璃钢层合板暴露在干热状态下4h后就开始分层，弯曲强度下降了40％。乙烯基酯树脂的抗热震性能归功于它的延伸率是氯茵酸聚酯树脂的3～4倍。高的延伸率使它具有极高的抗冲击性能，并增大了对温差、压力波动、机械振动的适应范围。乙烯基酯树脂做成的玻璃钢已成功地用于湿法FGD系统的烟囱衬里。

（3）耐磨损性能。在腐蚀环境中，玻璃钢的耐磨性能优于钢铁，为提高玻璃钢的耐磨性，可以在树脂基体中适当加入填料如金刚砂等，但不能使玻璃纤维暴露出来。1987年，位于德国Weisweiler的某火电厂采用湿法石灰石/石膏FGD工艺，浆液中固体含量达15％，吸收塔和输送浆液的管道均为玻璃钢，至今运行良好。

阻燃性能也是另一关键问题，玻璃钢结构在制作时可加入适量的阻燃剂以保证其安全工作。

二、玻璃钢的质量检验

常见玻璃钢的缺陷及解决办法见表3-14，玻璃钢的质量检验见表3-15。

表3-14　　　　　　　　　常见玻璃钢的缺陷及解决办法

常见缺陷	产生原因	解决办法
玻璃钢表面发黏	空气湿度太大	应保证在相对湿度低于80％的条件下进行玻璃钢制品的手工糊制
	空气中氧的阻聚作用	在聚酯树脂中应加足够的石蜡。或在制品表面加玻璃或聚酯薄膜
	固化剂、促进剂用量不合要求	一定要根据小样试验确定的配方控制用量
	对于聚酯树脂而言，稀释剂苯乙烯挥发过快、过多，造成树脂中单体不足	脂胶凝前不能加热，环境湿度不宜太高，风量亦不宜过大
制品气泡太多	赶压气泡不彻底	每一层铺布或毡应用压辊反复滚压
	树脂黏度太大	应加入适当的稀释剂，如苯乙烯、乙醇等
	增强材料选择不当	应重新考虑所用增强材料的种类
	操作工艺不当	应根据树脂及增强材料种类的不同，选择恰当的浸胶、涂刷、滚压等工艺方法
制品流胶严重	配料不均匀，造成胶凝，固化时间不统一	应将料液搅拌均匀
	固化剂、促进剂用量不够	应用足量的固化剂、促进剂
	树脂黏度太小	可加适量的触变剂
制品有分层现象	玻璃布未经脱蜡，或脱蜡不够	玻璃面应彻底脱蜡
	玻璃布糊制时不紧密，或气泡太多	玻璃布应铺放紧密，赶走气泡
	树脂不够或黏度大，玻璃布未浸透	应加足量的树脂和稀释剂

续表

常见缺陷	产生原因	解决办法
制品有分层现象	配方不合适,导致黏结性能差,或固化速度过快、过慢	应按有关要求正确配方
	粘贴表面不干净,有灰尘等杂质	应将粘贴表面清理干净
固化不完全,制品表面发软或强度低	配方中固化剂用得过多或过少,增塑剂或活性稀释过多,或搅拌不均匀	应使用正确的固化剂、增塑剂、活性稀释剂用量
	吸水严重或操作环境湿度太大	降低周围环境的湿度

表 3-15   玻璃钢的质量检验

检查项目		质量要求
外观	气泡	耐蚀层表面允许最大气泡直径为5mm,每平方米直径不大于5mm的气泡数目小于3个
	裂纹	耐蚀层表面不得有深度0.5mm以上的裂纹,增强层表面不得有深度为2mm以上的裂纹
	凹凸	耐蚀层表面应平整光滑,增强层的凹凸部分厚度应不大于厚度的20%
	返白	耐蚀层不应有返白处,增强层返白区最大直径应小于50mm
	其他	衬里各层之间及衬里与基体之间的黏结应牢固,无分层、纤维裸露、树脂结块、色泽明显不匀等现象
固化度	现场检查	手触玻璃钢表面应无黏感;用蘸有丙酮的干净棉球放在玻璃钢表面上,不应变色,并且很容易吹掉;用手或硬币敲击制品,声音应清脆
	简易检验	对于环氧玻璃钢,取样加热到100~120℃,不会变软、变黏,用刀片刮出表面,刮出物为无黏性卷状物;对于呋喃玻璃钢,取样浸入盛有丙酮的烧杯中封口浸泡24h,试样表面应仍光滑完整,丙酮不变色
巴氏硬度		采用巴柯尔硬度计,用测得的巴氏硬度换算出近似固化度,固化比较理想的巴氏度硬度一般为40~50
衬里微孔		采用电火花检测器或微孔测试仪进行抽样检查,不得有针孔出现

三、玻璃钢的应用

由于玻璃钢具有耐化学腐蚀且价格低的特点,故已成功地应用于湿法 FGD 系统。主要在以下部位使用:①吸收塔等塔体;②喷头;③集液器、除雾器;④管路;⑤烟道;⑥烟囱。使用者认为玻璃钢质量轻、耐腐蚀,造价比合金材料低,极具应用潜力,德国某电厂几台洗涤塔长期使用此种材料的成功就是例证。不同材料除雾器的价格比较见表 3-16。

表 3-16   不同材料除雾器的价格比较

材 料	造价(万元)	价格比率	材 料	造价(万元)	价格比率
玻璃钢	246	1.0	高镍合金	1230	3.0
317L 不锈钢	794	2.0			

玻璃钢烟道的成功应用已有相当长的时间，1982 年，美国就在直径 4～9m 的烟道上应用了玻璃钢；1988 年，德国在直径为 7m 的烟道上的应用也获得成功。玻璃钢烟囱作为脱硫工厂的一部分，成为代替混凝土烟囱，提高烟囱使用寿命的理想替换结构。1983 年，美国 ASTM 学会起草了玻璃钢烟囱的设计标准 ASTM D-20，建议烟囱的最大挠度不应超过烟囱高度的 5％。20 世纪 80 年代，美国 Century Fiberglass 公司制造了当时世界上最高的自支撑式玻璃钢烟囱。烟囱高 51.8m，总质量 9.53t，顶部壁厚 0.64cm，底部壁厚 2.21cm，烟囱的防腐层厚 0.05m，用 10％的表面毡，树脂含量为 90％，前两层是用 0.25cm 厚的短纤维（1.9cm 长）增强树脂层，纤维含量为 25％，延伸率大于 40％，以防开裂。结构层采用纤维编绕工艺成型，玻纤含量为 70％。在玻璃钢烟囱的外表面要涂覆耐大气老化层。

在国内，北京国华热电公司的进口 FGD 系统中，石灰石浆液输送管道和储存罐均为玻璃钢。广东连州电厂和瑞明电厂 FGD 系统的石灰石浆液罐、吸收塔浆液循环管道及塔内浆液分配管也都是玻璃钢。深圳西部海水 FGD 系统的海水输送及恢复管道、在四川白马电厂试验的采用 NADS 技术的吸收塔均是玻璃钢。随着 FGD 装置的增长，玻璃钢应用得越来越多。

玻璃钢脱硫装备的社会效益和经济效益都很显著。在国外，玻璃钢设备已趋于成熟，其显著的优点已被人们承认和接受。目前玻璃钢脱硫装备正趋于大型化，如英国 Plastilon 计划制造直径为 20m 的洗涤塔。大的玻璃钢结构，给运输带来了很大的麻烦。因此，"就地"制造的技术与设备就显得十分重要，国外正在进行这一方面的研究，应引起重视。

■ 第七节　其他耐蚀材料

一、高分子热塑性塑料

聚氯乙烯塑料是以 PVC 树脂为主要原料，加入其他添加剂，经过捏和、混炼、加工成型等过程制得。根据增塑剂的加入量的不同，分硬聚氯乙烯、软聚氯乙烯两大类。硬聚氯乙烯具有较高的机械强度和刚度，一般可以用作结构材料。它具有优良的耐化学腐蚀性，当温度低于 50℃时，除强氧化性酸外，耐各种浓度的酸、碱、盐类的侵蚀。在芳香烃、氯化烃和酮类介质中，硬 PVC 溶解或溶胀，但不溶于其他有机溶剂。其耐热性常用马丁耐热温度表示，为 65℃。实际使用中的硬 PVC 塑料的使用温度常根据其使用条件的不同而不同，如介质腐蚀性越强，使用温度越低。另外，作为受力构件使用时，应力越高，使用温度下降。硬 PVC 塑料由于其一定的机械性、优良的耐化学腐蚀性，更因为其来源广泛、价格便宜，且相对密度小，吊装方便，焊接、成型性能良好，易加工，而成为化工、石油、染料等工业中普遍使用的一种耐腐蚀材料。它常用来做塔器、储槽、排气筒、泵、阀门及管道。由于硬 PVC 线膨胀系数较大，较高的温度会造成较大的应力，因而在设计 PVC 设备、管道及固定安装时，必须考虑这一特点。

软 PVC 由于加入大量的增塑剂，质地较软，强度低，刚性差，耐热性不如硬 PVC，耐化学性与硬 PVC 近似，主要用于制造密封垫片、密封圈及软管，还适用于大型设备衬里。

二、聚丙烯 (PP)

PP 树脂根据合成过程中使用催化剂的不同，所得分子结构有所不同。其耐蚀性、物理机械性及耐热性等与其结晶性有密切的关系。一般来说，结晶度越高，耐蚀性越好。它对于无机酸碱盐化合物，除氧化性的介质外，接近100℃无破坏作用。室温下，PP在大多数有机溶剂中不溶解，某些氯化烃、芳香烃和高沸点脂肪烃能使PP溶解，且溶胀度因湿度升高而升高。聚丙烯耐热性较高，在熔点以下，材料具有很好的结晶结构。其使用温度为110～120℃，无外力时，可达到150℃。PP的高度结晶性，使其具有较好的机械强度，常温下，可用作结构材料，但其刚性因温度升高而降低较大，因而在高温下，不宜作结构设备。与PVC比较，当温度大于80℃时，PVC已完全失去强度，而PP仍可保持一定的强度，作为耐蚀材料使用。

PP常用于化工管道、储槽、衬里等，湿法FGD的除雾器常常用PP制造，如连州电厂、太原一热FGD的除雾器。在实际使用安装时，因其热膨胀系数较大，需考虑安装热补偿器，另外，采用无机填料增强PP，可提高其强度、抗蠕变性，如使用玻纤增强PP制造保尔环及阶梯环。若用石墨改性，可制成石墨换热器。

三、氟塑料

含氟原子的塑料总称氟塑料。由于分子结构中含有氟原子，使聚合物具有极为优良的耐蚀性、耐热性、电性能和自润滑性，主要品种有聚四氟乙烯、聚三氟氯乙烯、聚全氟乙丙烯。

聚四氟乙烯又称特氟隆，简称PTFE或F4，是单体四氟乙烯的均聚物。PTFE是白色有蜡状感觉的热塑性树脂，它具有高度的结晶性，熔点为327℃，熔点以上为透明状态，几乎不流动，不亲水，光滑不黏，摩擦特征与水相似，密度很大，为塑料中密度最大者，具有良好的耐热性及极佳的耐化学药品的腐蚀性，能耐王水的腐蚀，有"塑料王"之称。

PTFE有如下特性：

（1）优良的耐高、低温特性。能在−269～＋260℃工作温度下工作。

（2）优异的耐化学腐蚀性。除熔融的碱金属或其氨溶液、三氟化氯及元素氟在高温下对它发生作用外，其他任何浓度的强酸、强碱、强氧化剂和溶剂对它都不起作用，如它在浓硫酸、硝酸、盐酸甚至王水中煮沸，其质量及性能均无变化。它能耐大多数有机溶剂，如卤代烃、丙酮、醇类等，不会产生任何质量变化及膨胀现象。可见，它的化学稳定性甚至超过贵重金属（如金、铂等）、玻璃、搪瓷等。

（3）很低的摩擦系数。比磨得最光滑的不锈钢的摩擦系数小一半，磨损量只有它的1%。

（4）优异的介电性能。一片0.025mm的薄膜，能耐500V高压，比尼龙的介电强度高一倍。

另外，PTFE的抗渗性能优良，吸水率仅为0.005，由于聚四氟乙烯分子间作用力小，表面能低，因而具有高度的不黏性，很好的润滑性。当粘贴于橡胶表面时，可以有效地防止结晶石膏的结块现象，以及FGD下游烟道中潮湿部分强烈的水蒸气渗透和橡胶的溶胀。其综合性能见表3-17。

表3-17　　　　　　　　　　　　聚四氟乙烯的综合性能

项目	密度（kg/m³）	吸水率（%）	拉伸强度（MPa）	断裂伸长率（%）	邵氏D硬度
数据	(2.1～2.2)×10³	0.05	14～31.5	250～350	50～65

项目	膨胀系数 （×10⁻⁵/℃）	热导率[kJ/（m·h·℃）]	热变形温度（0.46MPa） （℃）	弯曲疲劳 （0.4mm厚，万次）
数据	10～12	0.12	121	20

但是，聚四氟乙烯的机械强度一般，蠕变现象严重，刚性低，不易作刚性材料。聚四氟乙烯的主要缺点是其成型加工困难，不能用一般热塑性塑料的成型加工方法来加工，只可采用类似粉末冶金的方法把聚四氟乙烯粉末预压成型，再烧结成型。为了适应使用要求，应对PTFE进行填充改性，常用的填充剂有石墨、二硫化钼、碳黑、云母、石英、玻璃纤维、青铜粉、石棉、陶瓷等。玻璃纤维是最常用的填充剂，它对PTFE的化学性能、电气性能影响很小，却提高了其他性能。青铜的作用是增加了散热性。二硫化钼的作用是增加耐磨性、刚性、硬度。

聚四氟乙烯主要用于衬里材料，其不黏性使其衬里工艺较困难，可采用深层或板衬形式，一般用于管道、管件、阀门、泵、容器、塔等设备衬里的防腐。在太原一热FGD系统中，除雾器的冲洗喷嘴是用聚四氟乙烯制造的。其他氟塑料由于分子结构上不全为氟原子组成，因而其耐蚀性、耐热性比聚四氟乙烯稍差。但其加工性要优于聚四氟乙烯，可用一般塑料加工方法加工，用于制作泵、阀、棒、管等，还可用于设备的防腐涂层。

四、氯化聚醚

氯化聚醚是一种线形高结晶度热塑性塑料，具有较高的耐热性及耐蚀性。耐蚀性仅次于聚四氟乙烯，除强氧化剂及酯、酮、苯胺等极性大的溶剂外，能耐大部分酸、碱和烃、醇类溶剂以及油类的作用。其耐磨性好，尺寸稳定性好。其抗拉强度与特性黏度 η 有关。$\eta \geqslant$ 1.2，可用作结构材料，η 在 0.8~1.2 之间，用作涂层。其加工法可用一般的加工方法，注射、挤出、模压、焊接、喷涂都可。氯化聚醚在化工中除了可以加工成管、板、棒及相应的零件外，还常用于涂层和衬里。

五、聚苯硫醚

聚苯硫醚是一种较好的耐高温、耐蚀工程塑料，其耐热性可与聚四乙烯、聚酚亚胺媲美，250℃以下可长期使用。线形聚苯硫醚加热或化学交联后，可在200℃以下使用，其机械强度高于氯化聚醚，特别是高温机械强度好，抗蠕变性优良。175℃以下不溶于所有溶剂，250~300℃不溶于烃、酮、醇等，耐酸、碱作用，但不耐强氧化剂的酸，也不耐氟、氯、溴介质的腐蚀。聚苯硫酸的主要加工方法有注射、压制、喷涂等，压制成棒材、板，再制成相应的零件。另外，还可用热压的方法制作金属泵、阀等的衬里。目前，国内多采用它作防腐材料。

六、热固性增强塑料

热固性增强塑料是一种以合成树脂为基体，以纤维质为骨架的复合材料。由于它具有质量小、强度高、耐腐蚀、成型性好、适用性强等优异性能，已成为化工防腐工程中不可缺少的材料之一。

热固性增强塑料的强度主要由骨架材料纤维质承受，合成树脂黏附于纤维骨架，是传递力的介质。

增强塑料的性质不仅取决于骨架纤维材料、合成树脂，而且还与两者的黏结性有关。增强塑料的树脂与纤维界面间的黏结性决定了其物理、化学性能。纤维表面因为拉丝的需要，沾有石蜡等浸润剂，会严重影响玻纤与合成树脂的黏结力。因此，玻纤表面的处理是改善纤维与树脂间黏结性的关键。工程中常采用偶联剂对玻璃纤维进行表面处理，目的是使增强塑料界面黏合从物理黏合变为化学结合，以提高纤维与树脂的黏结力，从而使复合材料具有较高的刚性及强度。增强塑料常用的合成树脂如下：

1. 酚醛树脂

酚醛树脂是酚类化合物与醛类化合物在催化剂的作用下，缩合而成的一类化合物的总称。其特点是耐化学性好，在非氧化性的酸中稳定，但不耐碱及氧化性酸，耐热性较好，其马丁耐热温度为 120℃。为了克服酚醛树脂耐碱性差的缺点，可引入 α、β-二氯丙醇。另外，根据施工的需要，还常引入稀释剂，如苯、甲苯、二甲苯、丙酮、乙醇等来调节树脂黏度。

2. 呋喃树脂

呋喃树脂具有良好的耐酸、耐碱性，可在酸、碱交替的介质中使用，但对强氧化性酸如浓 H_2SO_4、HNO_3 及其他氧化性介质不耐蚀。它由于固化程度较高，因而具备良好的耐溶剂性及耐热性，其耐热温度可达 180～190℃。呋喃树脂性脆，可通过加入增塑剂，如苯二甲酸二丁酯，或其他树脂（如环氧树脂）来加以改性。其对光滑无孔的基材黏结性差，而对多孔表面材料有好的浸渍渗透和黏结性。

3. 环氧树脂

环氧树脂是含有环氧基的高聚物的统称。其种类很多，但在防腐工程中使用最广泛的是环氧氯丙烷与双酚 A。环氧树脂化学性质稳定，耐稀酸、碱，但在浓碱及加热情况下易为碱所分解。其机械强度主要体现为抗弯强度较高，具有柔韧性。另外，由于环氧树脂含有许多强极性基，因而具有很强的黏结力，可黏结金属、非金属与多种材料，因而广泛用于玻璃钢、黏结剂、涂料等。环氧树脂的耐热温度（马丁耐热温度）为 105～130℃，使用温度应根据实际应用条件而确定，如在酸碱浓度较高的环境下，其使用温度大大下降，只可在常温下使用，在非腐蚀性条件下，固化物使用温度大于 100℃。

4. 不饱和聚酯

不饱和聚酯是聚酯树脂的一类，它是由不饱和二元酸及其酸酐或饱和多元酸及其酸酐与二元醇经缩聚而成的合成树脂。不饱和聚酯的最大优点就是成型工艺优良，固化后的综合性能良好。其力学性能介于环氧与酚醛之间。不饱和聚酯不耐氧化性介质，耐碱、耐溶剂性能差，耐温性较差，且随温度的上升其老化加速，这些缺点可通过在树脂结构中引入其他单体加以改进。

七、石墨

1. 不透性石墨

石墨是一种结晶形碳，它与其他碳（如焦炭、无烟煤）的主要区别在于有明显的晶体构造。石墨晶体属六方晶体系列，在石墨晶体中，碳原子按正六角形排列于各平面上，在每一个平面内，每一个碳原子都和其他三个碳原子以共价键相连接。这种共价键结合是非常牢固的，所以有很好的化学稳定性。这就使石墨表现出卓越的耐腐蚀性，除了强氧化性的酸如硝酸、铬酸、发烟硫酸、卤素之外，在其他化学介质中都很稳定，甚至在熔融的碱中亦稳定。但在人造石墨的制造过程中，由于高温焙烧而逸出的挥发物，致使石墨材料形成很多微细的孔隙，孔隙的存在不但影响到它的机械强度和加工性能，而且使它对液体和气体的抗渗性能变差。因此，需要采取适当的方法填充石墨的孔隙，即进行不透性处理，使其成为不透性石墨。不透性石墨可进行各种机械加工，如车、刨、锯、钻、铣等。它的耐蚀性与耐热性由合成树脂和石墨共同确定。石墨本身在 450℃ 以下对大多数腐蚀介质具有很高的稳定性，但在空气中，温度高于 450～500℃时，开始氧化。根据制造方法的不同，可分为浸渍石墨、压型石墨、浇注石墨。石墨的物理机械性能及耐蚀性能见表 3-18、表 3-19。

表 3-18　　　　　　　　　　　　石墨的物理机械性能

性　能	浸　渍　石　墨			酚醛压型石墨
	酚醛	呋喃	水玻璃	
密度（g/cm³）	1.8～1.9	1.8	—	1.8～1.9
吸水率（%）	—	—	—	0.07
热导率［W/（m·K）］	105～116	—	—	31.5～39.8
抗压强度（MPa）	58～68	64	40	84～120
抗拉强度（MPa）	7～9	12	5	24～27
抗渗强度（MPa）	0.6	0.6	—	0.8
耐热（℃）	<170	<190	—	<170
耐磨性能	较好	较好	较好	较好
黏结性能	好	好	好	好
耐温急变性能	较好	较好	较好	较好

表 3-19　　　　　　　　　　　　石墨的耐蚀性能

腐蚀介质	浸　渍　石　墨			酚醛压型石墨
	酚醛	呋喃	水玻璃	
70%的硫酸	尚耐	尚耐	耐	尚耐
50%的硫酸	耐	耐	耐	耐
30%的硝酸	不耐	不耐	耐	不耐
盐酸	耐	耐	耐	耐
氢氟酸	耐	耐	不耐	耐
碱溶液	不耐	耐	不耐	不耐
冰醋酸	耐	耐	耐	耐
磷酸	耐	耐	耐	耐
湿氯气	不耐	不耐	耐	不耐

不透性石墨材料是非金属材料中唯一具有优良导电、导热性能的材料，其线膨胀系数较其他材料小，化学稳定性高，且具有良好的机械加工性能。因此不透性石墨常用来制作传热、传质设备，反应设备及流体输送设备。用不透性石墨制成的传热设备，由于传热效率高，耐蚀性好，使用最为广泛。

2. 浸渍石墨

浸渍石墨是目前国内用于设备防腐蚀内衬用不透性石墨板主要材料，其基本过程是先将人造石墨材料烧结成棒材或块材，用机械方法加工成所需板材，然后通过真空法使浸渍剂在外压条件下浸渍石墨板孔隙，再固化成型。人造石墨在成型烧结过程和石墨化过程中会挥发出低沸点组分，从而产生密布的微孔，经合成树脂浸渍将微孔填塞，所得浸渍石墨具有不透性。

浸渍石墨常用的浸渍剂有酚醛树脂、呋喃树脂、水玻璃、氟树脂等，其中以酚醛浸渍石墨最常用。酚醛浸渍石墨具有良好的耐酸、耐溶剂性，耐碱和氧化性酸较差，可加入 1、3-二氯丙醇改进其耐碱性。若经高温处理，树脂开始焦化，其耐酸、耐碱性提高，但机械强度下降。其耐热性由酚醛树脂决定，一般在 170℃下使用，也可在 180℃下使用，但由于树脂的老化，强度下降，树脂分解，易造成渗漏。

呋喃浸渍石墨具有良好的耐酸碱性和耐溶剂性，在浓度较高的醋酸溶液中尤为稳定，耐热性优于酚醛浸渍石墨。

氟树脂浸渍石墨耐蚀性优良。由于氟树脂的耐蚀性超过石墨材料，因此，其耐蚀性取决于石墨的耐蚀性，即耐除氧化性酸以外的多数酸，耐任意沸腾碱，在氯一碘中稳定。耐除氧化性盐溶液以外的多数盐溶液，对大多数有机溶剂稳定。其耐热性取决于氟树脂，只可在200℃以下的介质中使用。水玻璃浸渍石墨常用于不能使用合成树脂浸渍的石墨材料，能在强氧化性介质或较高的温度条件下使用。耐高温可达 300～400℃，但不耐稀酸和水的腐蚀。

3. 压型石墨

压型石墨是用石墨粉作骨料，与合成树脂经捏合机混匀，制成坯料或造粒，于液压机中模压成型或挤压成型。可以制成压制石墨制品，如管材、板材、三通、阀门、泵叶轮等。其中管材应用最广，除用于流体输送系统外，还用来制作各种类型的列管式换热器。压型石墨制品的主要品种有酚醛压型石墨、呋喃压型石墨、环氧压型石墨及改性树脂压型石墨。当石墨含量为 75% 左右时，有较高的化学稳定性。压型不透性石墨板的耐腐蚀性能主要取决于树脂的耐腐蚀性，如压型酚醛石墨板除强氧化性介质外（硝酸、铬酸、浓硫酸等），能耐大多数无机酸、有机酸、盐类及有机化合物、溶剂等介质的腐蚀，但不耐强碱。

八、耐蚀硅酸盐材料

1. 化工陶瓷

陶瓷一般为陶器、熔器、瓷器等黏土制品的通称。其坯体主要由黏土、长石、石英配制而成。作为化工陶瓷设备，除了要求耐腐蚀以外，还要求尺寸较大，耐一定的温度急变和压力等。化工陶瓷中坯体原料主要有三种：黏土（赋予泥料以成型性能）、长石和石英（减小干燥与烧成收缩）、溶剂原料长石（降低烧成温度）。原料坯体中的化学成分主要有 SiO_2、Al_2O_3、Fe_2O_3、MgO 等。原料产地不同，所含的化学成分也不同，则制品的性能也不同，如 SiO_2：$Al_2O_3 = 3:1$（质量）制品具有较好的机械强度和低的线膨胀系数。当 Al_2O_3 含量为 23%～27% 时，制品的耐酸性最好。

化工陶瓷除氢氟酸和硅氟酸外，几乎能耐所有浓度的无机酸和盐类以及有机介质的腐蚀，但它对磷酸的耐蚀性差，不耐碱，特别是浓碱。缺点是机械强度较差，是典型的脆性材料，冲击韧性低，抗拉强度小，且热稳定性低。因此其使用温度、压力都很低，只能用在常压或一定真空度的场合。一般耐酸陶瓷设备、管道的使用温度小于 90℃。耐温陶瓷设备、管道的使用温度小于或等于 150℃。化工陶瓷的主要技术性能见表 3-20。

表 3-20　　　　　　　　　　　化工陶瓷的主要技术性能

项　目	耐酸砖板	耐酸耐温砖板	项目	耐酸砖板	耐酸耐温砖板
密度（g/cm^3）	2.2～2.3	2.1～2.3	最高使用温度（℃）	<200	<400
气孔率（%）	<1.5	<12	耐腐蚀性能 无机酸		耐
吸水率（%）	≤0.5	<6			
耐酸率（%）	≥98	≥97	氢化物		耐
抗拉强度（MPa）	7.8～11.8	6.9～7.8	有机物		耐
抗压强度（MPa）	78～118	117～137			
抗弯强度（MPa）	39.2～58.9	29.4～29	氢氟酸		不耐
线膨胀系数（1/℃）	(4.5～6)×10^{-6}		碱溶液		尚耐
热导率［W/（m·K）］	0.93～1.05		高温浓碱溶液		不耐
热稳定性（20～250℃）	>2				

在 FGD 装置中，化工陶瓷砖板主要用于吸收塔底部的吸收氧化槽内壁、槽底及烟气入口等冲刷强度高、容易造成机械损伤的地方，吸收塔喷淋层的喷嘴也常用陶瓷制造，如 FGD 的雾化喷嘴等。在安装及使用中应注意：化工陶瓷耐温度急变性差，设备和管道应尽量安装在室内，特别是加热设备，如在露天安装，应考虑保温措施。操作时还应避免过冷、过热，如突然往冷的设备内加入热的介质，陶瓷设备允许的温度急变范围一般为 20~30℃。另外化工陶瓷不宜高压操作，其升压、减压应缓慢进行。陶瓷管道的安装应在地下或以支架架空，不允许呈悬垂状态。在与泵设备连接时，应加一柔性接管，以免受振破坏。连接陶瓷管的阀门应个别固定，以防扳动阀门时扭坏陶瓷管。在采用法兰连接时，连接处必须填有耐蚀垫片，且螺母应均匀拧紧。安装大型塔器、容器时，必须有混凝土基础，上面垫以石棉及其他软垫片。

陶瓷制品的机械加工较困难，一般用砂轮磨削，也可用金刚石钻制的车刀进行车削，加工时，可在一般的金属切削机床上进行，也可用金刚砂手工研磨。

2. 化工搪瓷

化工搪瓷是将瓷釉涂在金属底材上，经高温浇制而成，它是金属与瓷釉的复合材料。化工搪瓷设备选用含硅量高的耐酸瓷釉涂敷在钢制设备表面，经高温烧制，使之与金属附着形成致密的耐蚀玻璃质薄层。因此，化工搪瓷设备兼有金属设备的力学性能和瓷釉的耐蚀性。制品的基体材料主要是低碳钢、铸铁。制造瓷釉的原料有石英砂、长石等天然岩石加上助熔剂，如硼砂、纯碱、氯化物等，以及少量使瓷釉能牢固附着的物质。除氢氟酸及含氟的介质、温度高于 180℃ 的浓磷酸及强碱外，搪瓷能耐各种浓度的无机酸（包括强氧化性酸）、有机酸、弱碱和强有机溶剂。具备一定的热传导能力，其使用温度在缓慢加热和冷却条件下为 -30~270℃。耐冷冲击（由热快变冷）的允许温差小于 110℃。耐热冲击（由冷快变热）的允许温差小于 120℃。能耐压力，搪瓷使用压力取决于钢板强度、设备的密封性及制造水平。一般罐内压强小于或等于 0.25MPa，夹套内压强小于或等于 0.6MPa。负压操作时，使用真空值小于或等于 700mmHg。搪瓷还具有良好的耐磨性、电绝缘性、抗污染性、不易黏附物料等优点。

搪瓷机械强度比陶瓷、玻璃制品要好得多。但它的瓷釉毕竟是玻璃质脆性材料，易受损坏，因此在搪瓷设备的使用及安装吊运过程中应避免碰撞和振动，在室外放置应避免雨淋、灌水，否则冬季结冰会将瓷层胀裂。搪瓷设备焊接时，不允许在瓷层外壁焊接，应在无瓷层的夹套上施焊，且需采取保护带瓷钢板的措施，即不用氧气割、焊，而用电焊，并采取冷却措施以避免局部过热。升温、降温、加压和降压也应缓慢进行，避免酸、碱介质交替使用。另外清洗设备夹套严禁用盐酸，以免引起罐内壁爆瓷。

3. 人造铸石

人造铸石是以天然石材辉绿岩、玄武岩为原料，配以解闪石、白方石、铬铁等附加料，经配料粉碎、熔化、浇铸、成型、结晶、退火等工序而制成的一种耐磨、耐腐蚀的硅酸盐制品。根据所用原料的不同，人造铸石可分为玄武岩铸石、辉绿岩铸石，其中以辉绿岩铸石最为常用。

虽然铸石所用的原料中含有 Fe_2O_3 等不耐酸成分，但在高温时能和 SiO_2、Al_2O_3 等化合成具有良好耐酸性能的铁铝硅酸盐，所以铸石具有良好的物理、化学、机械性能。与化工陶瓷一样，它硬度高，耐磨性能好，除氢氟酸、热磷酸、熔碱以外，对其他各种浓度的无机酸、有机酸、氧化性介质、盐类、稀碱溶液性能均稳定。铸石制品具有独特的耐磨性能，在干摩擦或半干摩擦工作状态下，铸石的耐磨性能比合金钢、普通碳素钢、铸铁等高十几倍。20世纪70年代初就广泛用于火力发电厂水力出灰槽和球磨机出口等易磨损部位，以及水电站排沙管的护衬，轴的机械密封部件，是代替金属的理想材料。

铸石表面光滑，可以按照用户要求设计成各种尺寸和形状，如圆形、矩形、扇形、多边形等形状，常用于输送腐蚀介质的明渠中，用于各种酸碱反应设备或容器的防腐蚀内衬，是代替有色金属或橡胶的理想材料。铸石的主要缺点是脆性大、抗冲击韧性差和热稳定性不高，单纯的铸石管不适合广泛应用。通常的做法是铸石管外加套钢管，钢管与铸石管之间的间隙用水泥浆填充，形成复合铸石管。这种复合铸合管具有很好的抗磨损性、良好的抗弯、抗拉性能，以及耐腐蚀、稳定性好等优点。目前我国生产的工业用铸石产品大体有三大类，即普通、异型铸石板，各种规格的铸石管件以及铸石粉等。最近又开发了夹筋铸石管和夹筋铸石板新产品。我国目前铸石产品的品种、质量和生产能力大体可以满足需要。只要严格执行施工工艺，即可达到预期的技术经济效果。常见铸石的化学成分、物理化学机械性能见表3-21、表3-22。

表3-21　　　　　　　　　　铸石的化学成分及含量

成　分		SiO_2	Al_2O_3	TiO_2	CaO	Na_2O	MgO	K_2O	Fe_2O_3	其他
含量（%）	辉绿岩铸石	50	17	1	10	3	7	1	7	平衡值
	玄武岩铸石	46	17	1	10	4	8	1	6	平衡值

表3-22　　　　　　　　　　铸石物理化学机械性能

项　目	辉绿岩铸石	玄武岩铸石	项　目	辉绿岩铸石	玄武岩铸石
耐酸度（98%硫酸,%）	>99	>99	热稳定性	20～200℃，>3次不裂	20～180℃，>3次不裂
耐碱度（30%氢氧化钠,%）	>98	>97			
抗压强度（MPa）	>550	>600	线膨胀系数（1/℃）	$1×10^{-5}$	$1×10^{-5}$
抗弯强度（MPa）	>65	>65			

第八节　防腐材料的比较与选用

湿法FGD设备防腐措施的采用主要取决于所接触介质的温度、成分。从理论上讲，橡胶衬里的耐热性比涂层差，而耐磨性、抗渗透性比涂层要好，因此，橡胶衬里一般应用于机械负荷大的区域，如吸收塔内部、石灰石浆液系统、石膏干燥系统、温度较低的烟道等。一般衬里为4～5mm厚，个别区域采用双层衬里。涂层一般应用于烟道、热交换器等。另外，喷涂涂层的耐温性高于抹涂涂层，而抗渗透性低于抹涂涂层，因此，在长期潮湿的部位，优先采用较厚的抹涂涂层，而在干燥部位，一般采用喷涂涂层。在实际操作中，大面积区域用喷涂法，局部用抹涂法。

在腐蚀强烈、温度较高以及机械负荷较强等防腐条件特别苛刻的情况下，单一衬里往往难以满足设备的使用要求，此时往往需要采用复合多层防腐衬里，如在橡胶或涂层表面再铺上一层陶瓷砖板或炭砖，形成一个隔热层，用环氧树脂或水玻璃进行黏结，这种方法特别适用于吸收塔的原烟气入口处或吸收塔底部。瓷砖铺面也能对机械性损伤起到良好的保护作用，如在吸收塔内的衬胶上加铺瓷砖，可以避免脱落石膏片的损伤。

欧洲的橡胶板复合技术和黏连技术发展较成熟，德国等国家倾向在吸收塔和出口烟道内表面使用橡胶衬里。连州电厂 FGD 装置的吸收塔使用了防腐橡胶内衬。

早期使用氯丁橡胶作为衬里材料，但效果不好，最后在丁基橡胶的应用上取得成功，现在德国大部分 FGD 吸收塔使用这种橡胶。德国 LCS 公司在中国承包的 3 个 FGD 项目在吸收塔和出口烟道上使用的胶板就是氯丁基预硫化胶板。

人们在成膜物质的选择上经过了长期实践，如对美国 San Mingual 电厂 FGD 吸收塔的维修过程中曾先后使用聚酯树脂、氟橡胶、乙烯基酯树脂等材料，根据使用状况，认为玻璃鳞片乙烯基酯树脂在 FGD 工艺中是最理想的抗腐蚀材料，与基体具有优良的黏结性，固化时放热量低、收缩小，1.5 年后的维修率小于 1‰。同橡胶衬里一样，施工质量很大程度上影响涂层的使用寿命。因施工质量问题而出现失败的例子在 FGD 防腐领域中已屡见不鲜，所以一些著名的防腐公司对施工要求极为严格。

日本从美国引进涂磷技术用于吸收塔和出口烟道内表面防腐，并成为日本 FGD 防腐技术的特点。日本在橡胶衬里方面也经历了从天然橡胶、氯丁橡胶到丁基类橡胶的发展过程，并且技术也很成熟。但从施工角度来说，使用鳞片树脂施工费用比衬胶低。在劳动力相同的情况下，鳞片施工的速度比衬胶快 4~5 倍左右。但鳞片树脂在角落部位易产生裂纹，通常需用 FRP 材料进行强化。另外，相对于衬胶，该方法容易产生裂纹，需定期检查和维修。某电厂 FGD 上一人孔门上出现过涂层裂纹情况。

在 FGD 系统中，如果某些区域腐蚀条件恶劣，同时环境温度较高，这时依靠合金钢防腐显得很有必要，一些特殊的合金材料都在 FGD 中使用过，如镍基合金钢、钛基合金钢，主要牌号有 2.4605、C276、C22、904L 等。这种方法施工要求较严，使现场施工难度增大，但施工质量不像上面两种方法对使用寿命的影响那样显著。该方法成本高，增加了 FGD 系统的投资，对发展中国家来说，受到资金方面的制约。

美国在尝试了玻璃鳞片和橡胶后更倾向使用衬合金钢箔用于吸收塔和烟道内表面的防腐，并成为美国 FGD 防腐技术的特点。以乙烯基酯树脂做成的玻璃纤维增强塑料（玻璃钢 FRP）在 20 世纪 70 年代首先在美国得到应用，80 年代在欧洲掀起了用玻璃钢制造脱硫设备的热潮，其价格比不锈钢低，可以部分取而代之。

日本是较早对火电厂 FGD 设备制定技术指南的国家，1975 年制定了《排烟脱硫设备指南》，并于 1989 年和 2002 年进行了两次修订。在 2002 年的修订中，将 JEAG 3603《排烟脱硫设备指南》、JEAG 3604《排烟脱硝设备指南》以及 JEAC 3719《除尘装置规程》合并成 JEAG 3603—2002《排烟处理设备指南》（以下简称《指南》）。《指南》由日本电气协会火电专委会制定，并由日本电气协会发行，属指导性的技术指南。《指南》以石灰石/石膏法为例，从影响因素（腐蚀性气体、酸性溶液、反应生成物）、影响因子（腐蚀、磨损）、影响结果（腐蚀与影响的状况）等出发，提出了将不同材料（陶瓷、金属材料、塑料、橡胶内衬、树脂内衬）用于不同设备的要领。当腐蚀性大、磨损也大时，选用陶瓷材料，主要用于喷雾器喷嘴、旋流器喷嘴、泥浆调节阀的接触液体部分和小型泵。当腐蚀性大、磨损稍大时，选用金属材料，如吸收塔内部元件、泵、配管、阀等。塑料用于喷雾器导管、除雾器、填料、配管、阀等。橡胶内衬用于吸收塔内部元件、贮罐、泵、配管、阀等。当腐蚀性大、磨损小时，可用树脂内衬，如烟气处理系统的外壳、酸露点及低 pH 值水雾氛围下的管道、贮罐等。表 3-23 给出了石灰石/石膏法 FGD 系统的主要设备、部件的使用材料。

表 3-23　　　　日本石灰石/石膏法 FGD 系统的主要设备、部件的使用材料

项目	设备或部件		使用材料	项目	设备或部件		使用材料
除尘系统	除尘塔	本体及液室	树脂内衬，橡胶内衬，树脂内衬＋耐酸耐热砖	配管及配件	脱尘系统	配管	橡胶内衬，聚乙烯内衬
						阀类	橡胶内衬，特殊合金
		喷雾管道	特殊合金，橡胶内衬，树脂内衬，热硬性树脂		吸收系统	配管	橡胶内衬，树脂内衬，不锈钢
		喷雾管嘴	陶瓷，特殊不锈钢			阀类	橡胶内衬，不锈钢，特殊合金
		除雾器	塑料			计量装置	陶瓷，橡胶内衬，不锈钢
		内部金属部件	特殊合金			用调节阀	特殊合金
	除尘塔系统的泵	外壳	橡胶内衬	原料系统及副产品处理系统	篮式离心分离机	外壳	不锈钢，橡胶内衬
						提篮	树脂内衬，橡胶内衬
		叶轮	特殊不锈钢，成型橡胶，陶瓷，特殊合金		滗式离心分离机	外壳	不锈钢
吸收塔系统	吸收塔	本体及液室	树脂内衬，不锈钢，特殊不锈钢			转子	不锈钢
		填料	塑料，不锈钢		带式分离机	滤布	聚乙烯
		喷雾管道	热硬化性树脂不锈钢			槽类	橡胶内衬，不锈钢
		喷雾管嘴	陶瓷，不锈钢，热硬性树脂			泵类外壳	特殊不锈钢，橡胶内衬
		氧化装置	不锈钢，特殊不锈钢，橡胶			泵类叶轮	特殊不锈钢，成型橡胶，陶瓷
		除雾器	塑料，不锈钢			搅拌器类	橡胶内衬，不锈钢
	吸收塔系统的泵	外壳	橡胶内衬			坑类	混凝土，混凝土＋耐腐蚀灰浆
		叶轮	特殊不锈钢，成型橡胶，陶瓷			氧化塔本体	树脂内衬，橡胶内衬
		吸收塔搅拌机	橡胶内衬，不锈钢			氧化塔喷雾器	不锈钢，钛
脱硫风机	本体		碳钢，树脂内衬	GGH	回转再生式	部件	搪瓷涂料
	叶轮		碳钢，特殊合金，耐蚀钢			外壳	碳钢，耐蚀钢，不锈钢，树脂内衬
烟道	烟道本体		碳钢，树脂内衬，热硬性树脂，耐蚀钢，不锈钢		热媒循环式	传热管	碳钢，耐蚀钢，不锈钢，树脂内衬
	风机		碳钢，树脂内衬，耐蚀钢，不锈钢			外壳	碳钢

防腐材料各有特点，表 3-24 对它们的性能作了一个简要的评价。

表 3-24　　　　　　　　　　　　几种防腐材料的性能比较

对比指标	材料									
	丁基橡胶	乙烯基酯树脂玻璃鳞片		合金		麻石	化工陶瓷	铸石	不透性石墨	玻璃钢
		刷层	喷层	整体合金	贴壁纸					
化学稳定性	好	好	好	好	好	极好	极好	极好	好	好
抗应力腐蚀	好	好	好	好	好	极好	极好	极好	好	好
抗热老化	好	好	好	极好	极好	极好	极好	极好	极好	中
耐温急变性	好	好	好	好	好	差	差	差	好	好
本体机械性能	好	差	差	好	好	好	好	好	好	好
与基体的黏结强度	中	好	好		好			中	中	中
对基体要求	高	高	高		中			中	中	中
作业条件	恶劣	恶劣	恶劣	好	好	好	好	恶劣	恶劣	恶劣
对操作者素质要求	高	很高	很高	中	中	低	低	中	中	高
对施工环境要求	高	高	高	中	中	低	低	高	高	高
施工周期	长	较短	短	短	短	中	中	长	长	长
质量控制难度	高	很高	高	中	中	低	中	中	中	高
衬里修复性能	较差	好	好		中			较差	较差	较差
维护工作量	中	中	中	小	小	小	小	中	中	中
质量检验	较难	难	难	容易	容易	容易	难	难	难	难

第四章　FGD 系统调试、验收、性能试验

第一节　系统检验、试验和验收

在总承包的技术管理模式下，系统安装前至安装结束后试运以前，需对承包商提供的设备进行检验和试验，共包括工厂检验和试验、现场检验和试验及验收试验等三个阶段。其中工厂检验和试验是对材料及制造工艺进行检验，通过试验证实各设备的性能，而验收试验则指通过最终全面运行证明其性能的实际效果。

承包商在编制设计文件和设备技术规范书时必须按规定的要求，对各设备供货商提出相应的检验和试验要求。业主将按最新版规定的性能试验标准来接收整套脱硫装置。承包商应负责设计和提供必要的试验用设备、管道和仪表，以供业主来完成验收试验。

承包商在合同生效后，必须向业主提交所有应用的有效的标准和规范，以及最终验收试验前必须检验、试验及通过的项目。承包商的供货范围应包括技术规范书要求的所有设备工厂试验、使用的标准和规定、制造商的质量控制计划等。承包商提供的设备及系统应经试验证实其能满足规定要求的全部性能。所有设备试验应按招标文件规定的标准规范进行。如采用其他的标准，应经业主审查同意。

承包商应至少在开始试验前 2 个月提交所有系统和设备的试验或启动步骤流程图和计划，供业主检查及实施。这些步骤、流程图和计划应包含涉及所要做的特性检查项目和验收标准。承包商必须提前 2 个月通知业主所提供的设备检验日期、地点及试验项目，业主应提前一个月通知承包商进行检验和试验，并指定专家参加某些检验和全部试验过程。承包商应着重检验和试验业主代表要求的数据、试验结果，签名及提交报告等。

业主要检验和见证的项目，双方应在联席会议上确定。最终性能验收试验报告由业主委托第三方完成，承包商参加。

一、发货前试验和记录

在承包商或其分包商制造厂包装或发运前，要根据有关规范标准进行合同要求的有关性能和其他试验，经业主检查认可并使业主满意。

承包商应提供 6 份装订成册的制造阶段所有带索引的设备性能试验证书。

二、检验、试验用仪表

承包商应指明所有必须的质量点并经业主认可。现场试验将部分或全部利用本工程安装的永久性仪表。因此，对这些仪表的精度要求必须由承包商提出并适用于试验，承包商应提供全部现场试验所需的其他仪表和专用仪表。

三、责任划分

承包商应按规范和所有适用的标准规范进行全部工厂试验，并通过试验确保所供设备和材料能满足规定的技术要求。业主有权派代表到任何及全部试验场所现场观察试验，但业主

现场观察试验并不能使承包商免除规范约束。

在承包商现场代表指导下，业主将进行全部现场检查试验和性能试验及验收试验，承包商应发挥以下几点现场作用：

（1）对需进行测试的项目，提出试验步骤，测试仪表的详细说明、接线、系统要求、试验用设备及其位置、图示标明所有试验仪表接线和测点位置。

（2）提供管理或现场察看试验仪表安装及试验操作。

（3）指定试验所需仪表之校正。

（4）从事试验计算并向业主提供试验报告。

根据规定的技术要求，承包商应分别对脱硫装置整体性能、设备性能和特性负责。其责任规定如下：

（1）承包商供货的设备及材料的工厂检验及试验、现场检验及试验由承包商负责，包括现场试验及检查的费用。

（2）承包商设计范围内由业主负责采购的设备及材料的工厂检验及试验、现场检验及试验由设备及材料供货商负责。

（3）脱硫装置或设备在调试和验收试验中不能达到合同规定的性能保证值时，因承包商设计原因和供货设备造成的，承包商应自负费用对设计进行修改，或对设备进行调整、增添，并再次试验直至满足性能保证值。否则，业主将根据合同进行罚款。

承包商提供技术参数和技术规范书，由业主进行采购的设备在调试和验收试验中不能达到合同规定的性能保证值时，应视其造成的原因追究其责任。如属承包商提供的技术参数及技术要求不正确，不完整引起的，应由承包商负责。如承包商提供的技术参数及技术要求正确、完整，实属设备自身的设计或制造质量引起的，应由设备供货商负责。

四、验收试验报告签字

验收试验结束后，承包商和业主应在报告中签字。

五、偏离已认可的设计

在生产制造和安装过程中，若主要项目偏离已认可的设计，则必须提交业主，并取得其认可。

▎ 第二节 工厂检验及试验

试验所用的全部测试仪器应进行常规校正，结果应由业主检查。试验期间驱动设备的电动机应尽可能为设备本身的电动机（如果设备需电动机驱动）。在任何情况下，所用电动机的性能应由业主检查，并应包括在产品试验证书中。工厂试验报告由承包商完成，但试验的结果应取得业主的同意。

一、转动机械设备

（一）电动机

应根据约定的标准进行电动机的试验。

对每一电动机应进行以下试验：噪声测试；线圈电阻测试；无负荷/短路测试；绝缘试验；测试绝缘电阻；电动机绕组；内置温度监测器；轴承绝缘；转子锁紧试验；检查电动机振动；超速试验（对于国产 HV 电动机提供定型试验报告，进口 HV 电动机必须进行试验）

遵照规范的物理检查；满负荷热运转试验（对于国产 HV 电动机提供定型试验报告，进口同类 HV 电动机必须对每种型号中的一个进行试验）。

（二）风机

对风机和部件进行必要的规定范围的工厂试验，证明材料及加工无缺陷，其试验的性能应符合规定设计要求。承包商应将试验方法和装置交业主确认。

风机工厂试验包括风机性能试验、动平衡试验、主轴承箱功能检查试验，空气动力特性试验，转子无损探伤试验、调节驱动装置全行程试验及叶柄轴承全密封试验（轴流风机）、材料性能试验、材料强度试验、噪声试验、电气设备试验等。静叶可调轴流式风机特性曲线如图 4-1 所示。

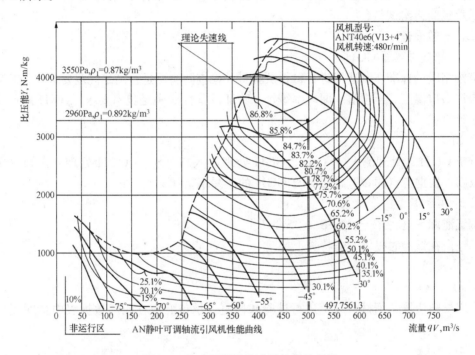

图 4-1　静叶可调轴流式风机特性曲线

试验后应提供校正曲线及试验报告。

（三）泵

承包商应在制造厂对泵进行全运行范围试验，包括转动试验和性能试验，应提供指示流量/压头、流量/能耗、流量/效率、流量/NPSH 的图表。

（四）真空皮带脱水机

承包商应在制造厂根据标准对设备进行检查和试验。安装后应协助业主在现场试验，以证明设备的性能满足要求。

（五）搅拌器

应根据相应的材料规范对所用材料进行试验和修复。承包商应在制造厂进行设备的表观和尺寸检查、衬里材料的检查等，并且对于转动构件应进行单个部件和组装后整体的静、动平衡试验和振动试验。安装后应检查设备的运行性能满足技术要求。

（六）输送机

（1）材料检查。

（2）外观及尺寸检查。

（3）空负荷试运转。

（七）空压机

应根据约定或认可的标准进行空压机的试验。试验条件的任何变化要求应根据制造商对标准中修正系数调整的建议进行。除非业主另行同意，允许的误差应符合约定的标准。

在制造商工厂的试验期间，应尽可能模拟实际工作条件。如果实际工作条件不能保持，应根据采用的标准和基于热动态一般原则采用修正系数。

在设备车间制造的控制和报警系统应模拟实际工作条件进行试验。这些试验并不排除现场要求承包商再次试验。

二、一般设备

（一）烟气再热器 GGH

应按相应的标准在制造厂进行材料试验，并检查防腐层是否满足规范要求，安装后在现场检查进出口温度、压损值、漏风率等，并验证设备性能满足技术要求。GGH 漏风率按如下方法计算：

1. 测试

分析 GGH 未处理侧入口（S_1）、GGH 处理侧入口（S_3）、GGH 处理侧出口（S_4）的 SO_2 浓度，根据各自的 SO_2 浓度计算 GGH 的泄漏率。

2. 计算方法

烟气泄漏率（％）＝（S_4-S_3）/S_1×100％

承包商在试验时提供所需特殊工具。

（二）阀门

1. 材料试验

所用材料应按适用材料规范进行试验和修复。承包商应在阀门数据表中指明无损探伤范围。

2. 工厂试验

应根据约定的标准或规范，对阀门进行水压试验和泄漏试验。闸阀阀座应在阀两侧做试验，截止阀阀座要在规定压力下试验。铸钢阀在水压试验前要先进行三次加压和泄压试验，所有电动、气动阀应在最大工作压力下全开、全关一遍，以保证工作行程能在规定时间内完成，并且操作平滑稳定，所有其余类型的阀门应进行一次全开、全关试验。

衬橡胶的阀门应通过气泡肉眼检查和经高压电弧试验检查肉眼看不见的细孔。硫化橡胶衬套应进行拉伸试验。用环氧树脂作衬套的阀门应通过低电压泄漏探测器检查有无肉眼看不见的缺陷。

（三）烟气再热器 GGH 的吹灰器

在安装好后应进行操作机构的试验，顺序操作的控制试验，吹扫阀的吹扫角和流量调节的试验等。

（四）除雾器

用于制造设备外壳的材料应按有关规范进行冲击试验，并且，承包商还应提供工厂试验证明书以证明所选用的材料和采用的技术没有缺陷。在设备安装好后，应进行性能测试以证明其满足规范的要求。除雾器出口雾滴尺寸的测试方法：冲击法。雾滴含量的测定方法：重量法。取烟气样品，测试烟气中的雾滴重量。测量标准为JIS—Z8808。

（五）喷嘴

承包商应检验喷嘴的强度和耐磨性能，并提交车间试验证明书以证实材料的选择是正确和完美的。并且，承包商还应进行水压试验和性能试验，以保证完全满足技术规范的要求。现场水压试验和管路系统试验一起进行。

（六）称重给料机

（1）性能试验：称量设备的精度、细调范围、线性调节特性等。

（2）控制系统的可靠性。

（七）箱罐和容器

所有箱罐和容器的设计、制造和试验应符合双方约定的标准。承包商如用其他标准须先征求业主的同意。

要为所有的射线拍片准备射线试验报告。所有摄片图集上的照片要有标记并能辨认。所有内部管道焊口、对接焊口和底板填焊焊口均应进行液压渗漏试验。除底板外部以外的所有部分在涂漆之前，根据适用标准要求应进行箱罐泄漏试验。承包商应对所有压力容器在制造厂进行不小于其设计压力1.5倍的液压试验。试验压力的保持时间根据最大壁厚26min/cm，但不得少于1h。在试验过程中应检查箱内或容器的内、外焊口，对有内衬（橡胶、PVC塑料等）的箱、罐，至少要进行一天电火花试验以证实衬里完好。

箱罐若存在缺陷及出现泄漏时应进行修补并再次试验。业主应检查箱罐安装的全过程。

（八）管道系统

1. 钢管

（1）管道材料试验。所有材料和焊接须经试验以满足规范的技术要求。在碳钢、低合金钢和不锈钢铸件的修补表面要进行磁力探伤和液体渗漏试验。承包商还应提供使用的开孔和堵头的数据，以进行所有管道现场焊接的射线检查。

（2）工厂水压试验。所有管子和接头应保证符合适用的规范和标准的水压试验的要求。水压试验用水应为清洁的以防管路及其附件受到腐蚀。对于不锈钢，应用氯化物含量小于100×10^{-6}，最低温度为15℃的饮用水。

2. 玻璃钢管（FRP）

应对原材料进行检查以确保符合相关的标准和要求。另外，对原材料每项至少进行一次以下试验，即使对现场制造的管道也应进行试验。

（1）原材料试验。制造商应根据约定的标准和规范，完成制造证明，包括试验、树脂·环氧化物相当重量、黏性、氯化物、反应性、挥发物、热弯曲温度、聚酯、乙烯脂、苯乙烯含量、密度、硬化剂、胺数量、活性氧、玻璃厚度、加固用衬料、重量/面积、燃烧损失、黏接剂、硬化特性、剪切阻力。

（2）对层骨料的试验：玻璃成分、密度、张力强度、断裂延伸度、弯曲强度和变形、弹性模量、张力试验、弯曲试验、蠕变延伸。

如果运行温度高于50℃，针对这些较高的温度也应进行相关的试验。

（3）工厂试验。至少应进行以下试验，如果需要，承包商应执行增加的试验：

涉及制造试验证明的原材料检查，执行原材料试验的文件（黏性、玻璃试验等）；根据约定标准的表观控制；尺寸和数据的控制，比如直径、壁厚、长度、树脂厚度、加固层的厚度和长度，法兰的平整性。连接试验：大约 2% 进行破坏性连接节检查，根据运行温度破坏力至少 50℃ 或更高。

对于压力管，根据表 4-1 用运行压力的 1.3 倍分两个阶段进行长期压力试验。允许压降小于 0.2×10^5 Pa。

表 4-1 　　　　　　　　　不同公称直径（FRP）压力管的试验时间

预 试 验		主 要 试 验	
公称尺寸 DN	试验时间（h）	公称尺寸 DN	试验时间（h）
200 以下	4	400 以下	12
250～400	8	500～700	18
大于 500	12	大于 800	24

对于小于 0.1MPa 低压流体管道，应采用单独的试验压力下的气密性试验。试验压力值必须取得业主同意。

3. 衬胶管

（1）衬胶材料检验。如果可能，组件的橡胶衬里应在一高压容器内进行。对于每一热压衬层，应收集一工作试样。表面应进行肉眼检查，不均匀表面、裂缝、气泡或外界物质的杂质将成为拒收的因素。应根据约定的或相当标准测试衬层的厚度。对于 3mm 厚度的橡胶衬层，允许 10% 的低限误差。硬度试验应证实符合橡胶制造商的标准。

采用感应火花试验方法证实缺少气泡。每毫米厚度采用的电动势应为 2000V 或更高（应取得业主的同意），选取的电动势应取得业主的同意。对于薄片衬里系统或相当部分，电动势应为每毫米厚度 500V（也应取得业主的同意）。

（2）工厂试验。发声试验：根据加衬的设备对空气堵塞会发声的原理，通过感觉音调上的差异，用适合的工具进行整个管道的发声试验。

根据约定的标准对软橡胶衬里的工作试样和组件进行剥落实验。对硬橡胶衬里实施控制黏附的敲打试验。

下水管道要求变形腐蚀试验。制造的每一级直径管道在管道的制造期间应根据约定标准中详细的制造方法，至少在三个试样，每一试样两种变形条件下进行控制试验。这些变形水平应为从 100h 和 1000h 的变形腐蚀试验结果预测出故障的变形水平。小于 10h 的前期标本没有故障发生，且小于 100h 的后期标本没有故障发生。

4. 镀锌管

应进行表面外观检查，不允许存在裸斑点、块、气泡和其他杂质。应根据约定的标准非破坏性地决定镀锌厚度。对于质量大于 $900g/m^2$ 的，应采用约定标准中规定的电量试验法。

（九）保温验收试验

校核传热系数，并试验确定氯离子含量，承包商应提出试验次数，试验结果的平均方法等。一般不须进行现场试验。

（十）其他

1. 钢板和钢材

钢板和钢材除了应符合相应的材料标准之外，还应考虑进行下述这些可能是对材料标准的补充条款的试验：

50mm厚度以上钢板和钢材部分的冲击试验（应用时冲击要求是独立的）。

非金属的存在可能干扰将来焊接部分超声试验的结果，所以要对未来焊缝处的钢板进行超声试验。

在材料高约束力区有层状撕裂危险处的超声试验和厚度延性测试。

检查结合性的超声试验（建议的纠正措施应提交业主认可）。

2. 焊接

对于所有和压力/真空相关的和主要结构的焊接部分，在焊接开始之前，承包商应提交业主以下文件：焊接程序、规范、资格记录和有效的焊接工职业资格证书、采用的焊后热处理方法、破坏性试验方法、标准焊接修理方法。

（1）焊接程序规范。焊接程序规范应根据装置中项目的建设、规定/规范的要求进行鉴定，由业主同意的一名专家在场并确认。

（2）实施现场焊接的焊工技能。根据装置中项目的建设规定/规范的要求，对于焊接形式和焊接位置来说，焊工应是称职的。

在工作现场，应有每一焊接工资格试验结果和日期的记录（含焊工职业资格证书），以及焊接工识别编号，以备业主检查。

应保持一确定的每个焊接工工作位置的系统。任何焊工其工作发生多次拒收后应重新经过资格考试。未通过重新考试合格的焊接工，业主判断为不合格，不能参与本合同下进一步的焊接工作。

（3）焊接热处理。在采用标准指定或为了尺寸稳定，焊接构件在组装之前应进行应力消除或预热处理，对于应力消除措施，不限制使用电加热方式。

（4）焊接的质量要求。所有焊接应进行外观检查，应具有平滑的外形，无裂缝、夹渣、气孔、下陷和其他明显的缺陷。如果需要，在任何可能的地方，如管道的内部等，应采用光学装置进行检查。

带状焊接应采用合适的仪表进行尺寸检查，在检查期间根据业主代表的要求应提供该仪表使用。

在可能条件下，所有焊接处应盖上焊工的识别章。

根据装置项目采用的建设标准，应进行非破坏性试验对压力和真空相关的焊接进行非破坏性检查。在装置中某一项目的设计和建设标准未指定焊接的质量要求情况下，应采用约定导则的要求，承包商必须提供非破坏性试验的数量，型式和范围并取得业主认可。

（5）修补。外观检查观察到的或非破坏性试验指出的不可接受的缺陷应采用切削、热凿和打磨的方式完全清除，以便进行补焊。若发现主要结构或设备的重要部件必须补焊，应先提交补焊工艺以获得业主认可。未取得认可前，任何情况下都不得实施补焊。

补焊时要求对修复件全部或一部分进行应力消除，补焊后至少应进行与原焊接同样的检查，直至检查结果符合标准要求。

应详细记录原有缺陷和补焊的具体位置，试验记录也应指明此处为修补的焊接。

3. 压力试验

所有要承受内部压力或真空的部件，在内外部油漆之前，应根据相关规范进行压力试验，真空装置也应进行真空试验。试验方法及步骤应提交业主认可。

为确定部件能承受的最大试验压力值，承包商应考虑所有可能引起压力超过正常工作压力的有关因素（即安全阀、工作压力等）。承包商应在水压试验建议中带有设备部件能承受最大压力的详细计算结果。

业主认为水压试验时间应足够长，以能够发现泄漏处，并在相对稳定的压力作用下彻底检查设备部件。

在水压试验期间或在放水及洁净试验部件之前，试验用水应足够纯净，并且在不该进水处禁止进水，以免造成部件腐蚀或损坏。

承包商应为进行上述试验提供所有必需的试验设备。在水压试验完成后这些设备应留给业主。

为获得业主认可，应提交各个试验设备部件的详细试验步骤。

4. 避免材料误用

在制作过程中，承包商应采取积极有效的步骤，确保所用的是经认可的材料，包括电焊条等。

■ 第三节　I&C 设备的检查和试验

各个仪表都应进行试验，承包商应提交详细试验记录和报告。压力仪表、差压仪表、液位计和流量计都应进行水压试验。对电气—电子设备要进行制造厂惯例试验，这些试验包括高压持久试验及运行试验。承包商应提供设备、仪表、工具和人员，并承担试验所有费用，包括损坏件和材料的补充。

承包商应将试验记录和报告整理成文件并提交业主。承包商应在业主检查前，在制造厂校验所有供电设备的传感器、计数器、仪表和小型仪器装置等，承包商应给业主准备和提供在制造厂检验的经证明的装置校验数据，以证明各个装置在全量程范围内达到制造厂所提供的精度。

在发货之前，承包商应为所提供的控制设备，定好设定值数据并提交用户。

在现场安装结束和系统第一次投运以后，承包商应在现场重新标定所有仪器设备。

一、电气测试仪表

应根据约定的规定和规范，对所有电气测试仪表进行试验。另外，业主认可的相当标准也可采用。

以下仪表和设备在车间内应选择一定数量由承包商进行校正试验，并给出试验报告：

（1）超出指示器范围的就地指示器。

（2）超出变送器范围的变送器。

（3）超出范围的双信号变送器，包括最初设定。

（4）超出指示器范围的远方指示器。

（5）超出记录范围的记录仪。

（6）每一型式指示回路中的一个，回路电阻增加至最坏条件下预计的最高值。

（7）每一型式热电偶或电阻元件中的一个。

（8）超出测试范围所有种类相应的变送器。

（9）测试和控制的所有模块和组件。

（10）所有定量表计。

（11）所有测孔、喷嘴、文丘里喷嘴的实际尺寸必须由权威专家测试和认可。

二、闭环控制系统

应根据采用的标准试验所有主要闭环控制系统的极性和功能。

应根据控制阀的机械功能试验进行控制阀的试验，并由安装的执行器执行（开到关闭位置，反之亦然），执行器应进行机械和电动功能试验。

三、程序逻辑设备

应采用模拟输入试验所有程序逻辑设备。应采用模拟输入试验警报信号器和事故记载系统。

四、电源

送至设备的电源要经试验以表明设备能在规定的整个电源电压范围内工作，并在规范所指定的时间范围内工作。

五、冲击电压承受能力（SWC)

除非另有规定，设备的所有输入、输出应根据约定标准进行试验。设备应能通过频率为1.5MHz，峰值电压为2.5kV振荡波的电压波动承受能力试验，并且无设备损坏或无系统误动作。在设计验证试验及工厂试验阶段，承受电压波动的能力应经验证。

六、绝缘试验

所涉及的设备应能承受高电位试验，此项试验的目的是为了验证用于有可能遭受危险电压的设备部件的绝缘材料的绝缘强度。试验应在全部输入输出端与接地机架之间进行，与额定电压为60V或更小些的控制电源相连接的设备应能承受50Hz 500V有效值的高电位试验1min。与额定电压为50V以上（但不超过60V）的控制电源相接的设备应能承受频率为50Hz，电压为1000V加2倍额定电压1min，但至少是1500V有效值的高电位试验。

七、电磁干扰（EMI）和射频干扰（RFI）敏感度试验

本规范所包括的设备应在a、b、c三个波段和2级电磁场强度下能正常工作、无误动作及无数据错误。分类及验收试验的要求在约定标准中介绍。

八、通信

通信试验应表明设备各方面通信能力的工作正常，包括调制解调器、安全校核，通信规约等。数据调制解调器或信号设备应进行操作以验证设备应在所设计的通道型式中工作正常并可靠。试验应在与通道规范尽可能相似的条件下进行。

通信试验应执行设备的设计要求响应的全部通信规约和格式。试验还应表明错误检测和纠错能力功能正确，设备对错误的指令无响应。总之，供货商应在制造厂对各种系统的完整计划和设备进行模拟试验。这些试验开关操作应尽可能按照过程响应进行。承包商应至少提前30天通知业主检查人员进行所有组装重要阶段和制造厂试验检查。供货商应提供业主检查人员所有试验文件的复印件，所有设备及材料应进行检查，没有得到业主同意前不得发运。承包商应在其生产工厂接受买方对该产品的检验，具体指标应满足标书中的有关要求。

▓ 第四节　现场检验和试验

承包商应承担其供货设备的所有现场试验和检查费用，如有效实施这些试验所要求的所有监督人员、材料、消耗品、化学药品的贮存、仪表和设施的费用。承包商负责确保放射物的使用、处置和贮存的安全措施，并应保留现场使用所有制品的清单。

承包商设计范围内的由业主采购的设备及材料的现场试验和检查由设备及材料供货商和业主共同完成。安装完成后，承包商应进行规定规范要求的设备初步试验，即承包商应进行使业主满意的装置和附件的安全有效功能所需要的所有调节、调整和初步试验。在每一设备开始运行时，应确认控制和安全仪表的良好功能以确保安全条件。在此期间，事先通知并取得业主同意后，承包商可以自由地在不同负荷下启动和操作设备。

承包商应提交试验计划和运行手册，对于主要设备的试验方法和试验计划要得到业主批准，该计划应确保对主体工程发电的影响最低。承包商应提供各个设备的部件检查清单。

若存有疑问，一些设备可能要通过业主要求的试验以证明与合同不矛盾。如果必要，一些未在制造厂进行的特殊压力试验及特殊温度试验应在现场进行。

在现场试验之前，可能对制造厂已进行试验过的测量、控制及指示设备进行现场抽样试验。承包商必须完成现场试验报告，试验结果的通过必须取得业主的同意。

一、现场焊接

现场焊接由承包商或业主的分包商承担。

根据相关建设标准要求要进行焊接处的应力消除时，采用电加热来实施。在开始现场焊接之前，分包商应以书面形式提交业主包括其工作范围在内的焊接方法，主要应包括以下部分：

（1）热电偶位置。

（2）对应焊接中心线热元件覆盖的范围。

（3）加热量。

（4）持续温度和时间。

（5）冷却量。

对于焊接本体的温度曲线图应包括在对相关项目提供的试验证书中。

二、现场衬里试验

应遵守所有提到的约定标准。根据约定标准，采用渣粒作为喷砂介质表面要求的试样调查。

1. 衬里的随机检查

表面应进行外观检查，若有不均匀表面、裂缝、气泡或外界物质的杂质，将成为拒收的原因。

2. 根据约定标准或相当标准对衬里进行厚度测试

对 3mm 厚度橡胶层允许 10％误差的较低极限。同时，硬度试验应符合橡胶制造商的标准，并对实施的试验进行验证。

在对衬里加温后（业主在场）对衬里实施表观试验，温度为运行温度、持续时间为48h。该试验在采用制造商的装置条件下进行（确保计划、由业主同意）。

衬里试验包括：

（1）准备表面的接受，由业主同意。

（2）已实施衬里的接受，由业主同意并检查。

（3）约定标准规定的层厚。

（4）符合橡胶制造商标准的硬化试验。

（5）火花试验。

（6）剥落试验。

工厂试验对衬胶和薄片衬里的试验要求同样适用。

现场检验期间所有测量值将记入检验备忘录，并由有关各方签字。检查期间见到的损伤和缺陷将根据由各方同意的维修步骤进行维修，并再一次检查。

三、功能试验

（一）烟气系统

至少应进行如下检查和试验：

（1）整个烟气系统的泄漏试验。

（2）膨胀节的泄漏试验。

（3）烟气挡扳的泄漏试验。

（4）烟气换热器的泄漏试验。

（5）烟道挡板操作试验。

（6）增压风机试运行及性能试验。

（二）SO_2 吸收系统

至少应进行如下检查和试验：

（1）吸收塔 T 形接点处至少 50% 应进行 X 射线检查。

（2）吸收塔的水力试验。

（3）除雾器性能试验。

（4）泵运行及性能试验（包括吸收塔再循环泵、石膏浆液排出泵、其他泵）。

（5）搅拌器运行及性能试验。

（6）氧化风机运行及性能试验。

（三）石膏脱水系统

至少应进行如下试验：

（1）水力旋流器性能试验。

（2）真空泵及带式过滤机运行试验。

（3）泵运行及性能试验。

（四）吸收剂供应系统

至少应进行如下试验：

（1）搅拌器运行试验。

（2）输送机运行。

（3）计量给料机试验。

（4）布袋过滤器和排风机运行试验。

（5）泵运行及性能试验。

（6）控制设备的检验和试验。

（五）管路及附件

在 1.5 倍设计压力下所有管道系统的水压试验。

对于普通钢管，管道焊口应进行焊接检查，具体参见"现场焊接"。若发现接头有缺陷应该用原焊接工艺补焊并重新检查。

对于玻璃钢管，应进行表观和尺寸检查，接头制造的质量检查，防腐耐磨性能检查，承压管道还应进行压力试验。

对于衬胶管，应进行衬胶检查、表观和尺寸检查等。

总之，对于所有的管路系统，应按规范或相关标准的要求进行检验和试验。

（六）仪表控制设备

承包商应给出其建议进行的现场检查和试验详细细节，至少应包括：

（1）所有种类测试回路的功能试验，包括所有远方指示和记录仪，以及闭环控制采用的输入信号。

（2）同功能试验相结合的导线试验，现场、继电器间和控制室内所有控制电缆的导线试验。

（3）控制室所有控制模块的试验。

（4）驱动器、回路断路器、电磁阀、执行器等的远方控制的功能试验。

（5）开环设施的试验，尤其是采用基本元件的模拟输入，并尽量接近传感器的输入进行的所有程序逻辑设备的试验。

（6）现场、继电器间和控制室所有控制电缆的导线试验。

（7）所有连锁的试验，以确保安全运行。

（8）采用模拟输入对同所有现场和控制室设施相连的报警和事故记录仪进行试验。

（9）所有闭环控制的试验。

（10）软件的试验应根据约定的标准。

试验计划必须取得业主的认可。

（七）其他设备

所有的阀门应符合相应的标准，在现场应进行操作试验和密封性检验（如果需要）；起重装置应和有关结构件一起进行功能试验，并清楚标出安全工作载荷。

■ 第五节　验收试验（性能试验）

一、验收试验（性能试验）的前期工作

从装置启动开始，应经历一段时间的调试和连续运行，然后才开始验收试验。验收试验（性能试验）应在试运行结束后 6 个月内完成。验收试验结果应符合合同规定的全套 FGD 装置的保证项目及技术要求。

验收试验由业主和承包商合作进行，并在由业主选定具有资质的第三方监督下进行。第三方的费用由业主承担。

第三方的主要责任是修正和同意试验方法，具体内容如下：

（1）参加试验，并解决因业主和承包商之间的不同意见引起的所有困难。

（2）准备最终报告，有试验结果和评估意见。

业主和承包商在适当时间，但至少在开始性能试验前 6 个月内，要达成明确协议指明验收试验特定对象、操作方法、运行程序、达到的特定性能、仪表位置、测点位置等，并反映适用合同或技术说明的意图。应避免条件遗漏或意图模糊。达成的协议应经第三方修正和

同意。

在达成了验收试验协议的同时，承包商应提交业主关于实施验收试验建议的标准和方法、试验大纲，装置保证值详细的计算例子和预计的性能数据的报告。试验测试结果的计算、分析和评估应由第三方承担，并提交业主和承包商详细的试验报告。

承包商应派专业人员参加并指导业主方的人员进行验收试验，以保证试验符合承包商的建议，并和运行手册中的试验过程一致。

承包商负责提供校准的仪器、表计和工具，验收试验结束后，这些仪器、表计和工具应归还。应对主要的试验装置和仪器进行校验，校验时业主应参加。业主保留校验承包商提供的仪器的权利。

承包商提供的验收试验的专业人员和所有仪器和表计，其费用应由承包商承担。

要用合同约定的单位进行测量值和保证值比较。

（3）修正曲线，承包商应该在试验前提供相关曲线，由双方认可的第三方根据曲线和实际运行条件确定保证条件。应根据业主接受的标准和规定进行试验、计算、分析等。

应在50%、75%及满负荷（指烟气流量）的情况下进行全套FGD装置的验收试验，具体测试项目至少包括：

1）排放极限。完成要求的排放极限和去除效率的示范在4周的测试工作中进行。承包商必须确保烟气净化装置达到了稳定的运行模式，测试工具为近期校正的。连续测试浓度，每天至少采用人工测试方法进行一次对比测试检查。

2）石灰石消耗、电耗和工艺水消耗。完成要求的最大消耗量的验证由对相关参数的14天平均值来体现。

3）噪声。最大噪声测试在现有设备或新设备运行时，同时进行。

4）烟气温度。连续测试净烟气烟道到烟囱前的烟气温度，每天至少一次采用人工测试方法进行对比测试检查。

5）石膏纯度。承包商有责任保证所有合同性能试验已完成。

如果验收试验中任何设备/子系统不能达到规范书中规定的保证值，业主保留不接收该设备/子系统的权力，并有权根据合同条款进行罚款。但业主可以给承包商另一机会：根据系统运行需要在业主指定的时间内，承包商应采用能达到保证值的设备换掉有关设备，或者对有关设备/子系统进行完善和改造，重新进行试验，使之达到保证值。对完善或换掉设备/子系统及进行新的试验所产生的费用，如果是由于承包商提供的设计或设备引起的应由承包商承担，罚款视新试验的成功与否来决定。

承包商在保证期结束时应检查所有主要设备。

二、控制系统特性和可用率试验

检查系统响应特性以提供稳定运行的依据，而不能造成设备停机，在各类辅助设备跳机（闸）时能自动调整负荷。检查控制响应特性，指对FGD装置在增/降负荷时的压力控制、温度控制、液位控制等的扰动，观察是否满足调节质量的要求。

可用率试验依照相关规定和惯例进行。

第五章 脱硫系统的运行与维护

第一节 FGD 运行前的试验

FGD 系统的调试由分部试验和整套系统启动调试组成，FGD 系统的分部试验是在系统设备核查结束后，确认试验对人身、设备都安全的条件下进行的。整个试验包括从 FGD 受电起，至整套启动试运开始为止的全部启动试运过程。

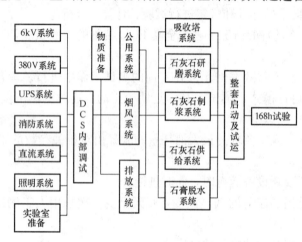

图 5-1 燃煤机组烟气脱硫工程调试程序

分部试验又分为单体调试和分系统调试两个部分，两者相互衔接、相互交叉。

整套系统启动调试阶段指个体设备和子系统调试合格后，从 FGD 系统综合水循环开始，到完成满负荷试运移交试生产为止的启动调试过程。该过程又分为系统综合水循环，FGD 启动试运，系统优化，168h 满负荷试运四个阶段。燃煤机组烟气脱硫工程调试程序如图 5-1 所示。

为了保证 FGD 系统持续稳定的运行，保证脱硫系统能够长期使用，并保证在事故情况下脱硫设备的安全，运行人员必须对 FGD 系统正确操作，及时调整并正确维护，使系统始终保持在良好的工作状态。

一、FGD 系统分部试验

1. FGD 系统单体试验

单体试验是对 FGD 系统内的单台辅机的试运，包括其中的电气设备和热控保护装置。例如各类泵（循环浆液泵、工艺水泵等）、升压风机、GGH、搅拌器、各个阀门等设备进行开/关试验。FGD 系统的单体试验，可以细分为电气系统受电调试、集散控制系统（DCS）调试和关键设备的调试如升压风机、GGH 等（安装部门负责），与 FGD 系统分系统调试结合进行。

（1）电气系统受电调试。通过电气系统调试带电，使 FGD 厂用电源系统达到安全、可靠的状态。为 FGD 系统分部试验打下良好的基础。

1）厂用电带电的条件：6kV、380V 系统的设备、直流系统设备、接地系统、照明通信系统、电气系统附属的消防系统及设施单体试验完毕，验收合格具备投入条件；电气连锁保护系统静态调试完毕；电厂侧 6kV 系统已经做好对 FGD 供电的准备，随时可以投入。

2）6kV、380V 系统带电。

3）直流系统、UPS 系统投入运行。

4）DCS 系统供电。

（2）DCS 调试。调试内容包括：

1）DCS 内部调试应具备的条件如下：电控楼电子间及控制室空调运行；接线完毕，检查正确并投入；就地设备、系统调试。

2）DCS 调试内容包括：DCS 硬件检查；DCS 内部网络检查；DCS 软件安装并运行正常；FGD 装置运行组态逻辑检查；仪器、仪表校验；连锁保护设备、系统调试；系统优化。

（3）关键设备的机械试运转。机械设备试运转的目的是在 FGD 系统正式运行前，测量机械设备的振动、温度、声音等数据，确认试运转时没有异常，如有异常缺陷，在正式启动前予以消除。在试运转的同时，对设备的启停连锁过程、次序、时间、报警定值及连锁保护定值进行检查和测试。关键设备的机械试运转，基本上用水作为工质来完成，但如不可能，在某些情况下也可在启动期间，用实际应用的液体来进行，皮带及给料机的机械试运转应在不输送原料的情况下完成。机械试运转原则上应持续进行 1～3h。在机械试运转期间，应检查并记录：电动机电流、轴承温度、轴承座振动、噪声水平、进出口压力、转动、设备连锁情况、报警定值及连锁保护定值等。

关键设备的机械试运转的项目包括烟气挡板系统（原烟气挡板门、净烟气挡板门和旁路挡板门等），吸收塔系统（搅拌器、浆液循环泵、石膏抽出泵和氧化风机等），升压风机，GGH，石膏脱水系统（真空皮带机、石膏旋流器和真空泵等），石灰石制备系统（球磨机、给料机和石灰石浆液泵等），电动阀、调节阀的检查与远方操作试验，FGD 事故连锁跳闸。

现仅以升压风机试运转为例来说明关键设备机械试运转的一般步骤：

首先对风机进行全面检查，确认升压风机叶片角度为零且调节处于手动位置，若条件允许，经锅炉班长同意可关闭 FGD 旁路烟道挡板，将风机电源开关置于试验位置，模拟升压风机启动进行以下试验：

远方操作升压风机，调节叶片开度与指示值相符，动作灵活。

1）电动机前端轴承温度报警 110℃。

2）风机推力轴承温度高报警 100℃。

3）电动机前端轴承温度高报警 120℃。

4）风机轴承振动报警 1.4mm/s。

5）电动机后端轴承温度报警 110℃。

6）风机轴承振动高报警 3.6mm/s。

7）电动机后端轴承温度高报警 120℃。

8）FGD 系统前压力最小值 0Pa。

9）电动机绕组温度高报警 145℃。

10）烟囱前压力大于最大值 600Pa。

11）风机推力轴承温度报警 85℃。

12）升压风机转速小于 50r/min，刹车装置动作。

上述试验合格后将风机电源开关打至运行位置并合上控制电源开关，联系值班班长同意后启动"SGC（顺序组控制）升压风机"。检查风机转向正确，无异常、摩擦和撞击声，轴承温度和振动值符合规定，润滑油泵、控制油泵及各冷却风机运行良好。风机试转后，停止风机运行，关闭开启的各人孔门。

2. FGD 系统分系统调试

分系统调试是指按工艺系统或功能系统等单个系统，包括动力、测量、控制等所有设备及其系统带烟气的调整试运，也就是对 FGD 系统的主要组成部分进行冷态模拟试运行。这些系统包括公用系统（压缩空气系统、闭式冷却水系统和工艺水系统等）、吸收塔系统、烟气系统（含升压风机、GGH 及其辅助系统等）、石灰石制备系统（包括石灰石接收和储存系统、石灰石研磨系统、石灰石供浆系统等）、石膏脱水系统（含真空皮带机系统）、排空系统（含事故浆液池和地坑系统）以及取样系统。烟气系统的冷态调试是分系统调试的核心，也是全面检查该系统的设备状态、并进行系统连锁和保护试验的重要环节。

现仅叙述烟气系统冷态调试的一般原则，其他分系统不予说明。

(1) 烟气系统冷态启动调试前应具备的条件：安排机组停运，锅炉侧与 FGD 信号交换系统投入；烟气通道打通，沿程系统各设备的人孔门、检修孔等封闭，确认系统严密；烟气系统及相关的热工测点安装、校验完毕，具备投入条件；烟气系统各阀门、挡板安装调试完毕；烟气系统烟道、升压风机、GGH、吸收塔等设备和系统清理干净；挡板、密封风机分部调试合格，具备投入条件；升压风机、冷却风机分部试运合格，连锁保护正确，具备投入条件；升压风机润滑、控制油系统分部试运合格，具备投入条件；升压风机电动机试运合格，具备投入条件；GGH 及其附属系统单体试运结束，具备投入条件；烟气系统 DCS 控制、保护调试完毕；通道畅通，现场清洁；照明投入，符合试运要求。

(2) 冷态启动前的试验检查：FGD 烟气系统挡板门（原烟气、净烟气、旁路挡板门）投入；升压风机与挡板门的连锁、保护静态试验合格；升压风机、GGH 及其附属设备连锁保护试验合格；FGD 与锅炉连锁、保护试验模拟合格；检查锅炉与 FGD 装置之间的交换信号；锅炉信号连锁保护试验；FGD 装置设备故障跳闸及 FGD 装置切除保护试验连锁试验；检查烟道已封闭；检查监测信号已投入；检查关闭原烟气挡板、升压风机挡板、净烟气挡板；检查开启旁路挡板；检查锅炉烟气系统投入运行；锅炉送、引风机运行；锅炉烟气系统参数接近正常运行工况。

(3) 烟气系统冷态启动试运：按烟气系统启动程序启动后，手动开启风机导叶，调至所需工况，检查烟气系统运行的平稳性及各监视仪表的显示状态，确认运行参数正常，升压风机冷态 8h 试运，记录各参数。烟气系统冷态试验方法如下：

1) FGD 冷态变负荷运行跟踪特性试验。投入升压风机入口压力自动，改变锅炉风量，记录参数变化。

2) FGD 保护对锅炉扰动试验。

3) 旁路挡板门连锁对锅炉扰动影响试验。投入旁路挡板门连锁保护，手动 FGD 装置跳闸，记录变化。

二、FGD 系统整套启动运行操作程序

整套启动调试包括系统综合水循环、FGD 启动试运、系统优化和 168h 满负荷试运。大体分为 FGD 系统综合水循环、正常启动、正常运行和正常停运四部分。在此只谈前两部分。

1. FGD 系统综合水循环

FGD 系统综合水循环调试的目的是在用水进行模拟操作的条件下，对 FGD 系统的控制系统以及启动与停止顺序进行检查，并对设备进行检查，以预先发现在 FGD 装置启动后可能发生的故障。在进行系统综合水循环调试的同时，要检查与水循环系统相关的连锁系统。水循环调试设备的范围应为用于处理液体及浆液的设备，但不包括烟气系统、GGH 冲洗水、事故浆液池搅拌器和地坑的搅拌器。

（1）FGD 系统综合水循环的条件：电气系统、DCS 系统、热工仪表投入，工艺水系统调试完毕，各系统设备冲洗完毕；石灰石供浆系统调试完毕；吸收塔系统单体调试完毕（包括循环泵、除雾器、氧化风机等）；石膏脱水系统单体调试完毕（包括石膏排出泵、石膏旋流站、真空皮带机系统等）。

（2）FGD 系统综合水循环调试程序：启动工艺水向吸收塔供水；吸收塔进入高水位后，吸收塔水位自动控制；按程序启动 1～4 号循环泵试运行；按程序启动 1、2 号浆液排出泵；按程序启动 1、2 号石膏旋流器试运行；试运行热工控制系统的仪表、仪器，作调整校验；检查系统、设备运行情况，对出现的问题及时处理，使 FGD 系统正常运行，初步调整 FGD 装置的控制系统，包括确认控制阀门的流量特性曲线，调整手动控制门，调整程序计时器等；调整各个设备系统运行状态；试运行束后，停止各个系统设备，进行系统设备完善处理。

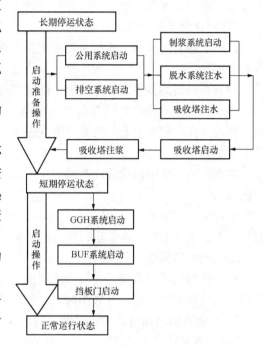

图 5-2 FGD 系统正常启动流程

2. FGD 系统正常启动

FGD 系统正常启动流程如图 5-2 所示。

第二节 FGD 脱硫系统启、停操作

一、脱硫装置投运前必须具备的条件

（一）试验及验收要求

整个脱硫系统已经按验收标准及 FGD 装置的性能试验规范通过性能试验及设备验收（包括辅助设备及设施的验收）。

（二）环境及安全要求

FGD 投运前，要求场地清理干净，道路畅通，各操作巡查平台、走道扶手完整，照明充足，灰水沟有盖板，各转动机构外面有护罩或挡板，安全标志清晰，电气安全连锁要完好，控制室具备有效的降温、防尘及防火措施。

（三）运行人员的技能要求

（1）熟知 FGD 设备的构造、系统及工作原理，自动及保护装置的结构和正确的使用方法。

（2）掌握 FGD 装置的启动、停运操作，运行控制的调整操作以及各参数变化带来的影响，并能根据参数变化，熟练地进行各种异常情况的处理。

（3）了解电力工业技术管理法规，电业安全工作规程以及事故处理规程，消防规程等有关内容。

（4）掌握锅炉、汽轮发电机组、厂用电系统的运行方式。

（5）熟练掌握 FGD 装置的投入、隔绝以及 FGD 附属设备各个子系统的操作方法，并能做好运行维护和保养工作。

（四）技术资料及器具准备

（1）工器具的准备。运行人员应配置常规电工器具和警告牌等安全用具，以及阀门扳手等机务工具。

（2）有必需的备品、备件及消耗性材料的储备。

（3）有完整的技术资料与台账的准备。做好投运前或大修后有关技术资料的验收、整理、存放工作。应有全套的机务与电气图纸。针对常用的设备图纸、资料、说明书等应根据需要准备数份。

在安装或大修中的设计修改通知单及设备变动后的异动报告要详尽整理归类并在图纸上反映出来。

运行部门要准备 FGD 装置运行规程、值班记录、运行日报表、设备巡回检查卡、开停机操作卡、工作票登记本等运行所需的台账、报表、记录表等。

二、启、停操作

脱硫装置的启停由运行人员在控制室内操作 FGD 装置的控制系统来自动进行。FGD 装置的停运可分为短时停运（数小时）、短期停运（数日）和长期停运（机组大修）；与此相应，FGD 装置的启动可分为短时停运后启动、短期停运后启动和长期停运后启动。

（一）脱硫装置的停运

1. 短时停运的操作

如果停机数小时，不必使全部 FGD 装置都停止工作，仅关闭部分设备。以下设备一般应停止运行。

（1）FGD 烟气系统。

（2）吸收塔循环泵。

（3）氧化风机。

（4）石灰石浆液供给系统。

切换至旁路运行后，FGD 装置与烟气隔离，原烟气和净烟气挡板门应关闭。

2. 短期停运的操作

如果停运需持续数日，则除了上述设备停运外，以下设备也应停运。

（1）除雾器冲洗系统。

（2）石灰石浆液制备系统。

（3）石膏脱水系统。

（4）石膏浆液排出泵及石膏溢流浆液泵。

（5）工业水系统。

为防止石膏板结，必须及时将石膏仓内的积料全部排空。

在短时停运和短期停运期间，装置中输送浆液的管线必须冲洗。在有浆液的容器内，搅拌器继续维持运行。

3. 长期停运的操作

脱硫系统随着机组进行大修，需要将吸收塔内的浆液由石膏浆液排出泵及吸收塔地坑泵（石膏浆液排出泵因液位低停运后）排到事故浆液罐储存备用，除事故浆液罐搅拌器应运行外，其他浆罐均应排空，其他设备均应停运以备检修。

（二）FGD 脱硫装置的启动

1. 短时停运后的启动操作

为尽量缩短启动周期，某些设备同时启动，以备用方式运行，直到启动程序达到规定步骤才取消这些设备的预备运行方式。按以下顺序进行开启：

$$\boxed{吸收塔循环泵} \longrightarrow \boxed{石灰石浆液供给系统} \longrightarrow \boxed{FGD 烟气系统} \longrightarrow \boxed{氧化风机}$$

至少两个吸收塔循环泵投入运行后，烟气方可进入系统。为避免电动机启动电流高而导致负荷过大，吸收塔循环泵依次启动。

2. 短期停运后的启动操作

短期停运后，某些停运的设备可同时启动。程控中的各回路及启停过程设有连锁，以确保启动时维持正确顺序。由于各种设备并列启动，启动时间较短。

3. 长期停运后的启动操作

FGD 装置大修完毕后，应对各个系统、设备进行试运行，试验合格后方可备用。在机组启动前一天，应启动工艺水系统、工业水系统和制浆系统，石灰石浆液箱储备足够的合格吸收剂。

启动事故浆液泵及吸收塔地坑泵（事故浆液泵因液位低自动停运），将事故浆液罐内浆液返回吸收塔内，以确保机组启动后 FGD 装置及时投入。有浆液的容器内的搅拌器维持运行。机组启动后，FGD 装置按短期停运启动进行操作。

三、运行中异常情况处理

在 FGD 装置运行期间，应保护脱硫系统的所有设备免受其他设备误动作的影响。以下可能发生的故障会干扰 FGD 装置运行：

（1）增压风机故障。

（2）锅炉侧故障。

（3）GGH 停止转动。

（4）所有吸收塔浆液循环泵停止运行。

（5）原烟气挡板门和/或净烟气挡板门未打开。

（6）原烟气温度超出了允许范围。

出现上述故障，旁路挡板门立即自动打开，同时关闭增压风机和原烟气挡板门，断开进入 FGD 装置的烟气通道。对各类泵等其他设备也采取了相应的保护措施，设置设备内部连锁保护，保证设备的安全、稳定运行。

一般情况下，当装置处于危险情况时，系统保护动作，使装置处于安全状态。

■ 第三节 脱硫装置的运行特性及注意事项

一、吸收塔反应浆液的 pH 值

随着烟气中 SO_2 含量的变化，吸收剂（石灰石浆液）的加入量以 SO_2 脱除率为函数。

SO_2 负荷决定于干烟气体积流量和原烟气的 SO_2 含量。加入的 $CaCO_3$ 流量取决于 SO_2 负荷与 $CaCO_3$ 和 SO_2 的摩尔比。随着吸收剂 $CaCO_3$ 的加入，吸收塔浆液将达到某一 pH 值。高 pH 的浆液环境有利于 SO_2 的吸收，而低 pH 则有助于 Ca^{2+} 的析出，因此选择合适的 pH 值对烟气脱硫反应至关重要。有关研究资料表明，应用碱液吸收酸性气体时，碱液浓度的高低对化学吸收的传质速度有很大的影响。当碱液的浓度较低时，化学传质的速度较低；当提高碱液浓度时，传质速度也随之增大；当碱液浓度提高到某一值时，传质速度达到最大值，此时碱液的浓度称为临界浓度。烟气脱硫的化学吸收过程中，以碱液为吸收剂吸收烟气中的 SO_2 时，适当提高碱液（吸收剂）的浓度，可以提高对 SO_2 的吸收效率，吸收剂达临界浓度时脱硫效率最高。但是，当碱液的浓度超过临界浓度之后，进一步提高碱液的浓度并不能提高脱硫效率。为此应控制合适的 pH 值，此时脱硫效率最高，Ca/S 摩尔比最合理，吸收剂利用率显示最佳的效果。

在调试时，做了这样一个试验：在连续一段时间（10h）内，人为调整石灰石浆液进吸收塔的流量，使浆液的 pH 值先从小到大，然后又逐渐减少。发现在一定范围内随着吸收塔浆液 pH 的升高，脱硫率一般也呈上升趋势。但当 pH＞5.8 后脱硫率不会继续升高，反而降低；pH＝5.9 时，石膏浆液中 $CaCO_3$ 的含量达到 2.98％，而 $CaSO_4 \cdot 2H_2O$ 含量也低于 90％，显然此时 SO_2 与脱硫剂的反应不彻底，既浪费了石灰石，又降低了石膏的品质；pH 再下降时，石膏浆液中 $CaSO_4 \cdot 2H_2O$ 含量又回升了，$CaCO_3$ 百分含量则下降了，因此实际情况与理论推断相符。根据工艺设计和调试结果，一般控制吸收塔浆液 pH 值在 5.0～5.4 之间，反应浆液密度在 $1080kg/m^3$ 左右，这样能使脱硫反应的 Ca/S 摩尔比保持在设计值 1.028 左右，获得较为理想的脱硫效率。正常运行时比较设定的 pH 值和实际的 pH 值来控制石灰石的加入量，当出现不断补充 $CaCO_3$ 无法维持 pH 值，不能满足烟气脱硫的需要时，运行人员应从下列各方面加以控制：①pH 仪是否需要校正；②原烟气、净烟气的 SO_2 浓度含量是否出现测量偏差；③石灰石粉仓料位是否低于最低限定料位，石灰石浆液罐的液位、制浆水源是否正常，石灰石粉的品质是否合格，密度是否控制在规定范围；④石灰石浆液补充到吸收塔管线上的调节阀是否正常工作，给料管线是否堵管等。从而排除故障点以维持正常运行的 pH 值。

二、吸收塔浆液循环泵

在湿法烟气脱硫技术中常用"液/气比"来反映吸收剂量与吸收气体量之间的关系。实践证明，增加浆液循环泵的投用数量或使用高扬程浆液循环泵可使脱硫效率明显提高。这是因为加强了气液两相的扰动，增加了接触反应时间或改变了相对速度，消除气膜与液膜的阻力，加大了 $CaCO_3$ 与 SO_2 的接触反应机会，提高吸收的推动力，从而提高了 SO_2 的去除率。

研究表明，烟气中的 SO_2 被吸收剂完全吸收需要不断进行循环反应，增加浆液的循环量，有利于促进混合浆液中的 HSO_3^- 氧化成 SO_4^{2-} 形成石膏，提高脱硫效率。但当液/气比过大时，会增加烟气带水现象。使排烟温度降得过低，加重 GGH 的工作负担，不利于烟气的抬升扩散。一般在脱硫效率已达到环保要求的情况下，以选择较小的液/气比为宜。在吸收塔内每层喷淋盘均对应一台循环泵，排列顺序为 1～4 号自下而上，4 号循环泵对应的喷淋盘位置最高，与烟气接触、洗涤的时间最长，因此投运 4 号循环泵有利于烟气和脱硫剂充分反应，相应的脱硫率也高。但 4 号循环泵的扬程要比 1 号循环泵的扬程高 5.1m，正常运行电耗高出 35kW/h 左右，故不利于经济运行。为此在运行实践中对浆液循环泵运行方式进行了优化试验（见表 5-1）。

实际是当烟气量和烟气中 SO_2 的含量发生较大变化时，pH 值的改变对脱硫效率的影响力度不够，可通过调整循环浆液泵的数量和组合控制液/气比来实现对脱硫效率的有效控制。另外，循环浆液泵使用中还应注意以下几点：

表 5-1　　　　　　　（某电厂经过试验）浆液循环泵优化投入运行表

处 理 烟 气 量	投用泵序号	脱硫率（%）	投用泵序号	脱硫率（%）
处理 1 台炉的烟气量 130～140m³（标准状态）	1+2	92～93	2+4	96～97
	1+3	93～94	3+4	97～98
	2+3	94～95	1+2+3	98～99
	1+4	95～96	2+3+4	＞99
处理 2 台炉的烟气量 270～280m³（标准状态）	1+2+3	93～94	1+3+4	95～97
	1+2+4	95～96	2+3+4	96～98
	1+2+3+4	98～99		

注　运行工况为氧化风机投 2 台；烟气进口 SO_2 浓度 1600～2500mg/m³（标准状态下）；氧量为 5.8%～7.2%；粉尘浓度小于 350mg/m³（标准状态下）；吸收塔浆液密度在 1085kg/m³ 左右；吸收剂石灰石浆液密度在 1120kg/m³ 左右；吸收塔浆液 pH 值 5.0～5.4。

（1）切换操作时要特别注意石灰石浆液补充管线的切换，以确保新鲜吸收剂的补充。

（2）停用循环泵后要做好冲洗和注水工作（注水时母管压力应达到 0.05MPa），以防下次启动时气蚀给循环泵带来危害。

（3）长期运行后，随着吸收塔浆液中 $CaSO_3$ 垢增加，可能会引起浆液循环泵进口粗滤网局部堵塞，增加对循环泵叶轮与泵壳的磨损和气蚀，引起出力下降等情况。运行人员应根据泵运行的出口压力、电流参数的变化，加以分析及早发现由于浆液循环量的下降对液/气比产生的影响，并做好防范工作。

三、氧化风机

烟气中的 SO_2 与石灰石反应生成的亚硫酸盐，必须经氧化后才能形成石膏。维持浆液中足够的氧量，有利于亚硫酸盐的转换，提高脱硫效率。但是，烟气中的氧量不能完全满足这一要求时，需要由氧化风机通过吸收塔的壁式搅拌器压力侧的喷嘴喷入塔内反应浆液中，浆液吸收 O_2 的能力随着压力的升高而增大。在搅拌器强涡流高剪切力的作用下，液体被强制地在空气泡周围流动而产生强烈的搅拌，使得 HSO_3^- 在液相中完全氧化成硫酸盐，推动化学吸收的进程。实践中发现在烟气量、SO_2 浓度、Ca/S 摩尔比、烟温等参数基本恒定的情况下，随着 O_2 含量的增加，石膏的形成加快，其品质提高，脱硫率也呈上升趋势。并且采用 2 台氧化风机时石膏中亚硫酸钙含量明显小于 1 台氧化风机运行时石膏中亚硫酸钙的含量。表 5-2 为 1 台与 2 台氧化风机运行的氧化效果比较。

表 5-2　1 台与 2 台氧化风机运行的氧化效果比较（某电厂试验）　　　　%

运行工况	石膏纯度	亚硫酸钙含量
1 台氧化风机运行	96.9	0.44
	94.3	0.50
	96.2	0.45
2 台氧化风机运行	97.2	0.10
	97.9	0.16
	98.6	0.12

运行人员可根据原烟气中 SO_2 的含量高低投停氧化风机。当烟气中氧量较高（>7.5%）、原烟气中 SO_2 的含量低于 $1600mg/m^3$（干状态）时，可考虑用 1 台氧化风机，以减少电耗；但当烟气中氧量小于 6.5%，处理的原烟气中 SO_2 的含量大于 $2350mg/m^3$（干状态）时，应考虑开 3 台氧化风机；一般情况下投用 2 台。为提高氧化风机效率，设备维护人员应注意观察氧化风机滤网进口压差变化情况，压差过大时应立即清扫进口滤网，除去灰尘。保持吸收塔浆液内充足的反应氧量，不但是提高脱硫效率的需要，也是有效防止吸收塔和石膏浆液管路 $CaCO_3$ 垢物形成的关键所在。

四、吸收塔的浆液密度

随着烟气与脱硫剂反应的进行，吸收塔的浆液密度不断升高。当密度大于一定值时，混合浆液中 $CaSO_4 \cdot 2H_2O$ 的浓度已趋于饱和，$CaSO_4 \cdot 2H_2O$ 对 SO_2 的吸收有抑制作用，脱硫效率会有所下降。为了维持脱硫效率往往会补充过量的 $CaCO_3$，但这样不利于经济运行。当石膏浆液密度低于一定值时，其中部分 $CaCO_3$ 还没有完全反应，此时如果排出吸收塔，将导致石膏中 $CaCO_3$ 含量增高，影响石膏品质，且浪费了石灰石。运行中控制反应浆液密度在 $1080kg/m^3$ 左右，将有利于 FGD 的高效经济运行。而控制吸收塔浆液密度的有效方法是使其能够正常外排。正常运行时不管负荷如何，石膏浆液都会经外排泵从吸收塔中排入石膏旋流站，达到预先设定的最大值时，石膏旋流器的悬浮液将被送往石膏浆液罐，泵入脱水皮带上脱水后外运。直至达到预先设定的最小的固体浓度，然后浆液流再切换回吸收塔，此过程是根据浆液浓度变化不断循环往复的。每次外排时要注意：

（1）石膏旋流站两路分配器的运行控制方式应为自动模式，且经常注视其状态，以确保石膏浆液箱液位稳定，浆液箱液位低于设定值将会造成真空皮带机的保护停运。

（2）重视石膏浆液外排泵和石膏浆液泵出口母管的压力监视工作，当压力偏离正常工作值时，应及时对管路的堵塞或缩孔的磨损情况及压力表本身进行检查判断，必要时可对泵的叶轮和泵壳磨损情况进行检查检修。

（3）对石膏浆液泵和管线应加强停运后的冲洗。

（4）真空泵密封水流量不够及真空皮带机的滤布上的石膏厚度不均匀都将会造成设备保护停运。

（5）每班定期对石膏样品进行取样分析，以便根据化验结果对运行工况作必要的调整。

五、吸收剂（石灰石）品质

石灰石粉的品质（纯度和细度）是影响脱硫效率的另一个重要因素。根据计算，为保证脱硫效率大于 95%，工程所需的石灰石粉中 $CaCO_3$ 的含量应大于 90%，细度大于 $32\mu m$，湿筛的剩余物应小于 10%，而细度小于 $20\mu m$ 时，湿筛的剩余物应在 70% 左右。石灰石粉细度受控于立式研磨机的通风量和分离器的转速。在磨机出力一定的情况下，磨机的通风量也基本上保持不变，因此磨机分离器的转速是调节石灰石粉细度的主要手段。随着分离器转速的提高，石灰石粉细度也越细，两者基本上呈线性变化关系。一般分离器转速大于 $250r/min$ 时，才能达到规定细度要求。

六、烟气系统

原烟气中的飞灰在一定程度上阻碍了 SO_2 与脱硫剂的接触，降低了石灰石中 Ca^{2+} 的溶解速率，同时飞灰中不断溶出的一些重金属如 Hg、Mg、Zn 等离子会抑制 Ca^{2+} 与 HSO_3^- 的反应。过高的飞灰还会影响副产品石膏的品质，也是 FGD 各组成部分结垢的诱因之一。因此运行时还应加强电除尘的管理工作，减少进入 FGD 系统的粉尘。烟气温度低于设计值时将会影响脱硫后的烟气再热效应，对烟囱的防腐、散尘和 GGH 的膨胀间隙均不利。烟气的温度低于设计值或烟气粉尘浓度大于 $400mg/m^3$（标准状态下）时保护会开启旁路烟气挡板，引起烟道压力波动，因此，合理调节增压风机动叶，维持烟道压力在 $+0.2\sim0.6kPa$ 的范围，以确保锅炉安全运行。运行中曾经出现过烟道负压过大，导致温度较低的净烟气通过旁路烟道重新引入 FGD 系统，引起 FGD 系统保护停运。GGH 长期运行后会引起积灰，导致通流面积减小、进出口压差增加，不但换热效率差，还会诱发增压风机喘振。除每班必须进行高压空气吹扫外，必要时还应进行高压水清洗，以便及时清除积灰。

虽然系统是按照安全管理的需求进行设计和提供的，但是在日常运行中也必须遵守下列事项：

（1）在运行中，身体和衣服的任何部分都不得靠近泵和风机的联轴器或任何其他转动部件。

（2）检查或修理设备之前，即使设备不在运行中，也必须关断电源，而且还要关闭并锁住运行开关，并注意与烟气脱硫控制室保持密切的联系。

（3）在对气体/液体取样时，按要求穿戴好防护用具，了解气体/液体的各种属性。

（4）注意避免物体从上面落下。

（5）侧沟盖和人孔门打开时，要采取绳索捆绑等适当的措施，对已经打开的盖子，应设置醒目标志。

在例行检查时，进入吸收塔和箱罐/坑时，必须遵守下面的要求：

（1）进入吸收塔、风道或箱体/坑内部检查时，外部必须有人负责监护和联系，还要确保通风充分，并检查氧气表上的 O_2 浓度值是否符合要求。

（2）系统内部的湿度较高。注意防止短路、电击，并确保有足够的通风。

（3）进入的系统风道壁上如果积有灰尘或粘有低 pH 值液体时，必须穿戴防护服，携带防护用具。

（4）在例行检查时，由于工作人员需要进出设备和风道，要特别注意与锅炉运行人员和现场检查人员保持密切联系，制订明确的命令制度，避免意外启动设备。在每次例行检查之前，建议配合锅炉侧，预先吹扫烟气脱硫系统。

第四节 FGD 装置的运行调节

一、烟气系统的调节

烟气系统的调节主要是对增压风机烟气流量的调节。锅炉负荷变化时，烟气流量发生变化，需要调节通过 FGD 装置的烟气流量，使之与锅炉燃烧产生的烟气流量相对应。进入 FGD 装置烟气流量的调节是根据增压风机入口的压力信号，调节增压风机上的叶片角度来实现的。

二、吸收塔系统的调节

1. 吸收塔液位调节

FGD 装置运行时，由于烟气携带、废水排放、石膏带水而造成水的损失，因此，需要不断向吸收塔内补充水，以维持吸收塔用水平衡。为了保证 FGD 装置正常运行，达到预期的脱硫效率,吸收塔内应维持一定的液位高度。吸收塔浆液池液位高度低于设定值,控制系统连锁保护将导致循环浆液泵、搅拌系统停运,液位高时将导致溢流。吸收塔浆液池的液位调节是通过调节 FGD 装置工艺水的进水量来实现的。当液位低时,开启吸收塔补水阀,液位高时关闭补水阀,以维持吸收塔的液位处于正常工作范围内。

2. 吸收塔浆液 pH 值调节

当吸收塔入口的烟气流量、烟气中 SO_2 浓度以及石灰石品质、石灰石浆液浓度变化时,吸收塔浆液 pH 值应作相应的调节,以保证 FGD 装置的脱硫效率。通常,石灰石浆液 pH 值维持在 5～6 的范围内,此时脱硫效率随 pH 值增加而增加。吸收塔浆液的 pH 值是通过调节石灰石浆液的流量来实现的。增加石灰石浆液流量,可以提高吸收浆液 pH 值;减小石灰石浆液流量,吸收浆液 pH 值随之降低。石灰石浆液的流量由吸收塔入口和出口 SO_2 流量以及石灰石浆液 pH 值来确定。

3. 吸收塔排出石膏浆液流量调节

为了维持吸收塔内合适的浆液浓度,保证脱硫效率和系统安全运行,需要从吸收塔反应池底部排放浓度较高的石膏浆液。如果反应池内石膏浓度过高,将会造成管路堵塞。由于反应池内浆液既有一定浓度的石膏,也有一定浓度的石灰石。如果排放量过大,会导致浆液中石灰石浓度下降,脱硫效率降低,石灰石利用率和副产品石膏品质恶化,严重时还会导致 FGD 装置因吸收塔液位过低而停运。因此,需要对吸收塔排出石膏浆液流量进行调节。吸收塔排出的石膏浆液流量通过流量调节阀来调节。

三、石灰石浆液箱液位和浓度的调节

石灰石浆液箱液位和浓度通过石灰石和水的流量来调节。为了维持石灰石浆液箱中液位和浆液浓度,应控制向石灰石浆液箱的石灰石浆液补充工艺水和过滤水。石灰石浆液箱的浆液浓度应相应通过维持石灰石和过滤水的比率保持恒定。

四、石膏脱水系统的调节

1. 真空皮带脱水机滤饼厚度调节

维持皮带脱水机上石膏滤饼的厚度是保证石膏含水量的重要条件。当石膏浆液泵排出流量发生变化时,单位时间内落到皮带脱水机上的石膏浓浆液的流量随之变化。通过调节脱水机变频器来调整和控制其运动速度,维持皮带脱水机上石膏滤饼稳定的厚度。

2. 滤布清洗水箱水位调节

滤布清洗水箱的水位要控制在一定范围内。滤布清洗水箱的溢流水将溢流至滤液水箱,当滤布清洗水箱水位降低时,采用工业水补充。

3. 滤液水箱水位调节

滤液水箱的水位通过控制去吸收塔的石膏滤液的流量来加以调节,并保持在规定的液位。

4. 副产品石膏质量的调节

若石膏颜色较深,则其含尘量过大,应及时调整电除尘器的运行情况,降低粉尘含量。

若石膏中 $CaCO_3$ 过多,应及时检查系统情况,分析石灰石给浆量变化原因,化验分析石灰石浆液品质、石灰石原料品质及石灰石浆液中颗粒的粒度。若石灰石浆液中颗粒粒径过粗,应调整细度,使其在合格范围内;若石灰石原料中杂质过多,应通知有关部门,保证石灰石原料品质在合格范围内。

若石膏中 $CaSO_3$ 过多，应及时调整氧化空气量，以保证吸收塔中 $CaSO_3$ 被充分氧化。

第五节　典型 FGD 系统的正常运行、检查和维护

一、注意事项

（1）运行人员必须注意运行中的设备以预防设备故障，注意各运行参数并与设计值比较，发现偏差及时查明原因。要作好数据的记录以积累经验。

（2）FGD 系统内的备用设备必须保证其处于备用状态，运行设备故障后能正常启动，每个月备用设备必须启动一次。

（3）浆液设备停用后必须进行冲洗。

二、各系统正常运行的基本条件

（1）烟气系统。1 台密封风机运行，1 台备用。风压 2.3～2.8kPa 左右，2 台锅炉满负荷运行时，FGD 进出口压差约 1.1kPa（110mmH_2O）。

（2）再热器系统。2 台锅炉都在 100MW 以上负荷运行时，加热分别采用汽轮机三段抽汽（至辅助蒸汽母管的手动门应全开），保证 FGD 出口洁净烟气温度大于 80℃。当总负荷低于 200MW 或单炉运行时，可改用二段抽汽加热。凝结水泵 2 台运行，2 台备用，凝结水箱水位保持在 1050mm 运行。当凝结水水质合格时应回收至除氧器。

（3）吸收塔系统。2 台循环泵运行，吸收塔浆液的 pH 值范围应保持在 5.8～6.2，浆液中含固率约为 15％，相应的密度为 1100～1105kg/m^3，最大不能超过 1150kg/m^3，其冲洗补充水应能维持运行正常液位 9.0～9.5m 左右。

（4）石膏脱水系统。石膏泵 1 台运行，1 台备用。要保证水力旋流器进口压力在 110～180kPa，脱水后的浆液浓度约 1400～1600kg/m^3。石膏抛弃泵 1 台运行，1 台备用。

（5）制浆系统。给粉机 1 台运行，1 台备用，流化风机 1 台运行，1 台备用。

（6）公用系统。仪用空压机 1 台运行，1 台备用，工艺水泵 1 台运行，1 台备用，FGD 电功率为 1170～1190kW。

三、系统的检查和维护

（1）FGD 系统的清洗。运行中应保持系统的清洁性，对管道的泄漏、固体的沉积、管道结垢及管道污染等现象及时检查，发现后应进行清洁。

（2）转动设备的润滑。绝不允许没有必需的润滑剂而启动转动设备，运行后应常检查润滑油位，注意设备的压力、振动、噪声、温度及严密性。

（3）转动设备的冷却。对电动机、风机、空压机等设备的冷却状况经常检查以防过热。

（4）所有泵的电动机、轴承温度的检查。应经常检查以防超温。

（5）泵的机械密封。对循环泵、石灰石浆液泵应每班清洗一次，除去沉积的一些固体颗粒。

（6）罐体、管道。应经常检查法兰、人孔等处的泄漏情况，及时处理。

（7）搅拌器。启动前必须使浆液浸过搅拌器叶片，叶片在液面上转动易受大的机械力而遭损坏，或造成轴承的过大磨损。

（8）离心泵。启动前必须有足够的液位，其进口阀应全开。若滤网被石膏浆液或其他杂物堵塞，则滤网压降增大并有报警，此时应停止该泵运行并清洗滤网。另外泵出口阀未开而

长时间运行是不允许的。

（9）泵的循环回路。大多数输送浆液的泵在连续运行时形成一个回路，浆液流动速度应按下列两个条件选择：

1）流动速度应足够高以防止固体沉积于管底。

2）流动速度应足够小以防止橡胶衬里或管道壁的过于磨损。

根据经验，最主要的是要防止固体沉积于管底，发生沉积时可从下列两个现象得到反映：

1）在相同泵的出口压力下，浆液流量随时间而减小。

2）在相同的浆液流量下，泵的出口压力随时间而减小。

若不能维持正常运行的压力或流量时，必须对管道进行冲洗；冲洗无效时只能移出管子对沉淀物进行机械清除。

（10）烟气系统。FGD的入口烟道和旁路烟道可能严重结灰，这取决于电除尘器的运行情况。一般的结灰不影响FGD的正常运行，当在挡板的运动部件上发生严重结灰时，对挡板的正常开关有影响，因此应当定期如1～2个星期开、关这些挡板以除灰，当FGD和锅炉停运时，要检查这些挡板并清理积灰。

再热器的热交换管内可能有石膏浆粒和酸性冷凝物的沉积，如发生，就应加大工艺水进行冲洗的频度。

（11）吸收塔。若只有一个搅拌器运行或只有一台循环泵运行，FGD系统仍能运行，此时脱硫率将下降。氧化空气管路如需要清洗，则不必关闭FGD系统。除雾器可能被石膏浆粒堵塞，这可从压降反映出来，此时须加大冲洗力度，干净与否只能在FGD停运后目测检查。

（12）氧化空压机。运行时注意检查气压、气温、滤网压差等。

（13）石膏脱水系统。如水力旋流器积垢影响运行，则需停运石膏浆泵来清洗旋流器及管道；清洗无效时则需就地清理，干净后方可启动石膏浆泵。

（14）仪用和杂用空压机。运行时应经常检查所有的油分离器及其压差。

（15）紧急柴油发电机。柴油机每两个月必须启动2h。

（16）参数记录。运行人员必须根据表格作好运行参数的记录（至少2h一次），并分析其趋势，及时发现问题，如测量仪表是否准确、设备是否正常等。运行参数必须包括：

1）锅炉的主要参数，如负荷、烟温等。

2）吸收塔压降。

3）FGD进口SO_2、O_2。

4）FGD出口SO_2、O_2。

5）氧化空气流量（风机电流等）。

6）循环泵电流。

7）吸收塔内浆液pH值。

8）吸收塔内浆液密度。

9）除雾器清洗水流量。

10）石灰石浆液供给密度等。

表5-3列出了FGD设备主要检查和维修计划，供运行参考。

表 5-3   **FGD 设备主要检查和维修计划**

部　件	零　件	维　修　行　动	间　　隔
蒸汽加热器	烟气/蒸汽	检查温度分布	周期：1个月
吸收塔液位测量	液位计	逐个水冲洗	周期：1班
吸收塔循环泵	机械密封	检查密封度	周期：1个月
氧化风机	V形皮带（驱动）	检查V形皮带	周期：1d
	过滤器	检查	周期：1周
	过滤器	清理	运行时间：100h
	油位	检查	周期：1周
	油	首次更换	运行时间：100h
	压力阀	检查	运行时间：100h
石灰石仓设备	液化空压机	外观检查，压力检查，温度控制	周期：1班
	液化空压机	油位和泄漏	周期：一周
	液化空压机	换油	运行周期：400h
	液化空压机	检查过滤器	周期：1周
	滑阀、闸阀	外观检查	周期：1d
	滑阀、闸阀	空气连接机构、电动阀	周期：1d
	滑阀、闸阀	检查空转	周期：1d
	滑阀、闸阀	检查心轴和心轴螺母，清理并润滑	周期：1d
	滑阀、闸阀	润滑心轴	周期：1周
	滑阀、闸阀	润滑轴承及活塞杆汽缸	周期：1周
	滑阀、闸阀	润滑链条	周期：1周
	滑阀、闸阀	润滑齿轮单元	周期：1周
石灰石浆液搅拌器	齿轮	检查油位	周期：4周
	齿轮	检查齿轮单元是否泄漏	周期：4周
石灰石浆液泵		检查油位	周期：1班
		检查不寻常的噪声	周期：1班
		检查密封功能	周期：1班
		检查密度测量回路情况	周期：1班
		检查漏油	周期：1班
		首次更换润滑油	运行时间：200h
		检查清洁度	周期：1班
		检查联轴器的功能	周期：1周
石膏浆液池搅拌器（顶部入口）	轴承	润滑	周期：1个月
	齿轮	检查油位	周期：1个月
石膏浆液泵		检查油位	周期：1班
		检查不寻常的噪声	周期：1班
		检查密封功能	周期：1班

部　件	零　件	维　修　行　动	间　隔
石膏浆液泵		检查密封水冲洗	周期：1班
		检查漏油	周期：1班
		首次更换润滑油	运行时间：200h
		检查清洁度	周期：1班
		检查联轴器的功能	周期：1周
水力旋流器	水力旋流器	外观检查	周期：1班
排放坑搅拌器	齿轮	检查油位	周期：1周
	齿轮	检查齿轮单元是否泄漏	周期：1周
仪用空压机		检查油位	周期：1周
		检查V形皮带的张力	周期：1月
		检查冷油器及空气冷却器是否结渣	周期：1月
		首次更换给油器滤筒	周期：1月
	前置过滤器	检查不同的压力（红/绿）	运行时间：200h
	分油器	检查过滤器	周期：1月
工艺水泵		检查油位	周期：1班
		检查不寻常的噪声	周期：1班
		检查密封功能	周期：1班
		检查回水管路	周期：1班
		检查漏油	周期：1班
		首次更换润滑油	运行时间：200h
		检查清洁度	周期：1班
		检查联轴器的功能	周期：1周
凝结水泵	泵	泵压力检查	周期：1班
	冷却器	冷却水	周期：1周
	轴承	油首次更换	运行时间：300h
电动阀	电动机	阀门/执行机构上紧固螺栓的附件必须检查一次	运行时间：200h
闸阀	填料盒	外观检查密封	周期：1个月

■ 第六节　FGD系统事故处理

一、事故处理总原则

（1）发生事故时，值班人员应采取一切可行的方法消除事故根源，防止事故的扩大，在设备确已不具备运行条件或继续运行对人身、设备有严重危害时，应停止FGD系统运行。

（2）发生事故时，班长应在值长的直接领导下，领导全班人员迅速果断地按照现场规程的规定处理事故。对于值长的命令，除对设备、人身有直接危害时，运行值班人员可以向值长指出其明显错误之处，并向主管领导和有关部门汇报，其余的均应坚决执行。

（3）当发现某事故没有列举的现成事故处理措施时，运行值班人员应根据自己的经验和当时的实际情况，主动果断地采取措施。事故处理完毕后，班长、值班人员应如实地把事故发生的时间、现象，以及采取的措施记录清楚。并在班会或安全活动日进行研究讨论，分析事故的原因，总结经验、吸取教训，并建议完善有关事故处理措施。

二、FGD 系统保护

当 FGD 系统产生保护信号时，如 2 台循环泵都停运、FGD 入口温度超过允许的最大值 190℃等，FGD 系统保护程序启动，以安全方式关闭 FGD 系统。

（一）以安全方式关闭 FGD 系统的步骤

（1）打开 FGD 旁路进、出口 2 个烟气挡板（通过预张弹簧在 2s 内快速打开）。

（2）关闭 FGD 入口烟气挡板，打开吸收塔通气挡板，关闭 FGD 出口挡板。

（3）关闭 1 号炉和 2 号炉进蒸汽再热器的蒸汽隔离阀门。

（二）运行人员必须就地检查并确认（可手动执行）

（1）FGD 旁路进、出口 2 个烟气挡板是打开的。

（2）FGD 入口烟气挡板、FGD 出口挡板是关闭的。

（3）吸收塔通气挡板打开。

（4）1 号炉进蒸汽再热器的蒸汽隔离阀是关闭的。

（5）2 号炉进蒸汽再热器的蒸汽隔离阀是关闭的。

最后可根据短时间停 FGD 或长时间停 FGD 的停机要求进行正常操作。

三、FGD 要求锅炉切断主燃料

下列 2 种 FGD 系统的故障情况将申请锅炉主燃料跳闸（MFT）：

（1）2 台循环泵停运并且 FGD 入口烟气挡板和出口烟气挡板都未关闭。

（2）FGD 入口烟温过高（大于 190℃）并且 FGD 入口烟气挡板和出口烟气挡板都未关闭。

申请锅炉 MFT 的信号将延时 120s 发出，上述连锁由 FGD 系统的 DCS 系统执行。锅炉 MFT 后，FGD 运行人员立即检查烟气挡板故障原因并处理好。

四、烟气系统的故障

烟气系统的关闭必须由 DCS 自动完成，两个旁路挡板必须能打开，之后 FGD 的进、出口挡板关闭，吸收塔通风挡板立即打开。如挡板故障，则按 FGD 系统保护或锅炉 MFT 的操作进行。

（1）再热器故障。若再热器发生故障，将有报警信号显示何种原因。FGD 可以运行约 1h，但出口烟温达不到设计要求，之后 FGD 系统自动停运。

（2）再热器爆管时，若爆管不严重，则无法判断。如有大量蒸汽进入管道，则 FGD 系统出口的两个温度将不正常升高。应先检查就地温度测量是否准确，到再热器平台倾听是否有蒸汽泄漏的异常声响，如确定再热器爆管，应立即关闭 1、2 号炉来汽电动门，并按正常要求停止 FGD 的运行。待再热器烟道冷却后，打开人孔门检查。

若再热器未故障而烟温偏低，首先应检查锅炉加热蒸汽的压力、温度是否满足要求，若蒸汽不满足要求，则应要求加大来汽参数，尽量满足再热器要求；若蒸汽满足要求，这可能是换热管子结灰，应用工艺水清洗。

（3）凝结水泵故障。正常运行时，2 组凝结水泵中各有 1 台 CP1（2）和 CP3（4）运行。如跳闸，CRT上有警报信号，且备用泵启动。如1组凝结水泵的2台全故障，CRT上有报警信号，且该组水泵的凝结水箱将出现水位高报警。运行人员应立即关闭1、2号炉的加热蒸汽门，对故障进行处理，尽快重新启动泵。否则，FGD系统只可以运行大约1h（此时FGD出口烟气温度达不到设计要求），之后系统自动关闭。

（4）加热蒸汽故障。如1台炉的加热蒸汽断路，可以打开加热蒸汽调节门后的蒸汽联络手动门进行加热。如2路蒸汽都没有，则应立即对故障进行处理，尽快重新启动。否则，FGD系统只可以运行大约1h（此时FGD出口烟气温度达不到设计要求），之后系统自动关闭。

（5）挡板密封风机故障。正常运行时，2台风机中有1台运行，1台备用。如1台跳闸，CRT上有报警信号，且备用风机启动。运行人员应切断跳闸风机电源并立即对故障进行处理。如2台全故障，CRT上有报警信号，风机出口压力为0，FGD系统不可以正常运行，运行人员应立即对故障进行处理，尽快重新启动。

（6）锅炉投油运行。如果锅炉投油运行而电除尘器单侧有3个或以上电场长时间未投入，则应停运FGD系统。

（7）电除尘器故障。FGD系统在运行，如电除尘器单侧有3个或以上电场故障停运，FGD入口、出口粉尘浓度不正常增大，烟囱冒黑烟，FGD系统应停止运行。

（8）烟道严重结灰。FGD系统的入口烟道和旁路烟道可能严重结灰，这取决于电除尘器的运行情况。一般的结灰不影响FGD的正常运行，当在挡板的运动部件上发生严重结灰时，对挡板的正常调节有影响，因此FGD系统和锅炉停运时，要检查这些挡板，并清理积灰。

五、吸收塔系统故障

（一）循环泵故障

若只有1台循环泵运行，FGD系统仍能运行，此时脱硫率将下降。若2台循环泵都故障，则FGD系统保护动作。

故障现象：CRT上报警，泵电流指示为0。

原因：泵保护停，事故按钮动作。主要有：

（1）入口压力小于50kPa，泵保护停。这可能是泵的滤网被堵塞了，控制室内有报警，此时必须启动另外的泵后停止该泵运行，进行滤网清洗，干净后方可再启动。

（2）电动机三相绕组温度大于140℃，泵保护停。

（3）驱动端电动机轴承温度大于85℃，泵保护停。

（4）非驱动端电动机轴承温度大于85℃，泵保护停。

（5）吸收塔液位小于5.0m，泵保护停。

处理：运行人员如发现ARP（absorber recycle pump，吸收塔再循环泵）运行不正常，应立即就地查明原因并作相应处理。

（二）氧化空压机系统故障

故障现象：CRT上报警，电流指示为0。

原因：风机保护停，事故按钮动作。主要有：

（1）风机出口风温大于115℃，保护停。

（2）电动机三相绕组温度大于140℃，保护停。

（3）任一电动机轴承温度大于 85℃，保护停。

处理：运行人员如发现氧化空压机运行不正常，应立即就地查明原因并作相应处理。若在氧化空气喷嘴中长时间没有氧化空气，则管道必须清洗。

（三）搅拌器故障

吸收塔底有四台搅拌器，同时停运的情况一般不会发生，如只有一个搅拌器运行，FGD 系统仍能运行。运行人员如发现搅拌器不正常，应立即就地查明原因并作相应处理。

故障现象：CRT 上报警，搅拌器停运。

原因：保护停，事故按钮动作。吸收塔液位小于 1.5m，保护停。

处理：查明原因并作相应处理后，再次启动前（超过 10min 后）应先用工艺水冲动搅拌器，再试着启动，直至搅拌器运行正常。

（四）除雾器故障

故障现象：CRT 上报警，除雾器压差大于 200Pa。

原因：除雾器清洗不充分引起结垢。

处理：运行人员确认后手动对其进行清洗。

（五）脱硫率低

脱硫主要发生在吸收塔内，表 5-4 列出了一些导致脱硫率低的原因的解决方法。

表 5-4　　　　　　　　　　脱硫率低的原因及解决方法

序号	影响因素	具体原因	解决方法
1	SO_2 测量	测量不准	校准 SO_2 的测量
2	pH 测量	测量不准	校准 pH 的测量
3	烟气	烟气流量增大	若可能，增加一层喷淋层
		烟气中 SO_2 浓度增大	若可能，增加一层喷淋层
4	吸收塔浆液的 pH 值	pH 值太低（小于 5.5）	检查石灰石的投配 增加石灰石的投配 检查石灰石的反应性能
5	液/气比	减少了循环浆液的流量	检查泵的运行数量 检查泵的出力

六、石膏脱水系统故障

若脱水系统故障，意味着石膏固体留在吸收塔中了。塔内浆液浓度不可超过 $1150kg/m^3$，若达到此浓度，则必须用石膏浆液泵将其打到石膏浆罐中，吸收塔中的液位和浓度应经常检查。石膏浆液脱水功能不足的原因和解决方法见表 5-5。

表 5-5　　　　　　　　　石膏浆液脱水功能不足的原因和解决方法

序号	影响因素	具体原因	解决方法
1	测量不准	石膏浆液浓度太低	检查浓度测量仪表
		烟气流量太高	降低锅炉负荷
		SO_2 进口浓度太高	降低锅炉负荷

续表

序号	影 响 因 素	具 体 原 因	解 决 方 法
2	吸收塔浆液泵	出力不足	检查出口压力和流量
3	石膏水力旋流器	运行的数目太少	增多旋流器运行
		进口压力太低	检查泵的压力并提高它
		旋流器积垢	清洗
4	石膏浆液	浓度太低	检查测量仪表 检查旋流器后的浆液
		输送能力太低	检查泵的出口压力和流量

若石膏浆液不能及时输出吸收塔，则塔内浆液浓度不断增大。当吸收塔浆液浓度超过 $1150kg/m^3$，而石膏浆液仍不能排出时，则 FGD 系统应停运。

七、石膏浆泵故障

故障现象：CRT 上报警，水力旋流器进口压力指示为 0。

原因：泵保护停，事故按钮动作。吸收塔液位小于 1.0m，保护停。

处理：运行人员应立即查明原因并作相应处理。

正常运行时，1 台运行，1 台备用。泵故障后应确认备用泵启动。如 2 台泵都故障而吸收塔浆液浓度超过 $1150kg/m^3$，则 FGD 应停止运行。

八、水力旋流器故障

故障现象：旋流器底流减小。

原因：旋流器积垢，管道堵塞。

处理：运行人员应立即查明原因并作相应处理。

如水力旋流器积垢影响运行，则需停运石膏浆泵来清洗旋流器及管道。清洗无效时则需拆开清理，干净后方可启动石膏浆泵。

九、石灰石制浆系统的故障

1. 石灰石浆泵故障

故障原因：CRT 上报警，泵出口流量指示为 0。

原因：泵保护停，事故按钮动作。

处理：运行人员应立即查明具体原因并作相应处理。

正常运行时，1 台运行，1 台备用。泵故障后应确认备用泵启动。如 2 台泵都故障而吸收塔内 pH 值不断降低，则 FGD 系统应停止运行。

2. 石灰石浆罐搅拌器故障

故障现象：CRT 上报警，搅拌器停。

原因：保护停，事故按钮动作。

处理：运行人员应立即查明具体原因并作相应处理，尽早投入运行。

如石灰石浆罐搅拌器长时间故障，则系统无法制浆，吸收塔内 pH 值不断降低，则 FGD 系统应停止运行。

3. 给粉机故障

故障现象：CRT 上报警，相应给粉机停运。

原因：保护停，电动机故障，链条故障，给粉机卡死，事故按钮动作。

处理：运行人员应立即查明具体原因并作相应处理。

正常运行时，1 台运行，1 台备用。1 台给粉机故障后应确认备用给粉机启动。如 2 台给粉机长时间故障，则系统无法制浆，吸收塔内 pH 值不断降低，则 FGD 系统应停止运行。

4. 流化风机故障

故障现象：CRT 上报警，相应风机停运。

原因：保护停，电动机故障，事故按钮动作等。

处理：运行人员应立即查明具体原因并作相应处理。

正常工作时，1 台运行，1 台备用。1 台流化风机故障后应确认备用风机启动。如 2 台风机长时间故障，则系统无法制浆，吸收塔内 pH 值不断降低，则 FGD 系统应停止运行。

5. 流化风机干燥器故障

故障现象：CRT 上报警，相应空压机停运。

原因：电动机故障，事故按钮动作等。

处理：运行人员应立即查明具体原因并作相应处理，尽快重新投入。

流化风机干燥器停运，流化风机保护停，短时间内对 FGD 系统运行不造成较大影响，但长时间将造成系统无法制浆，吸收塔内 pH 值不断降低，则 FGD 系统应停止运行。

十、公用系统故障

1. 仪用空压机

故障现象：CRT 上报警，相应水泵停运。

原因：保护停，电动机故障，事故按钮动作等。

处理：运行人员应立即查明具体原因并作相应处理。

正常运行时，1 台运行，1 台备用。运行时应经常检查所有的油分离器及其压差。1 台空压机故障后应确认备用空压机启动，并立即查明故障原因，及时排除故障投入备用。如 2 台空压机都故障，则 FGD 系统无法运行。

2. 工艺水泵故障

故障现象：CRT 上报警，相应水泵停运。

原因：保护停，电动机故障，事故按钮动作等。

处理：运行人员应立即去查明具体原因并作相应处理。

正常运行时，1 台运行，1 台备用。1 台水泵故障后应确认备用泵启动，并立即查明故障原因，及时排除故障投入备用。如 2 台水泵都故障，则 FGD 系统无法运行。

3. 石膏抛弃泵故障

故障现象：灰渣泵房泵操作盘上报警，相应泵停运。

原因：保护停，电动机故障，事故按钮动作等。

处理：运行人员应立即查明具体原因并作相应处理。

正常运行时，1 台运行，1 台备用。1 台泵故障后确认备用泵启动，并立即查明故障原因，及时排除故障投入备用。如 2 台泵都故障，则石膏浆罐液位不断上升，最终 FGD 系统将无法运行。

十一、电气故障

1. 6kV 失电

FGD系统将关闭，烟气旁路立即打开，工艺控制系统由UPS供电。系统停运后必须运行的一些重要设备由紧急发电机供电，因此搅拌器和管道冲洗需用的所有阀门都可以操作。运行人员应确认FGD系统处于安全状态。

失电后运行人员应确认FGD进、出口挡板关闭，吸收塔通风打开，烟气旁路打开。然后启动工艺水泵和各个搅拌器。每一台泵停运后必须得到清洗。

故障现象：CRT上报警，相应的380V电源跳闸，交流照明灯灭。

原因：

(1) 全厂停电。

(2) 6kV工作段倒换至高备变自投不成功，同时另1台机组的6kV工作段没电或脱硫DCS自投不成功。

(3) 6kV脱硫段母线或电缆故障。

(4) 电气保护误动作或电气人员误操作。

处理：马上确认柴油发电机启动供电，运行人员应立即确认380V保安段通电，并马上恢复380V保安段的运行设备。

正常运行时，6kV段1台运行，1台备用。一路6kV故障时，同时手动恢复380V运行设备。应立即查明故障原因，及时排除故障投入备用。如两路都故障，紧急发电机启动供电，FGD系统保护停运。

运行人员必须就地检查并确认（可手动执行）：

(1) FGD旁路进、出口2个烟气挡板是打开的。

(2) FGD入口烟气挡板、FGD出口烟气挡板是关闭的。

(3) 吸收塔通气挡板打开。

(4) 1号炉进蒸汽再热器的蒸汽隔离阀是关闭的。

(5) 2号炉进蒸汽再热器的蒸汽隔离阀是关闭的。

(6) 所有冲洗水阀门和氧化空压机减温水阀门是关闭的。

确认后执行以下程序：

(1) 启动仪用空压机、工艺水泵。

(2) 将石膏浆罐的搅拌器启动。

(3) 启动石灰石浆罐的搅拌器。

(4) 启动排污池的搅拌器。

紧接着一步步地执行下述程序：

(1) 石灰石浆液泵停运并冲洗。

(2) 石膏浆液泵停运并冲洗。

(3) 循环泵冲洗。

(4) 其他正常停运FGD系统时需冲洗的管道实施冲洗。

(5) 启动排放池停机程序。

最后可根据短时间停FGD系统或长时间停FGD系统的要求进行正常操作。

2. 全部失电

在这种情况下，烟气旁路挡板仍能通过预拉弹簧立即打开，将烟气引入旁路。运行人员应确认旁路挡板是打开的。

十二、测量仪表故障

（1）pH 计故障。若两个 pH 计都故障，则必须人工每小时化验一次。若 pH<5.8，则必须将石灰石浆液量增加约 15%；若 pH>6.2，则必须将石灰石浆液量减少约 10%。pH 计须立即修复，校准后尽快投入使用。

（2）密度测量故障。需人工在实验室测量各浆液密度。密度计须尽快修复，校准后尽快投入使用。

（3）液体流量测量故障。用工艺水清洗或重新校验。

（4）SO_2 仪故障。关闭仪表后用压缩空气吹扫，运行人员应立即查明原因并做好参数控制。

（5）烟道压力测量故障。用压缩空气吹扫或进行机械清理。

（6）液位测量故障。用工艺水清洗或人工清洗测量管子或重新校验液位计。

第六章　FGD 系统对发电机组运行的影响

第一节　FGD 系统对发电机组运行的影响及原则性调节方法

一、FGD 装置运行对锅炉运行的影响及原则性调节方法

（一）FGD 装置运行对锅炉机组运行的影响

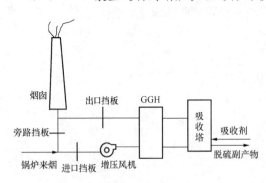

图 6-1　典型的 FGD 烟气系统示意图

典型的 FGD 烟气系统示意图如图 6-1 所示。FGD 装置的阻力由脱硫风机克服，与锅炉的联系通过 FGD 进、出口烟气挡板及旁路烟气挡板进行烟气切换。当 FGD 装置启、停时，烟气旁路与 FGD 装置烟道切换，由于两路烟道的阻力不同，会对锅炉的炉膛负压产生明显的影响。在 FGD 装置启动时锅炉炉膛负压变小，停运时负压变大，其变化范围可达数百帕，而锅炉正常运行时负压仅为数十帕。

如果 FGD 装置设计或操作不合理将对锅炉安全运行产生重要影响。假如在运行中脱硫风机故障停运或 FGD 进、出口烟气挡板误关时，烟道阻力就会迅速增加，必将导致锅炉炉膛压力升高，引起锅炉主燃料跳闸。特别是当 FGD 装置保护动作时（循环泵全部停运、FGD 装置失电等），旁路烟气挡板在数秒钟之内打开，造成炉膛负压产生很大的波动。在这样短的时间内运行人员根本无法立即将负压调整过来，如果燃煤着火性能较差，极有可能造成锅炉灭火。

（二）FGD 装置启动、停运及运行时对锅炉运行的调整

在 FGD 装置启动、停运过程中，将导致炉膛负压产生较大的波动，严重时会引起锅炉主燃料跳闸。因此，在 FGD 装置启动、停运过程中，锅炉运行要进行相应的调整。

1. FGD 装置启动、停运时锅炉的运行调整

（1）按要求调整好锅炉负荷，稳定运行。

（2）FGD 装置启、停前锅炉调整好燃烧，必要时投油枪稳燃。

（3）FGD 装置启动前必须投入电除尘器。

（4）锅炉送、引风机由自动控制改为手动操作，炉膛负压在烟气进入 FGD 装置前 5min 左右调整到比正常运行时大一些，在停运前 5min 左右则调整到比正常运行时小一些。

（5）在 FGD 装置启、停过程中，要密切监视炉膛负压的变化，随时做好调整炉膛负压的准备，使之尽量维持在正常的压力范围内。

2. FGD 装置运行时锅炉的运行调整

一般情况下，FGD装置对负荷有很好的适应能力，其正常运行时锅炉的调整操作可以根据本身的需要进行操作。但是当锅炉投油运行或电除尘故障停运时，FGD装置应停止运行。

二、FGD装置运行对汽轮机运行的影响

FGD装置运行通过对锅炉运行的影响，间接影响汽轮机的运行。例如FGD装置故障或误操作造成锅炉主燃料跳闸、锅炉灭火等，可导致汽轮机停运；FGD装置进、出口烟气挡板及旁路烟气挡板进行烟气切换造成炉膛负压波动，影响炉内燃烧情况，进而影响蒸汽温度和压力，对汽轮机运行构成影响。

如果FGD净烟气采用蒸汽再热方式，加热用蒸汽来自汽轮机的某段抽汽。在短时间内，汽轮机本体的各段抽汽压力会有所降低，温度基本不变。由于这些变化均在正常波动范围内，所以对汽轮机的安全运行影响不大。但是这种再热方式对机组的经济性有较大的影响。由于抽汽口抽汽量增加，工质携带热量离开系统，造成汽轮机做功减少，效率降低。根据某燃煤电站125MW机组配套的FGD装置试验结果，加热用蒸汽抽汽量为20t/h，相当于机组减少发电功率4000kW，这比GGH的运行费用要高出许多。并且供汽参数越高，带出系统的热量也就越多，机组经济性下降也就越严重。

■ 第二节　FGD系统运行对锅炉机组运行的影响

一、FGD系统与锅炉的联系

FGD系统是通过FGD进、出口2个挡板及旁路（即锅炉原有引风机出口至烟囱烟道）的2个挡板进行烟气切换的。FGD系统的主烟道烟气挡板安装在FGD进、出口，它是由双层烟气挡板组成的，并有弹簧快开机构；旁路烟气挡板安装在旁路烟道的进、出口，是单层的，由密封空气连接，没有弹簧快开机构。当主烟道运行时，旁路烟道关闭。正常情况下烟气系统的启停由程控操作，当满足FGD启停条件时，运行人员在控制屏上设定"功能组烟去气系统自动"，点按键盘后系统便按表6-1的程序执行。

表6-1　　　　　　　　　　　　烟气系统程控操作步骤

序号	启动程序	执行情况	序号	停止程序	执行情况
1	FGD进口烟气挡板	自动开约48s	1	FGD旁路进口挡板	自动开约47s
2	FGD出口烟气挡板	自动开约48s	2	FGD旁路出口挡板	自动开约47s
3	吸收塔顶通风口	自动关闭	3	吸收塔顶通风口	自动开
4	FGD旁路进口挡板	自动关40%	4	FGD进口烟气挡板	自动关
5	FGD旁路出口挡板	自动关40%	5	FGD出口烟气挡板	自动关
6	FGD旁路进口挡板	自动关40%	6	停止程序结束	共约150s
7	FGD旁路出口挡板	自动关40%			
8	FGD旁路进口挡板	自动关20%			
9	FGD旁路出口挡板	自动关20%			
10	启动程序结束	共约305s			

二、烟气挡板的特性

烟气挡板的特性见表6-2。

表6-2 烟气挡板的特性

参数 \ 挡板名称	FGD入口	FGD出口	旁路入口	旁路出口
形 式	双层	双层	单层	单层
设计压力（kPa）	−5.0～+5.0	−5.0～+5.0	−5.0～+5.0	−5.0～+5.0
工作压力（kPa）	−0.5～+1.0	−0.5～+0.7	+0.5～+1.7	+0.5～+0.7
设计温度（℃）	250	250	250	250
实际工作温度（℃）	135	82	135	82
烟道尺寸（mm）	5000×6000	5000×3800	4800×5500	5500×4800
挡板材料	Inconel 625	Inconel 625	Inconel 625	Inconel 625
密封介质	100%空气	100%空气	100%空气	100%空气
叶片数量	5	5	5	5
轴直径（mm）	70	65	70	70
操作机构	电动	电动	电动	电动
操作指示	限位开关	限位开关	限位开关	限位开关
密封空气耗量（m³/min）	281	281	281	281
密封空气压力（Pa）	3.0	3.0	3.0	3.0
打开时间（s）	48	47	45	45
关闭时间（s）	45	47	46，快开<2，正常关闭分3次完成，158	47，快开<2，正常关闭分3次完成，162
安全操作机构	无	无	弹簧	弹簧

三、影响锅炉主燃料跳闸的情况

在下列两种情况下，FGD系统将向锅炉控制发出主燃料跳闸（MFT）的申请。2台循环泵停运，并且FGD入、出口烟气挡板都未关闭；FGD入口烟气温度高于190℃，并且FGD入口烟气挡板和出口烟气挡板都未关闭。

某电厂FGD系统调试过程中，就发生过因FGD系统投运造成锅炉跳闸的事件。而另一电厂特别关心FGD系统对锅炉的影响，并进行了单、双炉，冷、热态FGD主旁路切换试验。

四、冷态烟气旁路和主路的切换

由于两路烟道的阻力不一样，此时会对锅炉的炉膛负压产生明显的影响，若设计不合理，将使锅炉MFT，甚至危及锅炉炉膛的安全。

FGD旁路挡板没有快开装置，FGD阻力由增压风机来克服。假定在运行中增压风机出现故障而停运，或FGD进、出口挡板误关时，旁路不能快速打开，烟气无路可走，烟道阻力快速增加，必然导致锅炉炉膛压力升高，引起MFT。这种情况在深圳某电厂海水FGD系统的运行中就发生过。

冷态单炉运行FGD启停时对炉膛负压影响不大，但当烟气从FGD主路迅速切换至

FGD旁路时，负压的变化明显高于FGD正常启停。

从冷态试验可以得出以下几点结论：

（1）FGD系统启动时，锅炉炉膛负压将变小（数值变大），FGD系统停运时负压变化正好相反。

（2）双炉运行时，FGD系统的启停对锅炉炉膛负压的影响要比单炉运行时的影响大。

（3）当烟气从FGD主路快速切换至FGD旁路（通过预拉弹簧在2s内打开旁路）时，炉膛负压的变化明显变大，而且变化的时间很短。可以预见在热态时，FGD系统的启、停将对锅炉产生更大的影响。

五、FGD系统启停对炉膛负压的影响

总的来说，FGD系统的启停对炉膛负压变化的影响是很大的。FGD系统出现异常主要有两种情况：

（1）FGD系统失电，所有设备停运。

（2）FGD进、出口挡板误关。

当FGD出现异常时要"停"，故障排除后要"启"。对前一种，若旁路挡板不能快开，高温烟气直接进入FGD系统，会破坏系统中的防腐材料，为了减小这些不良影响，客观上需要注意以下几点：

（1）FGD系统停时，旁路挡板需要快开或半快开，可以设定50%的快开而不是全部。

（2）FGD系统停时，需要引风机负荷增大。

（3）FGD系统停时，需要事先调大炉膛负压（在允许范围内）。

（4）为了避免当FGD系统失电时（旁路不能快速打开）高温烟气进入FGD系统，破坏系统防腐材料，系统进口挡板前需要有烟气冷却装置。旁路挡板需要与厂用电连接，当FGD系统失电时仍然可以操作，可在1min之内打开。

（5）FGD系统启动前需要事先调大炉膛负压（在允许范围内）。

六、FGD系统对灰渣排放系统的影响

（1）某电厂石灰石/石膏湿法脱硫排水（排浆）呈弱酸性，其溶解盐类以硫酸镁为主，硫酸镁是由脱硫剂——石灰石中的酸溶性镁，通过吸收SO_2转化而来的。

（2）将脱硫排水（排浆）引入煤灰浆系统，可以达到处理脱硫废水的目的，有节能、节水、提高经济效益的效果。

（3）脱硫排水（排浆）与煤灰浆混合输送后管道结垢率仅为原来的1/3。

（4）含硫酸镁的脱硫排水（排浆）被引入灰浆系统后，灰渣管结垢的类型将发生改变，由原来的碳酸钙型变为镁化合物型。碳酸钙型垢为方解石结晶，夹杂粉煤灰玻璃体微珠，结构密实不易清理。镁化合物型垢的微晶为针状体，垢粒呈绒球状，结构疏松，易于清理。

（5）脱硫排水（排浆）被引入灰浆系统后具有溶解碳酸钙的能力（废弃石膏浆原液比澄清后的浆液水效果更好）。

（6）无发现管道金属腐蚀现象。

七、混排对灰场及灰渣利用的影响

1. 混排对灰场容量的影响

混排产生的固体物质20年约占灰场的10%，影响不大。

2. 混排对灰渣利用的影响

脱硫石膏、灰渣单独的用场已经很多，如建筑材料、铺路筑坝、填埋矿井、改良土壤、生产化肥等。脱硫废水主要呈现酸性，pH＝4～6，和大量的碱性冲灰水混合，起到了中和作用。当混合液 pH＝9 左右时（脱硫废水处理最佳 pH 值），对废水中超标的重金属就有吸附共沉的作用。

在水泥生产过程中要用石膏（$CaSO_4 \cdot 2H_2O$）来调节水泥的凝固时间，脱硫石膏可以替代，关键是控制水泥中 SO_3 的含量不要超过 3.0％的国家标准。

石膏是灰渣良好的活性激发剂，$CaCO_3$、$MgCO_3$ 本身就是生产水泥的材料。

FGD 石膏对灰渣的主要影响是其中的 $CaSO_3$ 和 Cl，在 650℃下 $CaSO_3$ 会发生分解反应，即

$$CaSO_3 \xrightarrow{650℃} CCaO + SO_2 \uparrow$$

过多的 $CaSO_3$ 会限制脱硫石膏的应用。石膏浆液中的 $CaSO_3$ 很少，平均不到 0.2％，$CaSO_3$ 超过 0.5％时不被利用。

Cl 以 $CaCl_2$ 的形式存在，它对灰渣也是一种活性激发剂，它和灰渣发生水化反应，使灰渣颗粒表面被水化蚀刻，生成部分水化产物如 C—S—H 凝胶，这将降低原状灰渣的火山灰活性。

八、FGD 对尾部烟道及烟囱的影响

1. 烟囱内烟气温度及烟囱内壁温度分布的计算

根据能量守恒原理和传热学原理，可计算出烟气温度沿烟囱高度的一维分布和烟囱内壁温度分布，这里将烟囱分为 12 段，每段 13m，传热系数按平壁传热计算。在计算段内有

$$q_m c(t_1 - t_2) = \pi d_m \Delta h K \left(\frac{t_1 + t_2}{2} - t_0 \right) + q_m g \Delta h \tag{6-1}$$

烟囱内壁温度为

$$t_b = \frac{t_1 + t_2}{2} - K \left(\frac{t_1 + t_2}{2} - t_0 \right) / \alpha \tag{6-2}$$

式中　q_m——烟囱内烟气流量，kg/s；

　　　c——烟气的质量定压比热容，J/（kg·℃）；

　　　t_1——计算段进口烟温，℃；

　　　t_2——计算段出口烟温，℃；

　　　d_m——计算段烟囱平均内径，m；

　　　Δh——计算段高度，m；

　　　K——烟气与大气的传热系数，W/（m^2·℃）；

　　　t_0——环境温度，℃；

　　　g——重力加速度，9.8m/s^2；

　　　t_b——烟囱内壁温度，℃；

　　　α——烟气对烟囱内壁的放热系数，W/（m^2·℃）。

脱硫前、后烟气温度和烟囱内壁温度变化见图 6-2。由图 6-2 中可以看出，脱硫前后沿烟囱高度方向上烟气温度变化都不大，但脱硫后的烟温比脱硫前要低 55℃，且内壁温度低至 70℃，对尾部烟道及烟囱将产生一些影响，这些影响主要有：

（1）由于烟气温度的降低出现酸结露现象，造成腐蚀。

（2）烟囱正压区范围扩大。

（3）影响烟气的抬升高度，从而影响烟气的排放。

（4）使烟囱的热应力发生变化。

其他负荷下的结果基本相同。

2. 烟气温度变化对腐蚀的影响

为分析脱硫后对烟囱的腐蚀程度，这里采用了烟气腐蚀性指数的概念。在现行的 DL 5022—1993《火力发电厂土建结构设计技术规定》中规定了腐蚀性指数 K_c 的计算公式，即

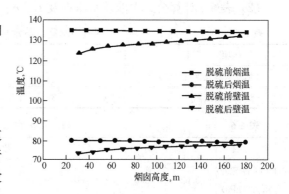

图 6-2　脱硫前、后烟气温度和烟囱内壁温度变化

$$K_c = \frac{100 S_{ar}}{A_{ar} \Sigma [R_x O]} \tag{6-3}$$

式中　S_{ar}——燃煤中收到基含硫量，%；

　　　　A_{ar}——燃煤中收到基含灰量，%；

$\Sigma [R_x O]$——燃煤灰分中 4 种碱性氧化物（CaO、MgO、K_2O、Na_2O）的总含量，%。

腐蚀性指数越大，表明对物体的腐蚀性越强，表 6-3 列出了烟气对烟囱腐蚀性强弱的分类。

表 6-3　　　　　　　　　　烟气对烟囱腐蚀性强弱的分类

烟气腐蚀性	除尘方式	$K_c > 2.0$	$1.5 < K_c \leqslant 2.0$	$1.0 < K_c \leqslant 1.5$	$0.5 < K_c \leqslant 1.0$
强	湿式	✓	✓	—	
	干式	✓	—	—	
中等	湿式	—	—	✓	
	干式	—	✓	—	
弱	湿式	—	—	✓	
	干式	—	—	✓	无侵蚀

（1）烟气的腐蚀作用与酸露点有直接关系。酸露点的计算公式见表 6-4。

表 6-4　　　　　　　　　　酸露点的计算公式

序号	酸露点（脱硫前/后）	计　算　公　式	
1	108.5/91.0	$t_{ld} = t_{ld0} + \left[\dfrac{\beta \sqrt[3]{S_{ZB}}}{1.05 (\alpha_{fh} A_{ZB})} \right]$	(6-4)
2	120.4/123.0	$t_{ld} = 186 + 20 \lg [H_2O] + 26 \lg [SO_3]$	(6-5)
3	110.1/144.9	$t_{ld} = t_{ld0} + B(p_k)^n$	(6-6)
4	124.6/—	$t_{ld} = 120 + 17(S_{ZB} - 0.25)$	(6-7)

注　表中 t_{ld} 为烟气酸露点温度，℃；t_{ld0} 为烟气水露点温度，℃；β 为与锅炉炉膛出口过量烟气系数 α 有关的系数，当 $\alpha = 1.2 \sim 1.25$ 时，$\beta = 121$，当 $\alpha = 1.4 \sim 1.5$ 时，$\beta = 129$；S_{ZB} 为燃煤收到基对应于 4200kJ/kg 发热量的折算含硫量，%；A_{ZB} 为燃煤收到基对应于 4200kJ/kg 发热量的折算含灰量，%；α_{fh} 为飞灰份额，%；$[H_2O]$ 为烟气中水蒸气的含量，%；$[SO_3]$ 为烟气中三氧化硫的含量，%；B、n 为与烟气中水分、H_2SO_4 分压力有关的试验常数；p_k 为硫酸蒸汽在烟气中的分压力，kPa。

（2）表 6-4 计算公式中涉及水露点及 B、n 的值（见表 6-5、表 6-6）。

表 6-5 烟气中水露点与水蒸气含量的关系

项 目	数 值						
烟气水蒸气含量（%）	1	5	10	15	20	30	50
烟气水露点温度（℃）	6.7	32.3	45.6	53.7	59.7	68.7	80.9

表 6-6 B 和 n 的试验值

项 目	数 值								
$(H_2O+H_2SO_4)$ 分压力（kPa）	0.02	0.04	0.06	0.08	0.12	0.16	0.20	0.28	0.36
纯水蒸气露点（℃）	1.77	28.6	35.6	41.1	49.0	55.0	59.7	67.1	73.0
B	200.4	202.4	204.2	206.3	210.2	214.2	218.3	226.4	234.0
n	0.1224	0.0907	0.0732	0.0659	0.0622	0.0636	0.0661	0.072	0.078

从表 6-4 中数据可以看出，不同的计算公式得出的酸露点温度有较大的差别，特别是对脱硫后的计算。其主要原因在于各公式考虑的酸露点温度的影响因素有很大区别。表 6-9 中公式（6-4）未考虑脱硫后烟气水分的增加和实际 SO_3 浓度的变化情况，因而结果偏小，该式不适用于湿法脱硫后烟气酸露点温度的计算。事实上，脱硫后 SO_3 浓度的减少率并不等同于脱硫率，而是小得多，即 SO_3 浓度减少较小。AE 公司设计的 SO_3 脱去率只有 30%，而烟气水分增加 6% 以上，使得酸露点温度很高。表 6-9 中公式（6-5）同时考虑脱硫后烟气水分的增加和实际 SO_3 浓度的变化情况，可用于计算脱硫后的酸露点温度。表 6-9 中公式（6-6）假定了烟气中 SO_3 全部转化为 H_2SO_4，其值略偏大。表 6-9 中公式（6-7）适用于折算含硫量已 $S_{ZS} > 0.25\%$ 的情况。

日本电力工业中心研究所提供的烟气酸露点温度计算式为

$$t_{ld} = a + 20 lg[SO_3] \tag{6-8}$$

式中 a 为水分常数，当烟气中水分为 5% 时，$a = 184$，当烟气中水分为 10% 时，$a = 194$。

式（6-8）的计算结果与表 6-4 中公式（6-5）、式（6-6）的结果较接近。这 3 个公式的计算结果都表明，湿法脱硫后烟气酸露点温度并不比脱硫前低。比较图 6-2 可看到，脱硫前烟气温度和烟囱内壁温度基本上大于酸露点温度，故烟气不会在尾部烟道和烟囱内壁结露，且在负压区不会出现酸腐蚀问题。而脱硫后烟气温度尽管升高，但仍远低于酸露点温度，SO_2 将溶于水中，烟气会在尾部烟道和烟囱内壁结露，尽管烟气中 SO_2 等酸性气体减少了，但烟气的腐蚀性并不比未脱硫前减小，加上脱硫后烟囱正压区的增大，会使烟囱的腐蚀加大，因此须定期对烟囱进行检查，发现问题及时处理。对尾部烟道应立即进行防腐保护，如加铺玻璃钢防腐材料等。

（3）FGD 腐蚀性指数

$$K_s = K_c \left(\frac{T_{1ds}}{T_s} \right)^n \tag{6-9}$$

$$n \begin{cases} = 2，湿法 FGD 技术 \\ = 1.5，半干法 FGD 技术 \\ = 1，干法 FGD 技术 \end{cases}$$

式中 K_s——脱硫后烟气的腐蚀性指数；

      K_c——原烟气的腐蚀性指数；

      T_{1ds}——脱硫后烟气酸露点温度，K；

      T_s——脱硫后的烟气温度，K；

      n——与脱硫方法有关的系数。

腐蚀性指数 K_s 越大，表明脱硫后烟气对物体的腐蚀性越强，将表6-3中将 K_c 替换为 K_s，同样适用于烟气对烟囱腐蚀性强弱的分类。

对某电厂，计算得 $K_{s1}=1.66$（加热至80℃），$K_{s2}=2.02$（吸收塔出口，未加热），对比表6-3可知，脱硫加热后烟气为强腐蚀性，而吸收塔出口的腐蚀性更强，这与现场实际相符合。

烟气腐蚀性指数 K_s 可以用来判断脱硫后烟气的腐蚀性强弱，指导FGD系统烟气再热温度的选定以及防腐材料的铺设，具有重要的实际意义。

可见，脱硫后烟气温度尽管升高，但仍远低于酸露点温度，SO_2 将溶于水中，烟气会在尾部烟道和烟囱内壁结露，尽管烟气中 SO_2 等酸性气体减少了，但烟气的腐蚀性并不比未脱硫前减小，加上脱硫后烟囱正压区的增大，会使烟囱的腐蚀加大。

3. FGD对烟囱内压力分布的影响

烟囱内是否出现正压是决定烟囱内是否会受到腐蚀的另一重要因素。如果烟囱在负压区运行，则基本上不存在烟气向烟囱外壁渗透问题；如烟囱内出现正压，则烟气会通过内壁裂缝渗透到钢筋混凝土筒体表面，将导致腐蚀的增强，对烟囱的安全运行不利。

脱硫后烟囱进口烟气温度从135℃降到80℃，导致烟气密度增大，烟囱的自抽吸能力降低，这样会使烟囱内压力分布改变，正压区扩大。烟囱内静压分布计算式为

$$\Delta p_s = \left(\frac{\lambda}{8i}+1\right) \times \left(1 - \frac{1}{D_r^4} - 4\frac{D_r-1}{R}\right)p_{ve} \tag{6-10}$$

$$D_r = D/D_0 \tag{6-11}$$

$$R = \frac{(\lambda+8i)p_{ve}}{g(\rho_a-\rho_y)D_0} \tag{6-12}$$

式中 Δp_s——烟囱内静压，Pa；

      λ——烟囱内衬摩擦系数，取0.05；

      i——烟囱内衬坡度；

      D_r——相对直径；

      D——计算高度处烟囱内径；

      D_0——烟囱出口直径；

      p_{ve}——烟囱出口处动压，Pa；

      R——里赫捷尔数，即烟囱静压准则数；

      ρ_a——全年气温最高月份平均温度的大气密度，kg/m^3；

      ρ_y——烟气密度，kg/m^3。

当 $R \leqslant 1.0$，表明烟囱内为全负压；$R > 1.0$ 时，在烟囱内将出现正压。计算得脱硫前，满负荷时，$R=1.955$，最大静压为16.3Pa，出现在标高164.6m处，50%负荷时，$R=0.49$

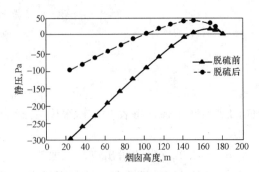

图 6-3　满负荷时脱硫前、后烟囱内静压分布情况

<1.0，烟囱内不会出现正压；脱硫后满负荷时，$R=3.576$，最大静压为 40.5Pa，出现在标高 148.9m 处，50% 负荷时，$R=0.89<1.0$，烟囱内不会出现正压。图 6-3 给出了满负荷时脱硫前、后烟囱内静压分布情况。

从图 6-3 可知，FGD 装置运行前只在 146m 以上出现正压区，而脱硫后正压区扩大到 99～180m 的区间。虽然脱硫后 SO_2 和其他酸性气体浓度有很大减少，但由于烟气温度已在酸露点之下，烟囱内壁必然有酸结露情况发生，日积月累，其腐蚀不容忽视！

4. FGD 对脱硫后烟气抬升高度的影响

脱硫后烟气抬升高度计算式为

$$\Delta H = 1.303 Q_H^{1/3} H_S^{2/3}/v_S \tag{6-13}$$

式中　ΔH——烟气抬升高度，m；

　　　Q_H——烟气热释放率 kJ/s；

　　　H_S——烟囱高度，m；

　　　v_S——烟气抬升计算风速，m/s。

5. 对烟囱热应力的影响

烟囱热应力与烟囱内外温度差成正比，脱硫后温差由脱硫前的约 114℃ 降低到约 59℃，使得热应力减小，对烟囱的安全运行有利。

脱硫前、后烟气抬升高度见图 6-4。由图 6-4 可知，脱硫后烟气抬升高度降低约 80m。地面最大浓度与污染物排放量成正比，与有效源高（烟囱几何高度加烟气抬升高度）的平方成反比，虽然脱硫后烟气抬升高度降低，但由于脱硫后烟气中的污染物已大为减少，因而不会造成更大的环境污染。

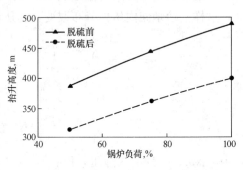

图 6-4　脱硫前、后烟气抬升高度

小结：

（1）脱硫前烟气温度、烟囱内壁温度基本上大于酸露点温度，故烟气不会在尾部烟道和烟囱内壁结露，且在负压区不会出现酸腐蚀问题；而脱硫后烟气温度已低于酸露点温度，烟气会在尾部烟道和烟囱内壁结露，加上脱硫后烟囱正压区的增大，会使烟囱的腐蚀加大。因此在尾部烟道和烟囱的设计时就应当考虑防腐问题。对尾部烟道、烟囱应定期进行检查，发现问题及时处理。另外由于 FGD 入口挡板密封不严，FGD 停运时也有烟气漏入系统，会引起烟道的腐蚀，因此对吸收塔入口挡板后的烟道也应防腐。

（2）脱硫后烟气抬升高度的降低可通过脱硫后烟气中的污染物的减少来补偿，因而不会造成更大的环境污染。

（3）脱硫后温差降低使得热应力减小，对烟囱的安全运行有利。

（4）现行的 DL 5022—1993《火力发电厂土建结构设计技术规定》中规定的腐蚀性指数 K_c 已不能用来说明脱硫后烟气的腐蚀性强弱，在此提出了烟气腐蚀性指数 K_s 的定义，它可以用来判断脱硫后烟气的腐蚀性强弱，指导 FGD 系统烟气再热温度的选定以及防腐材料的铺设，具有重要的实际意义。

九、FGD 对工业水系统的影响

若（老机组改造建 FGD 系统）使用工业水作 FGD 工艺水将影响各个部位冷却水的水压，见图 6-5 及表 6-7。

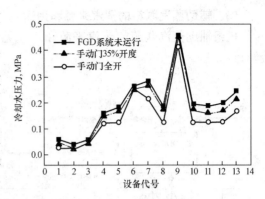

图 6-5　机组各设备冷却水压力下降

表 6-7　　工业水对 FGD 工艺水系统运行的影响（负荷 110～120MW）

序号	设 备 名 称	试验前冷却水压（MPa）	手动门开35%后压力（MPa）	手动门关后压力（MPa）	试验前冷却水压力（MPa）	手动门开100%后压力（MPa）	手动门关后压力（MPa）
1	送风机 A	0.06	0.045	0.06	0.06	0.025	0.06
	送风机 B	表坏	—	—	—	—	—
2	引风机 A	0.038	0.02	0.035	0.038	0.02	0.038
3	引风机 B	0.058	0.042	0.053	0.058	0.040	0.058
4	排粉风机 A	0.16	0.15	0.16	0.16	0.12	0.16
5	排粉风机 B	0.18	0.16	0.18	0.18	0.12	0.18
6	磨煤机 A 减速箱	0.26	0.25	0.26	0.025	0.024	0.025
7	磨煤机 A 前轴承	0.28	0.26	0.29	0.28	0.21	0.28
8	磨煤机 A 后轴承	0.18	0.17	0.19	0.18	0.12	0.18
	磨煤机 B 减速箱	表坏	—	—	—	—	—
9	磨煤机 B 前轴承	0.46	0.45	0.47	0.45	0.41	0.45
10	磨煤机 B 后轴承	0.19	0.16	0.19	0.19	0.12	0.19
11	1 号低压加热器疏水泵	0.18	0.16	0.18	0.18	0.12	0.18
12	2 号低压加热器疏水泵	0.19	0.16	0.19	0.19	0.12	0.19
13	交流调速油泵	0.24	0.21	0.25	0.24	0.16	0.24

第三节　FGD 系统对汽轮机系统的影响

一、相关系统介绍

经 FGD 系统脱硫后的烟气从吸收塔出来只有 50℃ 左右，不能直接排入烟囱，必须经过加热。系统多采用蒸汽加热 GGH 系统，将烟气加热至 80℃ 以上，汽源来自机组辅助蒸汽联箱，FGD 系统凝结水打回除氧头。

二、辅助蒸汽联箱的蒸汽来源和用途

机组辅助蒸汽联箱的蒸汽来源和用途见图 6-6。由图 6-6 可知辅助蒸汽联箱的蒸汽来源有：

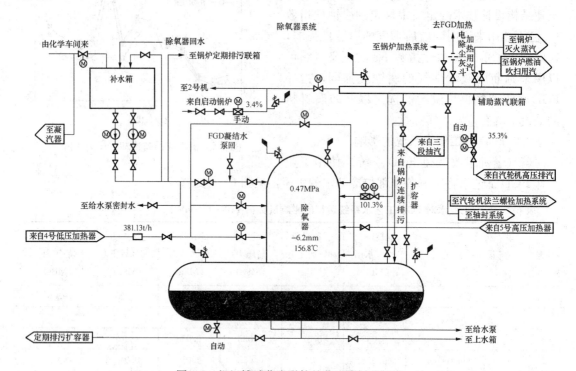

图 6-6　机组辅助蒸汽联箱的蒸汽来源和用途

（1）汽轮机三段抽汽。三段抽汽参数为 0.75MPa/386℃，6.33t/h（用于除氧器加热）。

（2）汽轮机高压缸排汽。高压缸排汽参数为 2.55MPa/318℃。

（3）锅炉。

（4）其他。如高中压汽门阀杆汽封。

辅助蒸汽主要用于机组启动时锅炉底部加热轴封、法兰螺栓加热、除氧器加热、燃油系统吹扫、电除尘灰斗加热、蒸汽灭火等。

FGD 系统使用的蒸汽与电除尘灰斗加热蒸汽为同一路，蒸汽从汽轮机辅助蒸汽联箱出来经过锅炉平台一个手动阀门。在除尘器下有电动阀门将蒸汽隔为两路，FGD 系统未启动时电动门关闭，蒸汽去电除尘灰斗加热，FGD 系统启动时电动门打开，蒸汽去 FGD 系统再热器。

FGD 系统加热蒸汽经调节阀后，在再热器底部分成两路进入加热器，2 台机组共有 4 路，加热后蒸汽凝结成水，汇集在两个凝结水罐中，凝结水经 2 组 4 台凝结水泵，打至除氧器回收。由于 FGD 系统启动初期凝结水不合格，在锅炉定期排污处的回水管路上设有 100％的排地沟旁路。这时补给水需增加 2％。凝结水进入除氧头通过化学补给水泵来的补水管进入。

FGD 系统蒸汽电动门有如下保护：蒸汽 $p \geqslant 0.9$MPa、$t \geqslant 400$℃，保护关闭。

FGD 系统再热器调节阀设计保护条件：蒸汽 $p \leqslant 0.3$MPa、$t \leqslant 270$℃，保护关闭，当烟

气出口温度 $t \leqslant 80℃$，1h 后 FGD 自动关闭。

三、FGD 系统用三段抽汽对汽轮机的影响

FGD 系统满负荷运行时，至 FGD 再热器的蒸汽参数为 0.53MPa/350℃，用汽量约为 16～18t/h。CRT 上汽轮机本体抽汽系统见图 6-7。

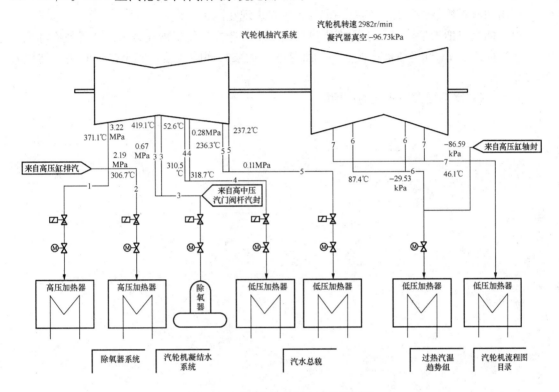

图 6-7　CRT 上汽轮机本体抽汽系统

结论：当三段抽汽被用于加热时，在短时间内，汽轮机本体的二段抽汽至七段抽汽等各段压力略有降低，但温度基本不变，而在停用时各抽汽压力有所上升，但全在正常范围内。三段抽汽的一部分是用于除氧器给水加热的，当 FGD 停用三段抽汽后，除氧器内的压力、水位及温度变化不大，抽汽对于除氧器的正常运行影响不大。

四、高压缸排气加热烟气

在 FGD 满负荷运行时，由于高压缸排汽有足够的汽量，因此只用了 1 号炉的汽。当时高压缸排汽参数为 2.18MPa/307℃左右，至辅助蒸汽联箱的压力设定为 0.57MPa，此时调节门的开度约 32%～39%，辅助蒸汽联箱的压力、温度十分稳定，蒸汽至 FGD 再热器处的参数为 0.54MPa/（264～375）℃左右，蒸汽流量大致在 18～20t/h。

五、用二段抽汽加热

前后各段的压力、温度变化来看，二段抽汽后各段抽汽的压力有所下降，而温度基本无变化。用二段抽汽加热对汽轮机的运行影响不大。

六、凝结水回收对除氧器运行的影响

经 FGD 再热器后的凝结水由凝结水泵打至除氧头，它对除氧器的正常运行影响不大，压力略有下降，水位略有上升，但在正常波动范围内，水温基本不变。FGD 运行初期，凝

结水质不合格不能回收，使得机组补水率增加了约 2%。在 FGD 投运后，运行人员应该经常化验水质，合格后及时回收凝结水。

当停用回收后，除氧器内压力略有上升，水位略有下降，而水温无波动。

七、FGD 对机组经济性的影响

使用抽汽对机组经济性必然有一定的影响，表现在两个方面：

（1）抽汽口增加抽汽量，工质携带热量出系统，造成汽轮机做功减少，装置效率降低。

（2）抽汽在 FGD 再热器中放热后的凝结水又被泵打回除氧器，其余热的利用使装置效率提高。

此外，FGD 系统占用一定的厂用电。

第七章 工 程 实 例

我国自 20 世纪 70 年代开始就进行烟气脱硫技术的研究和工业试验，并于 80～90 年代引进建设了一批烟气脱硫示范工程，但大型火电机组烟气脱硫技术始终未能实现自主开发与应用。大量地重复引进国外技术，导致烟气脱硫行业严重依赖国外技术支持，存在技术费用高，建设周期长等弊端。并且受到授权地与授权时间限制，容易陷入知识产权陷阱，不利于国内电力环保事业的长期健康发展。

为了满足国家社会发展的需要，亟需开发成熟的能够大规模应用的烟气脱硫关键技术，而且要求技术成熟、质高、价低、工期短，如按常规开发模式，不仅耗费大量人力、物力，而且在时间上也无法满足应用要求。在此背景下，江苏苏源环保工程股份有限公司以 WFGD 主流工艺为基点，以中国国情为导向，按照"抓住重点、突破难点"的总体思路，对脱硫过程工艺、关键设备、系统集成及优化、工程设计及项目实施等四个方面的关键技术问题进行了全面系统的研究。构建了研发、设计、工程管理三大平台，并逐步形成了具有自主知识产权的以精准优化（Optimization）、个性化（Individuation）和集成化（Integration）为特点的 OI^2-WFGD 烟气脱硫核心技术，突破了国内尚未掌握大型火电机组烟气脱硫核心技术的障碍。江苏苏源环保工程股份有限公司在多年潜心研究和工程实践积累的基础上，实施了 2005 年度国家火炬计划项目及 2004 年江苏省科技成果转化专项资金项目——大型火电机组烟气脱硫核心技术 OI^2-WFGD 的研发及应用，该技术填补了国内空白，达到国际先进水平。

现以江苏苏源环保工程股份有限公司总承包的太仓港环保发电有限公司烟气脱硫工程（见图 7-1）为例，对湿法石灰石/石膏烟气脱硫系统设备及运行进行说明。

太仓港环保发电有限公司共有 2×135MW、2×300MW 供热发电机组和 2×300MW、2×600MW 凝汽发电机组等 8 台燃煤机组，其中四期工程 2×600MW 超临界机组工程项目由于股权发生转让，现为国华电力公司全资控股。一、二、三期工程于 2002 年 6 月开工建设，2005 年 1 月相继建成投产，并网发电，并顺利投入商业运行。国华太仓发电有限公司 2×600MW 机组工程的建设工作进展顺利，已于 2006 年 1 月全部并网发电。按照国家环保政策，8 台机组均同步投资建设湿法石灰石/石膏烟气脱硫装置，保证 SO_2 达标排放。同时，该项目建设一套供 8 台机组脱硫系统公用并留有销售余量、配有两套磨机的石灰石粉制备系统，以保证脱硫系统吸收剂的供应。

该项目采用江苏苏源环保工程股份有限公司自主开发的 OI^2-WFGD 烟气脱硫核心技术，是我国第一个采用国内自主知识产权技术实施总承包建设的烟气脱硫工程。

一、脱硫系统相关设计规范

1. 脱硫设计参数基本条件表（见表 7-1）

2. 吸收剂石灰石粉参数

$CaCO_3$ ≥96%

表 7-1 脱硫设计参数基本条件

项　目	单　位	1、2 号机组	3、4 号机组	5、6 号机组	7、8 号机组
处理烟气量 （标准状态下）	m^3/h	2×524785 （湿）	2×1018404 （湿）	2×1063740 （湿）	2×1865687 （湿）
装置入口烟气 SO_2 浓度（标准状态下）	mg/m^3	1423（干）	1444（干）	1573（干）	1745（干）
装置入口烟气温度	℃	135.2	125.11	129	129
设计/校核煤质含硫量	%	0.644/1.1	0.644/1.1	0.7/1.1	0.7/1.1

注 装置入口烟气温度最高 160℃，事故情况下最高温度 300℃，持续时间小于 20min。

MgO	＜0.2%
S	≤0.04%
CaO	＞52.5%
SiO_2	＜1.5%
细度（325 目过筛率≥90%）	≤43μm

3. 设计石灰石粉消耗量（见表 7-2）

表 7-2 设计石灰石粉消耗量

项　目		小时耗石灰石量（t）	日耗石灰石量（t）	年耗石灰石量（t）
设计煤种 S=0.7%	1、2 号机组	2.3	50.6	12650
	3、4 号机组	4.72	103.84	25960
	5、6 号机组	5.025	110.55	27637.5
	7、8 号机组	2×4.817	2×105.974	2×26493.5
合　计		21.679	477	119235
校核煤种 S=1.1%	1、2 号机组	4.96	109.12	27280
	3、4 号机组	10.286	226.292	56573
	5、6 号机组	8.508	187.176	46794
	7、8 号机组	2×8.562	2×188.36	2×47091
合　计		40.878	898	224433

注 日耗量按运行 22h、年耗量按照运行 5500h 考虑，100% 负荷。

4. 脱硫运行参数保证值（在满足设计基本条件下）

脱硫效率	≥95%
脱硫系统可用率	≥98%
脱硫石膏纯度	≥90%
脱硫石膏含水率	＜10%
脱硫石膏平均粒径	40μm
$CaCO_3$	＜1%
脱硫石膏 pH 值	6～8
残氯量（标准状态下）	≤0.0002mg/m³

脱硫系统出口烟气温度 ＞80℃（不包括7、8号炉）

装置出口 SO_2 含量（标准状态下） ＜125mg/m³

装置出口烟尘浓度（标准状态下） 2×135 机组＜100mg/m³

4×300 机组＜50mg/m³

2×600 机组＜50mg/m³

钙硫比 ≤1：1.02～1.03

FGD 使用年限 30

脱硫系统适应负荷变化范围 25％～100％

5. 脱硫主要经济技术指标（见表7-3）

表 7-3   **脱硫主要经济技术指标**

序号	项目名称		单位	数量			
				Ⅰ期脱硫	Ⅱ期脱硫	Ⅲ期脱硫	Ⅳ期脱硫
一	年运行时间		h	5500	5500	5500	5500
二	装置利用率		％	＞98	＞98	＞98	＞98
三	装置脱硫率		％	＞95	＞95	＞95	＞95
四	Ca/S比		mol	＜1.03	＜1.03	＜1.03	＜1.03
五	石灰石		t/a	12650	25960	27637.5	52987
六	公用动力消耗	工艺水	m³/h	142	70	112	182
		仪用空气	m³/min			2	2
		冷却循环水	m³/h	200	110	75/125	140/240
		电气设备容量	kW	3787/3920*	7411/289**	8872	14177
七	三废排放	废气（标准状态下）	m³/h				
		废水	t/h			12.6	
		石膏	t/h			26.331	
八	运输量	运入量	t/a			27637.5	52987
		运出量	t/h			144820.5	
九	主装置占地面积		m²			53×120	76×171
十	装置建筑面积		m²			5225	492

* 制粉电气设备容量。

** 脱水装置电气设备容量。

7、8 号锅炉采用一炉一塔和各自配置两台升压风机的方案，不设 GGH。锅炉来的原烟气经升压风机增压后，再会合引出，进入吸收塔进行脱硫。脱硫后的净烟气温度降低到 52.8℃，经除雾器，直接通过烟囱排放至大气。

1～4 号炉及 5～8 号炉的烟气脱硫系统均设置一只事故浆池（罐），供系统发生故障和检修时存放石膏浆液用，事故浆液池容积分别为 900/1200m³。为防止石膏浆液沉淀和腐蚀，凡存有浆液的罐、坑均设置连续运行的搅拌器，并采取防腐措施。

为减少二次污染，对 5、6 号炉和 7、8 号炉烟气脱硫系统进行了改进，增加了一个容积为 25m³ 的塔区排水池，用来收集塔区正常运行、清洗和检修中产生的排出物、收集 FGD 装

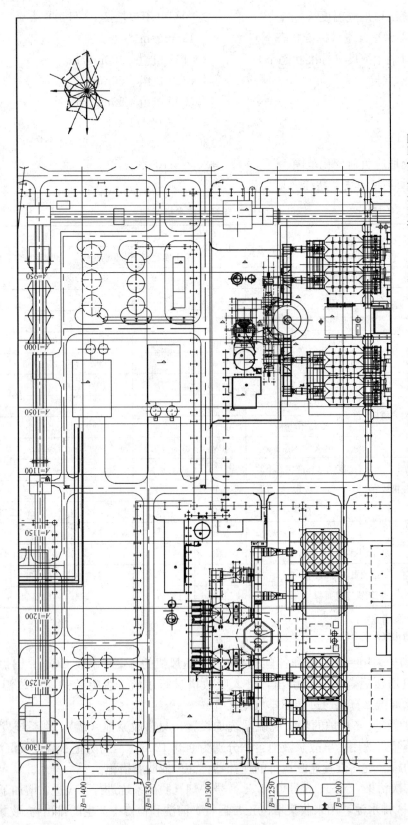

图 7-1 太仓港环保发电有限公司三期与国华太仓发电有限公司 2×600MW 机组 FGD 装置总平面布置图

置的冲洗水和废水，水集满后由安装在池顶的排水泵输送到吸收塔和事故浆液池，为防止坑内浆液中固体颗粒沉积，池顶也安装了搅拌器。这样整个脱硫系统只有少量地坪冲洗水排出，这部分废水偏酸性，被送入工厂污水处理站处理达标后排放。

二、主要设备技术规范

1. 升压风机（见表7-4）

表7-4　　　　　　　　　　　　　　　升 压 风 机

项　目	单　位	数　　值			
		1、2号炉	3、4号炉	5、6号炉	7、8号炉
风机型式		轴流动叶可调	轴流动叶可调	轴流动叶可调	轴流动叶可调
数量	台	1	2（各1台）	2（各1台）	4（各2台）
风量	m³/s	491.30	443.07～499.7	443.07～499.7	419.7
风压	Pa	3848	4320～3600	4520～3600	2820
出口烟压	Pa	500			
入口烟温	℃	135.2	145.1～135.1	135.1	125.1
转速	r/min	735	735	735	735
轴承型式		滚动	滚动	滚动	滚动
润滑方式		压力油润滑	压力油润滑	压力油润滑	压力油润滑
轴功率	kW	2134	2445		
风机效率	%	87.42	86.99	87.42	
制造商		上海鼓风机厂	上海鼓风机厂	上海鼓风机厂	上海鼓风机厂
电动机型式		空空冷	空空冷	空空冷	
数量	台	1	各1台	各1台	
功率	kW	2250	2600	2600	
额定电压	kV	6	6	6	6
额定电流	A	260	300	300	
额定转速	r/min	746	745	745	
绝缘等级		F		F	
制造商		上海电机厂	上海电机厂	上海电机厂	
电动机重量	kg	17600	17600	17600	
总重量	kg	55000	55000	55000	55000
安装位置		烟囱北侧	烟囱北侧	烟囱东侧	

2. 1～6号机组脱硫系统原烟气/净烟气/旁路烟道挡板门（见表7-5）

表 7-5　　　　　　　　1～6 号机组脱硫系统原烟气/净烟气/旁路烟道挡板门

项　目	单　位	旁路挡板	原烟气挡板	净烟气挡板
型式		双密封单板门	空气密封双挡板门	单挡板门
漏风率	%	0	0	0
设计压力	Pa	2000	2000	2000
设计温度	℃			
压降	Pa	＜50	＜50	＜50
开启时间	s	最快 5s/90°	55s	50s
关闭时间	s	78s/90°	55s	50s
框架		净气侧 1.4529 原气侧 Q235A	碳钢	DIN1.4529
轴		DIN1.4529	35 号	DIN1.4529
叶片		碳钢衬 1.4529	DIN1.4529	碳钢衬 1.4529
密封材料		Alloy276	Alloy276	Alloy276
制造商		无锡市华东电力设备有限公司		

3. 气—气热交换器（GGH，见表 7-6）

表 7-6　　　　　　　　　　　气—气热交换器

项　目	单　位	数　值			
		1、2 号炉	3、4 号炉	5、6 号炉	7、8 号炉
型　式		回转再生式	回转再生式	回转再生式	无 GGH
数　量	台	1	1	1	
泄漏率	%	＜1	＜1	＜1	
转子直径	mm	10560	15520	15520	
加热面积	m²	10586	28863	28863	
原烟气侧进口温度	℃	135.2	125.1	125.1	
原烟气侧出口温度	℃	101	89.3	89.3	
净烟气侧进口温度	℃	47.22	45.53	45.53	
净烟气侧出口温度	℃	80	80	80	52.8
加热元件		脱碳钢镀搪瓷	脱碳钢镀搪瓷	脱碳钢镀搪瓷	
加热元件钢片厚度	mm	0.75	0.75	0.75	
加热元件搪瓷镀层厚度	mm	0.4	0.4	0.4	
总质量	t	139	298	298	
制造商		豪顿华工程有限公司	豪顿华工程有限公司	豪顿华工程有限公司	

4. GGH 吹扫器及清洗装置（见表 7-7）

表 7-7 GGH 吹扫器及清洗装置

项 目	单位	1、2号炉		3、4号炉		5、6号炉		7、8号炉	
吹扫清洗介质		压缩空气	工业水	压缩空气	工业水	压缩空气	工业水	压缩空气	工业水
工作压力	MPa	0.65	0.5	0.65	0.5	0.65	0.5	无	无
吹扫介质耗量	m³/h		39.6		39.6				
数量	组	1		2		2			
吹扫时间	min	43		155		155			
喷嘴数量	只	6		6		6			
型式		在线	离线	在线	离线	在线	离线		
安装位置		GGH 冷端		GGH 冷热端各 1 台					
伸缩长度	mm	3830		6019		6019			
电机功率	kW	0.55		0.55		0.55			
制造商		Ciyde Bergemann							
安装位置		GGH 冷端		GGH 冷热端各 1 台					

5. 吸收塔（见表 7-8）

表 7-8 吸 收 塔

项 目		单 位	数 值			
			1、2号炉	3、4号炉	5、6号炉	7、8号炉
	型 式		圆柱	圆柱	圆柱	圆柱
	数量	座	1	1	1	2
	入口烟气流量	m³/h	1377837 湿设计工况	2853435 湿设计工况	2853435 湿设计工况	2779009 湿设计工况
	出口烟气流量	m³/h	1252640 湿设计工况	2585758 湿设计工况	2585758 湿设计工况	2363809 湿设计工况
	Ca/S		1.03	1.03	1.03	1.03
	筒体设计进口温度	℃	101	89.3	89.3	125.1
	筒体设计出口温度	℃	46.7	45.53	45.53	52.8
	吸收塔直径	mm	11000	16000	16000	16000
(1) 吸收塔	吸收塔浆池直径	mm	12000	16000	16000	16000
	吸收塔高度	m	40.13	39.6	39.6	39.6
	吸收塔容积	m³	1130	2271	2271	2271
	液气比（标准状态下）	L/m³	14	16	16	16
	浆液循环时间	min	4	4	4	4
	浆液含固量（正常）	%	20	20	20	20
	吸收塔浆液高度	m	9.63/10（正常/最高）	11.3	11.3	11.8
	吸收塔设计压力	Pa	−1000/4000	−2000/5000	−2000/5000	−2000/5000
	吸收塔工作温度	℃	50 正常（40/180）最低/最高	50 正常（40/180）最低/最高	50 正常（40/180）最低/最高	48 正常（40/180）最低/最高

项 目		单 位	数 值			
			1、2号炉	3、4号炉	5、6号炉	7、8号炉
(2) 浆池	浆池设计压力		浆液自重压力	浆液自重压力	浆液自重压力	浆液自重压力
	浆池设计温度	℃	60	60	60	60
	防腐内衬		鳞状玻璃	鳞状玻璃	鳞状玻璃	鳞状玻璃
	外形尺寸	m	11×12	16	$\phi16×39.13$	$\phi16×36.23$
	吸收剂容量	m³	1130	2271	2371	2371
	吸收剂含量	%	20	20	20	20
	氯含量	$×10^{-6}$	20000	20000	60000	60000
(3) 喷淋管道	喷淋管型式		单管制	单管制	枝状	枝状
	喷淋管数量	层	4	4	4	4
	喷淋管材质		玻璃钢FRP	玻璃钢FRP	玻璃钢FRP	玻璃钢FRP
	喷淋喷嘴型式		螺旋	螺旋	螺旋	螺旋
	喷嘴数量	只	192	420	420	432
	喷嘴材质		陶器	碳化硅	碳化硅	碳化硅
	工作压力	MPa	0.05	0.05	0.05	0.05
	喷淋角度	(°)	80°/100°/120°	80°/100°/120°	80°/100°/120°	80°/100°/120°
(4) 氧化装置	氧化装置数量	组	4	4	4	4

6. 吸收塔循环泵（见表7-9）

表7-9　　　　　　　　　　　吸 收 塔 循 环 泵

项 目	单 位	数 值			
		1、2号炉	3、4号炉	5、6号炉	7、8号炉
型 式		离心式	离心式	TY-GSI-SY70258 离心式	离心式
数 量	台	4	4	4	
流 量	m³/h	4×4896	4×10710	4×10710	
出口压头	m	22/24.5/27/29.5	24/26.5/29/31.5	23.5/26/28.5/31	
浆液浓度	%	22/20/15/45 最大/设计/最小/停机			
浆液密度	kg/m³	1150/1130/1103/1350 最大/设计/最小/停机			
浆液温度	℃	48/47/43.5/55 最大/设计/最小/停机			
泵效率	%	88.5/85.5/85/55	88/88/87.5/87.5	88/88/87.5/87.5	
轴功率	kW	400/500/560/630	1000/1120/1250/1400	1000/1120/1250/1400	
转速	r/min	550/575/600/620	450/465/485/495	450/465/485/495	
驱动方法		电动机驱动	电动机驱动	电动机驱动	
制造商		石家庄泵业集团有限公司	石家庄泵业集团有限公司		
电动机型式		全封闭风扇冷却	YKK560-3-6	YKK5004-4/YKK5601-4/YKK5602-4/YKK5602-4	

项　目	单　位	数　值			
		1、2 号炉	3、4 号炉	5、6 号炉	7、8 号炉
功率	kW	400/500/560/630	1120/1120/1250/1400	1120/1250/1400/1400	
电压	kV	6	6	6	
电流	A	55.4/61.5/68.2/76.4	133.2/133.2/146.8/164.2	130.3/143.5/160.6/160.6	
制造商		南阳防爆集团有限公司	西安电机厂	湘潭电机股份有限公司	
安装位置		一期电气楼底室内	二期吸收塔右侧室外	三期电气楼底室内	

实践表明，采用江苏苏源环保工程股份有限公司自主开发的 OI^2-WFGD 技术总承包建设的太仓港环保发电有限公司一～三期机组和国华太仓发电有限公司 $2 \times 600MW$ 机组烟气脱硫装置一次投运合格率达 100%，脱硫效率 >95%，Ca/S<1.03，石膏纯度 >90%，运行状况良好，各项指标均达到或超过国际先进水平，同时大幅降低了投资和运行费用，缩短了建设周期。该技术具有如下几方面的特点：

（1）成功研制出了吸收塔浆液循环泵、FRP 喷淋管、浆液喷嘴、侧进式搅拌器等脱硫核心设备并应用于实际工程，替代进口产品，促进了国内相关制造业的发展。

（2）建立了包含所有速率控制步骤的烟气脱硫过程化学模型、物料及热量平衡计算模型以及脱硫剂活性及其强化途径的实验方法，其计算值与实际测试数据相当吻合。

（3）创立了以数值模拟、实验测量和工程回归相结合的大型工艺平台开发模式，突破了"设计—台试—小试—中试—工程应用"的传统模式以及因次分析、相似理论等限制，成功解决了脱硫多相反应器的设计放大问题，超越了大型过程工艺开发大型化难、周期长、成熟慢、一次设计达标精度低等老难题，避免了旷日持久和费用高昂的逐级开发过程，并实现了研究成果工程化的一次达标，对其他类似开发具有较好的借鉴性。

（4）填补了我国烟气脱硫领域自主核心技术空白，打破了国外技术的垄断，大大降低了火电机组脱硫的投资和运行费用，拓展了我国自有烟气脱硫技术的市场份额。有利于 SO_2 减排和总量控制，脱硫石膏可以回收进行综合利用。

目前，利用 OI^2-WFGD 技术实施的 EPC（交钥匙）脱硫工程逾 13 项，总装机容量超过 7885MW，投产的 OI^2 成套装置一次投运成功率达 100%，脱硫效率均 >95%，Ca/S<1.03，石膏纯度 >90%，各项指标先进，运行情况良好。

具有自主知识产权的核心工艺包 OI^2-WFGD 的成功开发及应用，彻底打破了我国在大型火电厂脱硫领域缺乏自主核心技术的历史，有效降低脱硫装置总投资的 15%～20%。针对国情实施工艺创新研发获得国家多项专利，形成了自主知识产权专利群，突破了国外技术壁垒，实现了技术的可升级性，对促进行业的进步起了重要的作用。

先进、成熟、经济的具有自主知识产权的核心工艺包 OI^2-WFGD 的成功开发及应用，突破了国外公司的技术壁垒，大幅度压低了国外技术的要价，实现了关键技术的可升级性，提高了对国情的适应能力，并促进了国内相关环保技术研究水平的提高和设备制造产业的发展。同时，该技术符合国家可持续发展的国策，对我国循环经济的发展有着良好的推动作用。

附录　太仓港环保发电有限公司脱硫装置运行规程

一、适用范围

（1）本规程为规范脱硫设备运行管理工作而制定，规定了江苏太仓港环保发电有限公司脱硫系统运行的管理职责、管理内容与方法、报告与记录。

（2）本规程适用于太仓港环保发电有限公司 $2\times135MW$ 及 $2\times300MW$ 供热发电机组和 $2\times300MW$ 及 $2\times600MW$ 凝汽发电机组烟气脱硫系统的运行操作、维护及事故处理。

二、规范性引用文件

（1）太仓港环保发电有限公司 $2\times135MW$ 及 $2\times300MW$ 供热发电机组和 $2\times300MW$ 及 $2\times600MW$ 凝汽发电机组烟气脱硫技术文件。

（2）电力安全工作规程。

（3）其他电厂同类脱硫系统运行规程。

三、下列人员必须熟知本规程

（1）生产副总经理、总工程师、副总工程师。

（2）发电部、安全生产部、设备管理部、燃化部经理（经理助理），有关专业技术人员和运行人员。

（3）燃化部脱硫专业技术人员，检修和运行人员。

四、编写说明

为保证脱硫装置正常安全运行，使脱硫装置的运行、维护、操作程序化、规范化，特制定本规程。同时考虑到烟气脱硫在我国还是一项比较新的技术，为了帮助大家掌握，在规程中增加了部分对系统和设备的作用、功能解释性的叙述。本规程处于试用阶段。编写人员在资料少，现场处于调试和试运阶段，操作经验不足的条件下为满足运行需要编写本运行规程，难免存在许多问题和不足之处，有待于本规程使用一年后重新修改。恳请广大运行人员、检修人员、专业技术管理人员及公司领导提出宝贵意见。同时，我们将通过收集资料和运行实践，不断对本规程补充和完善，指导运行操作和事故处理，充分发挥脱硫装置的作用。

本规程自下发之日起正式试行。

五、脱硫系统检修后的验收和试验

（一）大修后的验收总则

（1）脱硫装置经过检修后，负责检修的单位应向燃化部提供检修总结、验收报告、设备异动报告和向运行交底的详细说明。

（2）燃化部应组织本部门技术管理和运行人员参加二级及以上检修项目的验收；参加各项主辅设备的单机及系统试运行，并详细记录各种原始数据，确认其在规程规定的范围内；参与调试、试验并确认 DCS 控制系统的逻辑关系正确、保护和连锁动作正常。

（3）所有启动前的验收资料应作为档案资料集中保管在燃化部。

（二）大修后的检查验收

（1）所有检修工作票终结，检修人员及检修工器具撤出运行现场，安全措施撤消，脚手架拆除，设备、周围环境、通道清洁无杂物，照明充足。

（2）转动设备的地脚螺栓和对轮螺栓连接牢固，对轮防护罩完好且安装牢固；润滑油化验合格，油位在油位计的中心线以上并在上下限红线以内，油系统无泄漏，油位计及油面镜清晰完好，试投油箱加热器，确认其工作正常；轴承冷却水清洁、畅通、可控；进、出口挡板（阀门）完好、开关灵活并置于关闭位置；电动机接地线完好、牢固；周围无妨碍启动的物件。

（3）所有设备外观无异常，保温完好，设备名称标牌、管道色环、旋转方向和介质流向标志正确、清晰。

（4）检查确认烟道，吸收塔，除雾器，各水箱及坑、池，增压风机，GGH 内部清洁无异物，防腐层完好，空置无介质。检查后将人孔、排出阀等关闭严密。

（5）各手动、气动、电动风、阀门应严密且开关灵活，行程完整，动、静密封面严密无泄漏。各气动、电动阀门开关就地指示与 DCS 显示相符，将各阀门置于关闭位置。

（6）石膏输送皮带及各机械传动 V 形皮带松紧合适。

（7）DCS 系统调试完毕，组态参数正确，各系统仪用电源投入；各自动装置、保护装置、报警装置经过调试正确投入；就地仪表、测点安装结束，接线牢固，位置正确；变送器、传感器测量、试验正常；各项试验数据、验收手续齐全。

（8）就地控制柜工作正常，指示灯试验正确。

（9）配电装置表计齐全完好并经过校验；端子排、插接头无异常松动现象。

（10）各开关、接触器分、合闸指示明显、正确，分、合闸试验合格，开关在试验位置。

（三）大修后的试验项目

（1）机械设备试运转的目的是在脱硫系统正式运行前，通过试转检查、测量电动机和机械设备的电流、振动、温度、声音以及是否能够实现设计指标等。确认在规定的时间内试转没有异常，如有异常，在正式启动前应予以消除。在试运转的同时，对设备的启、停，连锁过程，次序，时间，报警及跳机的保护定值进行检查与测试。

（2）所有机械设备在试运转前均应解开对轮连接螺栓对电动机进行单独试转 1~4h，检查其振动、温升、电流、方向，确认正常后重新连接对轮，在相应的力矩下盘动转子正常，无卡涩和异常声音。电动机在试转供电前应确认绝缘电阻合格。

（3）输送皮带及给料机的机械试运转应在空载的情况下完成。钢球磨粉机的试转应按照说明书的要求从空载到逐步增加磨料量直至全部磨料装载量分阶段进行，在其间应由安装人员穿插进行其钢瓦的复紧工作。

（4）回转机械试运转原则上应连续进行 1~4h，如试转负责人认为有必要延长时间，试转可继续进行，但应在记录本上写清楚延长试转时间的原因和结果。

（5）在试运转期间，应定期检查试转设备并测量和记录：电动机电流（空、实载），轴承温度，轴承振动，噪声，进、出口压力，转速，随挡板（风门、阀门）开度变化产生的电流及流量的变化曲线，设备挡锁、报警及保护，并确认其是否在正常值范围内等。

（6）远方操作所有风门、挡板，气动、电动阀门均应动作灵活，开、关到位。

（7）在试运转期间，热控人员应检查、校核、调整电动执行机构及电动头的行程和力矩，阀门、风门挡板的实际开度与 DCS 画面相匹配，连锁逻辑正确，保护动作正确。

（8）在试转期间，电气人员应认真观察和检查变压器、开关、电动机的运行情况，记录各项参数，检查和校验保护定值、电气连锁和事故开关。

（9）下列设备均应参加调试，并在试运转前向运行提供调试报告：脱硫装置进口原烟气挡板；脱硫装置出口净烟气挡板；烟气旁路挡板；烟气挡板密封空气风机；增压风机；增压风机液压油泵；增压风机密封空气风机；气—气加热器（GGH）；GGH 高压泵；GGH 密封空气风机；GGH 冲洗泵；GGH 废水泵；GGH 冲洗池搅拌器；吸收塔；吸收塔循环泵；吸收塔排浆泵；吸收塔搅拌器；事故浆液泵；事故浆池搅拌器；氧化风机；除雾器；真空泵；滤液泵；过滤器及石膏清洗泵；废水泵；密封水泵；工业水泵；石膏区域排放泵；石灰石粉仓流化风机；石灰石粉给料机；石灰石浆池搅拌器；过滤池搅拌器；石膏区域排放池搅拌器；石灰石浆液泵；石膏脱水皮带机；石膏分离器；浓缩器；脱硫区域空气干燥器；石灰石区域空气干燥器；DCS控制系统；电气开关、保护、连锁。

（四）设备试运转前的准备

（1）检查、测试设备的启动/停止电路，连锁电路，控制电路已正常；过载继电器及接地继电器驱动测试工作完成。

（2）测量电动机、电缆的绝缘电阻合格后供上设备电源。

（3）供上热控仪器、仪表电源，检查仪表工作正常。

（4）杂用气管道及仪用气管道的冲洗工作已完成，内外部杂物已冲洗去除干净。

（5）水箱及水池内部清洁并注满工业水至指定水位（允许启动液位以上），并确认液位计显示值与水箱水池实际测量值相等，没有漏水现象。

（6）各转动设备润滑油化验合格，检查各设备润滑油位正常，所有冷却水畅通，启动油箱加热器或开启冷油器，调整油温在规定的范围内。

（7）由速度控制器调整的气动阀门的开/关速度校正已完成，然后用手动开关来确认它的操作情况正常。

（8）用皮带驱动的设备，确认主动轮与从动轮之间的调整校正已完成，已安装好合格的皮带，皮带紧力合适，待机械试转完成后，再次测量皮带紧力并调整。

（8）设备控制用世界继电器已被调至标定值。

（五）设备试运转的注意事项

（1）启动转动设备时，调试人员除采取常规防护措施外，应站立在转动设备的轴向位置，防止意外伤人。

（2）在规定时间内，高压电动机启动的次数不应超过规程的规定。根据 GB 50170—1992 规定：交流电动机的带负荷启动次数，应符合产品技术条件的规定，当产品技术条件无规定时，可符合下列规定：

1）在冷态时，可启动两次。每次间隔时间不得小于 5min。

2）在热态时，可启动一次，当在处理事故以及大的电动机启动时间不超过 2～3s 时，可再启动一次。

（3）防止身体及工具接触转动部件。

（4）试运转前应充分考虑在发生异常时连锁、保护动作不正常的处理预案，以确保设备和人身安全。

（5）试运转设备在启动后发生明显异常并有损坏设备或伤害人员的可能时，应立即停止机械试转；在机械试运转期间如听到不正常声音或振动、温度异常升高时应在确保人身和设备安全的前提下采取检查、复紧地脚螺栓，适当添加或更换润滑油等措施，并继续监视其发展情况，如仍然异常时，应停止故障设备试运转，待查明原因并处理正常后方可重新启动试转。

（6）试运转结束，残留于设备和管道内的介质必须尽可能地排出。如在机械试运转后设备不立刻投入运行，则应将电动机和其他电气设备的电源切断并对设备进行必要的保养。

（六）设备试转的测试项目

（1）大型高压电动机和设备初次启动应测量和记录电流从启动到回落的时间、空载和变负荷工况下的电流值。其启动、运转和停止的操作应服从测量电流人员的命令。

（2）检查与记录设备连锁动作次序与时间；检查与测试报警定值及连锁保护定值；检查和校验事故按钮。

（3）检查电动机的电流是否在规定的范围内；检查机械和电动机的振动和温升是否在规定范围内；检查噪声是否正常，是否有异味存在，有无液、气体泄漏，水箱及水池液位的波动是否在规定范围内；检查电动、气动阀门是否正常动作；详细记录。

（4）电动机及机械设备试转正常的标准。

（5）电动机和机械设备试运转时间为 $1\sim4h$，其间轴承温升，滑动轴承温度不应超过80℃，滚动轴承温度不应超过95℃。

（6）机械试运转时设备无异声，机械振动在正常范围内（见附表1）。

附表 1　　　　　　　　　不同转速下机械振动的正常范围

项　目	数　值			
同步转速（r/min）	3000	1500	1000	750 及以下
双倍振辐值（mm）	0.05	0.085	0.10	0.12

（7）电动机运行电流不超过铭牌额定值。

（8）对上述参数制造厂家有特殊规定的按制造厂规定执行。

（七）水循环模拟试验

（1）水循环试验的目的是用水代替石灰石浆液及石膏浆液，对脱硫系统的所有设备进行模拟运行，按照设计要求检查和证实系统的严密性、可靠性，同时对脱硫装置的控制系统，系统的启动与停止顺序，与系统相关的连锁、保护进行检查。以预先发现在脱硫系统正式启动后可能会发生的设备缺陷和故障。

（2）水循环试验的范围：用于处理石灰石浆液、石膏浆液的设备和系统（除 GGH 冲洗水系统、事故浆池搅拌器、石膏区域排放池搅拌器外）。

（3）水循环试验的合格标准：

1）在试验中进行控制系统的初步调整，确认逻辑关系正确；

2）脱硫装置的水循环的控制系统及其启动和停止的操作顺序、相关的运行参数、连锁及保护正常；

3）设备运转正常，无泄漏，系统实现水平衡；

4）确认所有控制阀门的流量特性曲线。

（4）水循环试验的准备：

1）检查和确认；

2）足够的符合要求的水源；

3）DCS控制系统已具备使用条件；

4）所有仪表校验、测试及连锁、保护测试已完成；

5）与水循环有关的泵、搅拌器的机械试运转已完成；

6）原烟气挡板门、净烟气挡板门已经与控制系统隔绝；

7）水循环系统具备启动条件。

（5）水循环试验的注意事项：

1）水循环试验应不影响锅炉安全运行，旁路挡板门固定全开，原烟气、净烟气挡板门关，其密封风机运行，FGD与锅炉烟气系统隔离。

2）在水循环期间必须严格监视吸收塔、石灰石浆罐及滤液罐的液位，由于液体密度不同，DCS显示的液位可能略低于吸收塔等设备实际的液位，运行人员应根据情况来掌握吸收塔的实际液位。

（6）水循环试验的启动操作和要求：

1）将下列设备注水至正常液位（见附表2）。

附表2　　　　　　　　　　　　　各设备注水的正常液位

设备名称	单　位	数　　　值			
		1、2号炉	3、4号炉	5、6号炉	7、8号炉
吸收塔	m	5.6	6.9	6.9	
石灰石浆池	m	1.75	1.75	1.75	
工业水箱	m	3.8	2.8	2.8	
石膏缓冲罐	m	1.5		1.5	
滤液水箱	m	2.8		2.8	

2）在满足系统和设备无故障信号、无维修信号、无冲洗信号，各处水位均符合启动液位要求，进、出口门在启动前状态，单体设备经过启动前的检查并符合启动要求后，在DCS上依次启动下列设备：

工艺水泵；　　　　　　　　吸收塔搅拌器；

滤液罐搅拌器；　　　　　　石灰石浆罐搅拌器；

吸收塔地坑搅拌器；　　　　石膏缓冲罐搅拌器；

吸收塔石膏排出泵；　　　　石膏缓冲罐进料泵；

废水旋流站进料泵；　　　　吸收塔排浆泵；

吸收塔循环浆泵。

3）在依次启动上述设备时，控制室操作人员应得到就地检查并旁站监视人员的许可后方可进行启动操作。

4）一台设备启动正常后，通过自动或手动远操打开相关进、出口门并停止在需要的位置上，经检查人员确认设备启动成功并正常后方可联系进行下一台设备的启动。

5）所有设备启动正常后，调节各处运行工况，保持流量、水位、压力符合系统水平衡的要求，机械运转正常。

6）试验结束后，反启动次序逐台停止试验设备运行并关闭相应的阀门。

（7）将试验取得的各项特性曲线和文字记录存档。

（八）脱硫系统紧急停机按钮试验

（1）在脱硫系统大修结束或结合锅炉大、小修停炉的机会，应对脱硫系统紧急停机按钮进行试验，以检验和确保脱硫系统紧急停机保护功能的正常。

（2）脱硫系统紧急停机按钮保护功能：在紧急情况下，按脱硫系统紧急停机按钮，连跳升压风机、吸收塔循环泵，在5s内快速打开旁路烟道挡板，关闭原烟道挡板和净烟道挡板，开启吸收塔排气门。

（3）试验步骤：

1）拆下各挡板执行器接线与仪表信号隔绝，由模拟信号完成。

2）在CRT上将各烟气挡板门置于下列位置：原烟气挡板门"开"；净烟气挡板门"开"；旁路挡板门"关"。

3）开关在试验位置上启动升压风机。

4）开关在试验位置上启动一台吸收塔循环泵。

5）准备工作完成后，听从试验负责人的命令，按下脱硫系统紧急停机按钮。

6）升压风机跳闸，动调叶片自动关闭；旁路挡板门在5s内迅速打开；原、净烟气挡板门自动关闭。观察连锁动作情况，测量试验过程中进、出口挡板关闭时间和旁路挡板打开时间是否符合设计要求。

7）试验正常后，将各挡板执行器接线恢复到正常状态。

8）如条件允许，可采用同样操作步骤，进行实际操作试验，但必须经过脱硫主管批准和当值值长同意后方可进行。

9）将各项特性曲线和文字记录存档。

（九）通烟气试验

1. 试验目的

首次通烟气试验是对烟气系统及吸收塔系统所有设备进行模拟运行，按照设计要求检查和证实系统的严密性、设备的可靠性，同时再次对脱硫装置控制系统的启动与停止顺序，与系统相关的连锁、保护进行检查，以发现在脱硫系统正式启动后可能会发生的设备缺陷和故障。特别是通过试验可对各个烟气挡板门的可靠性、灵活性、严密性以及对锅炉机组的影响作一个初步的测定，对各仪表测点进行标定与校核并与设计值比较。为系统调试和今后的正常投运打好基础。

2. 试验条件

（1）FGD系统已通过水循环试验，各个箱、罐、池、管路、阀门以及所有设备均合格，无泄漏，环境、通道、照明、通信均满足要求。

（2）FGD系统所有设备均单体试验合格。

（3）FGD各个单系统设备仪表及控制顺序、热工信号、连锁保护均已安装完毕并试验合格。

（4）水、电、汽、气等公用系统均可正常备用。

（5）吸收塔已配好石膏浆液，石灰石浆液池已配好充足且密度合格的石灰石浆液。

（6）脱硫系统"紧急停机"按钮试验合格。

3. 试验步骤

（1）汇报值长并得到批准。

（2）依次启动冲洗水泵、压缩空气系统、GGH系统包括其密封风机。

（3）启动石膏排出泵和石灰石浆液泵打循环。

（4）启动循环浆液泵（至少两台）及氧化空气系统。

（5）关闭吸收塔顶部排空门，开启净烟气挡板门。

（6）启动升压风机后开启原烟气挡板门，设有升压风机出口门的开启升压风机出口门。

（7）调整升压风机导叶，视情况缓慢关闭旁路挡板门。

（8）投入除雾器冲洗、pH 仪冲洗和石灰石进浆系统。

4. 试验项目

（1）检查、测量、校对现场测量与 CRT 上指示的烟气系统入口氧量、二氧化硫、烟气温度、烟气流量、含尘量、入口压力等。

（2）检查、测量、校对现场测量与 CRT 上指示的烟气系统出口氧量、二氧化硫、烟气温度、GGH 原烟气侧与净烟气侧压差及温度、GGH 出口压力等；

（3）检查、测量、校对现场测量与 CRT 上指示的吸收塔内浆液 pH 值、工艺水耗量、石灰石耗量、电耗、各种挡板门的开度及升压风机导叶开度对锅炉及脱硫系统的影响等。

（4）动态校验升压风机故障跳闸时旁路挡板门快速开启的功能。

5. 试验注意事项

（1）做好升压风机和 FGD 进、出口挡板门误动的事故预想和防范措施。在试验旁路挡板门关闭时锅炉运行人员要做好事故预想，试验人员要采取确保旁路挡板门快速开启的其他措施。

（2）缓慢调节升压风机导叶，以减少对锅炉负压的挠动。

（3）按时记录现场测量及控制画面参数。

（4）加强对系统试运的巡查及监视。

（5）试验过程中的各项特性曲线和文字记录存档。

6. 脱水系统试验条件

（1）测量电气设备绝缘合格；DCS 系统组态已完成；连锁保护定值设定完整正确；所有仪表已校验。

（2）脱水系统所有设备及管道已安装完毕；转动设备已经过单体调试，轴承、齿轮箱油位正常；冷却水畅通。

（3）石膏脱水系统及相关设备系统已冲洗完毕，系统内无杂物。

（4）安全通道、照明、消防已验收合格。

（5）系统阀门开关灵活，严密。

（6）各项文件齐全。

7. 脱水系统试验步骤

（1）石膏脱水系统分系统进行相关管路冲洗。

1）冲洗水系统自身冲洗。

2）用冲洗水冲洗石膏一级脱水及废水处理系统。

3）冲洗真空皮带机系统。

（2）在石膏脱水分系统管道冲洗完毕之后，启动冲洗水泵。

（3）用冲洗水对石膏缓冲罐注水至搅拌器启动的最低液位，启动搅拌器。

（4）投入真空脱水皮带机的润滑水和密封水，启动真空皮带脱水机，进行相关的连锁试验。

（5）启动真空泵。

（6）注水至石膏旋流站进料泵启动的液位时，启动石膏旋流站进料泵。

（7）启动滤布冲洗水泵，冲洗滤布之后，排至滤饼冲洗水箱。

（8）启动滤饼冲洗水泵，冲洗皮带机上的石膏，用已洗去石膏中的氯离子和其他杂质。冲洗石膏后的水由真空泵抽至真空盒，经由汽水分离器排至滤液水箱。

（9）水由石膏旋流站进料泵送至石膏旋流站后，一部分到石膏旋流站溢流箱，另一部分由底流箱流至真空皮带机。

（10）旋流站溢流箱的水排至废水旋流站，底流排至滤液水箱，再返回至脱硫系统作为石灰石制浆水排至石灰石制浆池，以提高吸收剂的利用率。废水旋流站的废水由废水旋流站溢流后进一步处理。

8. 制浆系统试验条件

（1）电气设备已完成安装调试，设备在冷备用状态，具备供电条件。

（2）热控设备已完成安装调试，分散控制系统软件及组态已完成调试，热控仪表及装置单体调试已完成。

（3）对照图纸检查设备和系统安装正确，外观正常，电动机和泵已试运转完毕。

（4）料仓和管道内清洁无杂物；石灰石浆液池清洁无杂物；管道支吊架完好；旋转设备防护罩完好并安装牢固。

（5）设备润滑油充足、油质符合要求；冷却水畅通无泄漏；照明充足，环境清洁无杂物。

9. 制浆系统试验步骤

（1）石灰石浆液池内水位足够高时，启动石灰石浆液池搅拌器，连续试运行 4h 并定期检查其轴承温度、振动、声音、电流变化、润滑油位变化和设备的密封性能在允许的范围内。

（2）启动石灰石浆液泵，打开其进、出口门和循环门试运行 4h 并定期检查其轴承温度、振动、声音、电流变化、润滑油位变化和设备的密封性能在允许的范围内。

石灰石浆液泵的启动程序如下：

1）检查并关闭石灰石浆液泵冲洗水电动门；

2）检查并关闭石灰石浆液泵出口电动门；

3）打开石灰石浆液泵冲洗水电动门并延时 10s；

4）关闭石灰石浆液泵冲洗水电动门；

5）启动石灰石浆液泵；

6）打开石灰石浆液泵出口电动门。

石灰石浆液泵的停止程序如下：

1）停止石灰石浆液泵；

2）关闭石灰石浆液泵出口电动门；

3）打开石灰石浆液泵冲洗水电动门；

4）延时 5s 关闭石灰石浆液泵冲洗水电动门。

（3）在实际运行中，当运行泵停运，备用泵不启动时仍需打开石灰石浆液泵出口电动门和石灰石浆液泵至吸收塔冲洗水电动门，对去吸收塔的石灰石浆液母管进行冲洗。

（4）进行石灰石浆液搅拌器、石灰石浆液泵的连锁试验。

（5）石灰石浆液池（箱）工艺水调节闭合控制回路根据石灰石浆液池（箱）内的浆液密度控制进入石灰石浆液池（箱）的补水量。

（6）石灰石粉给料调节闭合控制回路根据石灰石浆液池（箱）内的浆液液位和密度控制进入石灰石浆液池（箱）的石灰石粉量。

10. 石灰石制浆系统启、停程序

（1）启动程序。步骤如下：

1）石灰石浆液池（箱）滤液水调节阀设为自动；

2）打开石灰石浆液粉水混合器进水门；

3）打开流化风机出口母管对空排气门；

4）启动流化风机，延时 10s 关闭对空排气门；

5）打开石灰石粉仓流化风电动门；

6）打开旋转给料阀压缩空气电磁阀；

7）旋转给料阀自动调节。

（2）停止程序。步骤如下：

1）关闭旋转给料阀；

2）关闭旋转给料阀压缩空气电磁阀；

3）关闭石灰石粉仓流化风电动门；

4）打开流化风机出口母管对空排气门；

5）停止流化风机，延时 10s 关闭对空排气门；

6）关闭石灰石浆液粉水混合器进水门；

7）石灰石浆液池（箱）滤液水调节阀设为手动。

六、脱硫系统的启动

冷备用状态启动：脱硫装置新安装后第一次投入运行、脱硫装置经过检修或其他原因长时间停运，所有的浆罐无吸收剂和水，全部机械设备停运，所有的操作从"空机"状态开始。

热备用状态启动：脱硫装置因为部分设备消缺检修或其他原因经过短时间停运，除烟气系统未投入运行，其他系统均处于备用或运行状态的启动操作。

（一）脱硫系统启动前检查

（1）确认所有检修工作已结束，工作票已全部终结，安全措施撤消；现场杂物清除干净，各通道畅通，照明充足，栏杆楼梯安全牢固，各沟道、地面、设备清洁，盖板齐全。

（2）各转动设备油位正常、油质良好、油位计和镜面镜清晰完好、无渗漏油现象，冷却水畅通，水温正常。

（3）因检修、设备及系统改动或其他原因造成的设备名称、编号、色环、介质流向等各种标志清晰、完整、正确。

（4）烟道、地坑、沟、箱罐、塔、仓和 GGH 等内部已清洗干净，防腐层完好、无遗留物，各人孔门检查后关闭，烟道、管道保温完好。

（5）DCS 系统投入，各系统仪表电源投入，各组态参数正确，测量显示及调节动作正常，就地测点、仪表、变送器、传感器工作正常，位置正确。

(6) 测量电气设备绝缘电阻，合格后供上电源。

(7) 机械、电气设备外观正常，地脚螺栓、电动机接线、接地线齐全牢固，防护罩完整，连接件及紧固件安装正常。

(8) 风、阀门开关灵活，开、关到位，按照脱硫系统启动前要求对各系统风门、阀门进行检查并调整在规定位置上。

(二) 吸收塔浆液晶种配置

脱硫系统启动前需向吸收塔注入浓度7%～10%左右的石膏浆液作为晶种至吸收塔正常工作液位（1号吸收塔9.63m，2号吸收塔11m，3号吸收塔11m）为止，这样可以避免FGD正常运行时吸收塔内结垢，保证脱硫系统在运行中吸收塔内浆液中的石膏成分的结晶。为了保证石膏晶种的活性，其纯度必须大于90%。

吸收塔浆液晶种配置条件和进浆方法如下：

(1) 工艺水泵能正常使用，工艺水箱已注水，工艺水系统各保护、连锁已调试结束。检查吸收塔液位计在启动前位置。

(2) 检查吸收塔、事故浆池（箱）、事故浆液箱排水坑内清洁无杂物。各人孔门关闭严密，至地坑排空门关闭。在事故浆池地坑口加装合适的滤网（6mm以上的不能通过），以防结块石膏或杂物进入，同时准备好量筒及浓度测量计、铁钎等器具。事故浆液箱排水坑泵与事故浆液箱排出泵试运结束。保护、连锁已调试结束。

(3) 压缩空气储气罐气压正常，各手、气动门调试结束能正常使用。

(4) 浆液循环泵、石膏排出泵、氧化风机试转结束，连锁、保护已调试结束，各搅拌器试转结束。

(5) 事故浆池由吸收塔注入清洁的工业水约至4m，启动事故浆池搅拌器。

(6) 检查石膏浆液排出泵至石膏缓冲罐阀门、灰渣前池阀门关闭，吸收塔地坑泵出口手动门关闭，至事故浆池阀门关闭，石膏浆液排出泵循环管手动门开启。

(7) 按石膏含量10%的比例，向事故浆池内均匀加入石膏晶种，保持浆液浓度在10%左右。

(8) 启动石膏浆液排出泵，开启石膏浆液排出泵至事故浆池阀门，向事故浆池缓慢进水。

(9) 检查氧化风机冷却水正常，允许启动条件满足，启动1号或2号氧化风机，程控自动打开或遥控打开风机出口门，投入氧化风机加湿装置。

(10) 检查事故浆液泵至灰渣前池的阀门关闭，轴封水正常投入。

(11) 启动事故浆液泵，手动打开出口门，向吸收塔注入石膏晶种浆液。

(12) 吸收塔液位大于或等于3m时依次启动吸收塔四台搅拌器。

(13) 继续向事故浆液池进水并按石膏含量10%的比例，向事故浆液池内均匀加入石膏晶种，保持浆液浓度在10%左右。保持事故浆池液位高于搅拌器及事故浆泵跳闸位置，直至吸收塔液位至正常工作液位时停止进石膏晶种浆液，停止事故浆泵，关闭其出口门。

(14) 将事故浆液泵管道内石膏晶种浆液排尽，必要时进行反冲洗。

(15) 停止氧化风机及加湿装置。

(16) 4～8号炉烟气脱硫装置由于设计采用了事故浆液箱，利用吸收塔石膏排出泵向事故浆液箱加水，至液位符合要求时启动其搅拌器，打开事故浆液箱至事故浆液箱排水坑阀门，当液位符合要求时启动排水坑搅拌器，启动排水坑泵将石膏晶种浆液打至吸收塔，调节各处阀门，保持水位稳定。配制晶种时直接在事故浆液罐附近的地坑内注入水和脱硫石膏晶种调制，通过排水坑泵打至吸收塔。

（三）石灰石浆液制备

（1）检查石灰石粉仓无低报警。

（2）石灰石浆液罐进水至 1.5m 以上。

（3）启动石灰石浆液罐搅拌器及粉仓流化风机。

（4）打开石灰石粉仓下粉阀门。

（5）补水至 1.75m 以上，启动一台石灰石浆液泵打循环。

（6）开启石灰石粉仓螺旋给粉机，根据浆液密度的变化适当调整石灰石粉和水量。

（7）将石灰石浆液罐液位控制设定为 4.2/2.5m。

（8）将螺旋给粉机控制方式选择开关置"自动"。

（9）监视石灰石浆液罐的浆液浓度和液位应缓慢上升，待密度上升至 $1200 \sim 1255 kg/m^3$（30%）时，将滤液罐至石灰石浆液罐补充水阀门投"自动"，启动石灰石粉给料功能组向石灰石浆液罐中给粉，石灰石浆液泵开始向吸收塔供浆，首次供浆浓度应维持在 $1230 kg/m^3$ 左右。

（10）石灰石浆泵启动必须符合下列条件：

1）无石灰石浆液泵顺控程序中断信号；

2）无石灰石浆液泵"故障信号"；

3）石灰石浆池液位在 1.75m 以上；

4）石灰石浆液泵进口门开启，排空门、冲洗水门及出口门关闭；

5）备用泵出口门关闭；

6）6 号炉和 7、8 号炉烟气脱硫系统的石灰石浆液制备在各自的粉仓下进行，然后再送到吸收塔内。

七、脱硫系统主要辅助设备的启动和停止

（一）升压风机

1. 升压风机的启动顺序控制

（1）启动升压风机在进行中。

（2）启动升压风机轴承冷却风机。

（3）启动升压风机液压润滑油泵。

（4）关闭升压风机导叶。

（5）启动升压风机。

2. 升压风机的启动条件与启动

（1）升压风机无异常报警；电动机无故障报警；运行的循环浆液泵台数不少于两台；GGH 主电动机或辅电动机已启动正常；脱硫系统投入"允许"。

（2）与值长联系，准备启动脱硫系统升压风机并得到同意。

（3）启动升压风机轴承冷却风机。

（4）启动升压风机液压润滑油泵，调整油压、油位、油温（大于 25℃）、流量、出口滤网压差等在正常范围内，系统无泄漏，所有冷却水投入正常。

（5）启动入口箱和扩散箱密封风机及其加热器。

（6）升压风机叶片位置小于5%。

（7）开启净、原烟气挡板门，出口挡板门在关闭位置，启动升压风机同时连开该台增压风机出口挡板门，观察电流回落时间及机组振动情况应正常。

（8）缓慢开启升压风机动叶，当动叶开度大于10%并继续调整时，逐渐关闭锅炉烟气旁路挡板门，直至全关（运行一段时间后发现旁路挡板门有卡涩，在关闭状态下不易打开，目前采取运行中旁路挡板门不全关的方式，经测量，在旁路挡板开启75%的情况下，烟气仍然沿FGD运行，对烟气脱硫无影响）。在操作过程中应监视并维持升压风机入口压力为0.3~0.5kPa，将升压风机动叶调节设为自动。

（9）汇报值长，操作完毕。

（10）当同一吸收塔第二台升压风机需要启动时，应将运行升压风机动叶调整至喘振点以下（即将动叶开度调整至15%~20%），在第二台升压风机启动后，将其动叶调整至与第一台风机动叶相同的开度。在同一吸收塔运行的两台升压风机其中一台需要停止时，要将两台风机的动叶开度调至15%~20%（喘振点以下），然后再将需要停止的升压风机动叶关闭，停止风机。

3. 升压风机的停止顺序控制

（1）停止升压风机在进行中。

（2）关闭升压风机导叶。

（3）停止升压风机。

（4）延时5min停止升压风机液压润滑油泵。

（5）延时2h停止轴承冷却风机。

4. 升压风机的停止条件与停止

（1）系统旁路挡板门已开启。

（2）升压风机动叶片逐渐关闭。

（3）停止升压风机。

（4）停止升压风机10s后依次关闭其出口挡板门，原烟气、净烟气挡板。

（5）停止加热器。

（6）停止密封风机。

（7）待油温低于40℃，停止升压风机润滑液压油泵。

5. 升压风机的连锁和保护

遇有下列情况之一时，升压风机的连锁和保护自动投入停止升压风机：

（1）升压风机电动机绕组温度高于125℃。

（2）升压风机及电动机轴承温度高于95℃。

（3）升压风机电动机故障。

（4）升压风机喘振。

（5）升压风机轴承振动高报警。

（6）升压风机轴承温度大于100℃。

（7）升压风机油站油泵出口油压低延时5s。

（8）升压风机冷却风机全停止且超过15s。

（9）升压风机运行120s后原烟气挡板门未开。

（10）烟气系统挡板门故障。

（12）脱硫系统保护动作且超过30s或旁路挡板门已开。

（13）升压风机三个压力测点中两个测点同时出现入口负压小于−0.45kPa或入口负压大于0.08kPa。

（二）烟气挡板门

1. 烟气旁路挡板门连锁开启条件

（1）旁路挡板门两侧烟气压差正常。

（2）无旁路挡板门打开中断"故障"信号。

（3）无旁路挡板门紧急状态或关闭命令。

（4）升压风机在停止状态或运行中风机保护动作跳闸。

（5）烟气系统故障。

2. 烟气旁路挡板门的关闭条件

（1）锅炉机组的引风机运行。

（2）升压风机运行。

（3）GGH主电动机或辅助电动机已运行。

（4）至少有两台循环浆液泵在运行。

（5）原烟气挡板门打开。

（6）净烟气挡板门打开。

（7）无旁路挡板门关闭中断"故障"信号。

（8）无旁路挡板门紧急状态或打开命令。

（9）FGD投入"允许"，在得到运行主值同意后关闭烟气旁路挡板门。

3. 原烟气挡板门的开、关允许及连锁关条件

（1）原烟气挡板门开启允许：FGD投入"允许"。

（2）原烟气挡板门关闭允许：旁路挡板门全开。

（3）原烟气挡板门连锁关条件：旁路挡板门全开且升压风机电动机在停止位置或FGD保护动作。

4. 净烟气挡板门的开、关允许及连锁关条件

（1）净烟气挡板门开启允许：FGD投入"允许"。

（2）净烟气挡板门关闭允许：旁路挡板门全开，升压风机在停止位置。

（3）净烟气挡板门连锁关条件：旁路挡板门全开且升压风机电动机在停止位置或FGD保护动作。

5. 挡板门密封风机启动条件及连锁启动

（1）挡板门密封风机启动条件：旁路挡板门、原烟气挡板门、净烟气挡板门任一关闭延时5s。

（2）挡板门密封风机的连锁启动条件：

1）备用密封风机投连锁且烟气挡板门任一关闭时。

2）运行密封风机跳闸。

3）出口母管压力低于 2kPa。

（三）烟气换热器（GGH）

1. GGH 启动顺序控制

（1）GGH 启动进行中。

（2）启动 GGH 密封风机。

（3）启动 GGH 吹灰器本体密封风机。

（4）启动 GGH 主电动机。

（5）延时 30s 投入 GGH 转子转速低报警。

（6）调用低泄漏风机启动功能组，启动低泄漏风机。

2. GGH 停止顺序控制

（1）GGH 停止进行中。

（2）启动低泄漏风机停止功能组，停止低泄漏风机。

（3）切除主、辅驱动电动机连锁。

（4）停止 GGH 驱动电动机。

（5）停止 GGH 密封风机电动机。

（6）停止 GGH 吹灰器密封风机。

3. 低泄漏风机启动顺序控制

（1）启动低泄漏风机进行中。

（2）关闭低泄漏风机进口风门（小于 5%）。

（3）启动低泄漏风机。

（4）延时 30s 开启低泄漏风机进口门。

4. 低泄漏风机停止顺序控制

（1）停止低泄漏风机进行中。

（2）停止低泄漏风机。

（3）关闭低泄漏风机进口风门。

（4）低泄漏风机其他连锁停止条件：

1）低泄漏风机在运行中，其进口门全关延时 5min。

2）轴承温度大于 95℃，电动机绕组温度大于 135℃。

5. GGH 密封风机停止允许

（1）原烟气挡板门全关。

（2）净烟气挡板门全关。

6. GGH 主驱动电动机启动允许条件及连锁启、停条件

（1）允许启动及启动步骤：

1）辅助电动机未运行；

2）GGH 密封风机已启动；

3）GGH 吹灰器本体密封风机已启动。

（2）连锁启动条件：

1）辅助电动机运行，GGH 主、辅电动机连锁投入，辅助电动机故障跳闸；

2）GGH 转子转速低，但尚未发出停转报警；

3）GGH 辅助电动机未运行且在备用状态。

（3）连锁停止条件：

1）转子停转报警，主电动机故障或跳闸；

2）转子转速低，主驱动电动机已停止运行 100s。

（四）石灰石浆液泵的启动条件

（1）无石灰石浆液泵顺序控制程序中断信号。

（2）无石灰石浆液泵"故障"信号。

（3）石灰石浆液罐液位高于 1.75m。

（4）石灰石浆液泵排空气动门、冲洗水气动门、出口气动门已关。

（5）石灰石浆液泵进口气动门已开。

（6）启动石灰石浆液泵。

（五）氧化风机的启动与停止

1. 氧化风机启动顺序控制

（1）氧化风机启动进行中。

（2）开启氧化风机出口门。

（3）启动氧化风机。

（4）开启氧化风机加湿水电磁阀。

2. 氧化风机停止顺序控制

（1）停止氧化风机进行中。

（2）停止氧化风机。

（3）关闭氧化风机出口门。

（4）关闭氧化风机加湿水电磁阀。

3. 氧化风机的启动条件

（1）无氧化风机"故障"信号。

（2）无氧化风机冷却水流量小的信号。

（3）无氧化风机备用风机"运行"信号（不考虑两台氧化风机并列运行）。

（六）吸收塔石膏浆液排出泵

1. 石膏浆液排出泵的启动顺序控制

（1）石膏浆液排出泵启动进行中。

（2）将石膏浆液密度调整切为手动。

（3）关闭 pH 表冲洗水电磁阀。

（4）关闭石膏缓冲罐进口管道冲洗水气动门。

（5）关闭石膏浆液排出泵冲洗水门。

（6）关闭石膏浆液排出泵排空门。

（7）关闭石膏浆液排出泵出口门。

（8）开启石膏浆液排出泵至缓冲罐气动门。

（9）开启石膏浆液排出泵进口门。

（10）启动石膏浆液排出泵。

（11）延时 5s 开启石膏浆液排出泵出口门。

2. 石膏浆液排出泵的停止顺序控制

（1）石膏浆液排出泵停止进行中。

（2）关闭石膏浆液排出泵出口门。

（3）停止石膏浆液排出泵。

（4）延时 60s 关闭石膏浆液排出泵进口电动门。

（5）开启石膏浆液排出泵排空门。

（6）启动石膏浆液排出泵管线冲洗。

（7）延时 3min 关闭石膏浆液排出泵排空门。

（8）开启石膏浆液排出泵冲洗水气动门。

（9）延时 3min 关闭石膏排出泵冲洗水气动门。

（10）开启石膏浆液排出泵排空门。

（11）延时 3min 关闭石膏浆液排出泵排空门。

（12）开启石膏浆液排出泵至石膏缓冲罐调节门。

（13）关闭石膏浆液排出泵至缓冲罐气动门，停 pH 表冲洗。

（14）开启石膏缓冲罐进口管道冲洗水电动门，开启 pH 表冲洗水电磁阀，延时 120s 后关闭。

3. 石膏浆液排出泵允许启动条件

（1）石膏浆液排出泵进口电动门开启。

（2）启动前，其出口门、冲洗水电动门、排空电动门必须处于关闭状态。

（3）1 号吸收塔液位高于 1.5m、2、3 号吸收塔高于 2m。

（4）备用泵出口门关闭。

（5）无吸收塔石膏浆液排出泵顺序控制程序中断信号。

（6）无吸收塔石膏浆液排出泵"故障"信号。

4. 石膏浆液排出泵连锁启动及停止条件

（1）石膏浆液排出泵出口压力低报警，连锁启动备用泵。

（2）运行中石膏浆液排出泵故障跳闸连锁启动备用泵。

（3）进口门开启信号未到位连锁停止。

（4）石膏浆液排出泵电动机合闸位置，出口门未开延时 45s 连锁停止。

5. 石膏浆液排出泵至缓冲罐管线冲洗顺序控制

（1）石膏浆液排出泵至缓冲罐管线冲洗进行中。

（2）关闭石膏浆液排出泵至缓冲罐气动门。

（3）石膏浆液排出泵至缓冲罐改为手动调节，并全开调节门。

（4）开启石膏浆液缓冲罐进浆管道冲洗水门。

（5）延时 1min 关闭石膏缓冲罐进浆管道冲洗水门。

（6）关闭石膏浆液排出泵至缓冲罐调节门。

（七）吸收塔浆液循环泵的启动与停止

1. 吸收塔浆液循环泵启动的顺序控制

（1）启动吸收塔浆液循环泵在进行中。

（2）关闭吸收塔浆液循环泵排空门。

（3）开启吸收塔浆液循环泵进口门。

（4）启动吸收塔浆液循环泵润滑油泵（3号吸收塔循环泵无润滑油泵）。

（5）润滑油泵运行1min、油压正常后启动吸收塔浆液循环泵。

2. 吸收塔浆液循环泵停止的顺序控制

（1）停止吸收塔浆液循环泵在进行中。

（2）停止吸收塔浆液循环泵。

（3）延时1min停止吸收塔浆液循环泵润滑油泵（3号吸收塔浆液循环泵无润滑油泵）。

（4）延时1min关闭吸收塔浆液循环泵进口门。

（5）开启吸收塔浆液循环泵管道排空门。

（6）延时5min关闭吸收塔浆液循环泵管道排空门。

（7）开启吸收塔浆液循环泵管道冲洗水门。

（8）延时5min关闭吸收塔浆液循环泵管道冲洗水门。

3. 吸收塔浆液循环泵的允许启动条件

（1）无吸收塔浆液循环泵临界报警。

（2）无电源故障报警。

（3）1号吸收塔液位高于5.6m、2、3号吸收塔液位高于6.9m。

（4）无吸收塔浆液循环泵顺控程序中断信号。

（5）吸收塔浆液循环泵润滑油泵运行时间大于或等于1min且出口压力正常无报警（3号吸收塔浆液循环泵无润滑油泵）。

（6）吸收塔浆液循环泵进口阀开启，排空阀和冲洗阀关闭。

（7）连续启动多台吸收塔浆液循环泵，其间隔大于1min，本泵连续启动规定按照电动机要求执行。

（8）符合上述条件，逐台启动吸收塔浆液循环泵。

4. 吸收塔浆液循环泵的停止条件与停止

（1）系统停运，升压风机停止运行。

（2）因消缺及其他原因需要停止一台循环泵运行，但届时必须至少有三台浆液循环泵运行。

5. 吸收塔浆液循环泵连锁停止条件

（1）吸收塔浆液循环泵电动机绕组温度大于135℃。

（2）轴承温度大于90℃。

（3）1号吸收塔液位小于2.3m，2、3号吸收塔液位小于3.2m。

（4）循环泵已运行、其润滑油泵未启动或出口压力低延时3s（3号吸收塔浆液循环泵无润滑油泵）。

（5）当循环泵启动后，循环泵进口气动门未开足或管道排空气动门未关死，且当前运行台数大于两台时延时5s。

（6）当循环泵运行时，原、净烟气挡板门均未开延时600s。

（7）当循环泵运行时，循环泵进口门未开延时5s。

（八）滤液泵的启动条件

（1）无滤液泵"故障"信号。

（2）滤液水罐液位高于2.8m。

（九）冲洗水泵的启动条件与启动

（1）无冲洗水泵"故障"信号。

（2）工艺水箱液位高于2.0m。

（3）关冲洗水泵出口气动门。

（4）启动冲洗水泵。

（5）延时5s打开冲洗水泵出口门。

八、石膏水力旋流站

（一）石膏水力旋流站进料泵的启动条件

（1）无石膏水力旋流站进料泵"故障"信号。

（2）石膏缓冲罐液位高于1.5m。

（3）石膏水力旋流站进料泵频率大于37.5Hz。

（4）石膏水力旋流站进料泵进口气动门、出口气动门已关。

（5）备用泵停止运行，进口气动门、出口气动门已关。

（二）石膏水力旋流站进料泵启动顺序控制

（1）关闭石膏水力旋流站进料泵出口气动门。

（2）关闭石膏水力旋流站进料泵备用泵出口气动门。

（3）关闭石膏水力旋流站进料泵进口气动门。

（4）启动石膏水力旋流站进料泵。

（5）开启石膏水力旋流站进料泵出口气动门。

（三）石膏水力旋流站进料泵停止顺序控制

（1）石膏水力旋流站进料泵停止允许。

（2）关闭石膏水力旋流站进料泵出口气动门。

（3）停止石膏水力旋流站进料泵。

（4）关闭石膏水力旋流站进料泵进口气动门。

（四）石膏水力旋流站进料泵连锁停止条件

（1）石膏缓冲罐液位小于1000mm。

（2）石膏水力旋流站进料泵启动后进、出口气动门未开启。

（五）石膏水力旋流站的投入

（1）关闭石膏水力旋流站的所有阀门。

（2）开启石膏旋流站溢流箱出口门。

（3）启动石膏旋流站进料泵，调整其频率，控制旋流子入口压力。

（4）开启至吸收塔溢流阀。

（5）开启至滤液水箱溢流阀。

（六）石膏水力旋流站的切除

（1）停止石膏旋流站进料泵。

（2）开启石膏水力旋流站进料泵至石膏旋流站管道冲洗水门1min。

（3）关闭石膏水力旋流站进料泵至石膏旋流站管道冲洗水门。

（4）开启石膏水力旋流站去真空皮带机管道冲洗门1min。

（5）关闭石膏水力旋流站去真空皮带机管道冲洗门。

（6）开启石膏水力旋流站至滤液水箱冲洗水门 1min。

（7）关闭石膏水力旋流站至滤液水箱冲洗水门。

（8）关闭石膏水力旋流器的进口阀门及石膏旋流站溢流箱出口门。

九、废水旋流站进料泵的启动与停止

（一）废水旋流站进料泵启动顺序控制

（1）关闭废水旋流站冲洗水门。

（2）关闭废水旋流站出口门。

（3）关闭废水旋流站排空门。

（4）开启废水旋流站进料泵进口门。

（5）启动废水旋流站进料泵。

（6）开启废水旋流站进料泵出口门。

（二）废水旋流站进料泵停止顺序控制

（1）关闭废水旋流站进料泵出口门。

（2）停止废水旋流站进料泵。

（3）延时 1min 关闭废水旋流站进料泵进口门。

（4）开启废水旋流站进料泵排空门。

（5）延时 2min 关闭废水旋流站进料泵排空门。

（6）开启废水旋流站进料泵冲洗水门。

（7）延时 2min 关闭废水旋流站进料泵冲洗水门。

十、真空过滤皮带机的启动与停止

（一）真空过滤皮带机的启动

（1）关闭滤饼冲洗水箱排放门。

（2）开启真空泵进水隔离门。

（3）开启滤布冲洗水泵和滤饼冲洗水泵并调节水量。

（4）当真空泵运行水流量大于 $5m^3/h$ 时启动真空泵。

（5）启动真空皮带机。

（二）真空过滤皮带机的停止

（1）停止 1 号或 2 号真空泵运行。

（2）停止真空皮带机运行。

（3）停止滤饼冲洗水泵运行。

（4）停止滤布冲洗水泵运行。

（5）关闭真空泵进水隔离门。

（6）开启滤饼冲洗水箱排放门。

（三）废水泵的启动与停止

（1）关闭废水泵出口门。

（2）启动废水泵。

（3）开启废水泵出口门。

（4）停止废水泵。

十一、脱硫分系统的启动与停止顺序

（一）烟气系统启动顺序

（1）启动 GGH。

（2）开启净烟气出口挡板门。

（3）关闭吸收塔顶部排空气动门。

（4）启动升压风机。

（5）开启原烟气挡板门。

（6）关闭旁路挡板门。

（7）升压风机导叶投自动。

注意：2、3 号吸收塔烟气系统挡板门由于设计流程不同和 1 号吸收塔烟气系统挡板门开启、关闭顺序也有区别。前者在启动过程中依次打开原烟气挡板门和净烟气挡板门，升压风机启动后自动开启升压风机出口挡板门。待两炉烟气系统正常稳定后，逐步同步调整增压风机导叶。在停止升压风机过程中则先关闭导叶至小于 5%，停止升压风机，依次关闭原烟气和净烟气挡板门。

（二）烟气系统的停止顺序

（1）升压风机导叶控制切手动。

（2）开启锅炉烟气旁路挡板门。

（3）关闭锅炉原烟气挡板门。

（4）停止升压风机。

（5）开启吸收塔顶部排空气动门。

（6）关净烟气挡板门。

（7）延时 2h 时，顺序控制停止 GGH。

（三）吸收塔系统的启动顺序

（1）启动工艺水系统。

（2）启动石灰石浆液泵。

（3）启动吸收塔搅拌泵。

（4）启动除雾器冲洗控制。

（5）启动氧化风机。

（6）启动浆液循环泵（至少两台，依次启动）。

（7）启动石膏排出泵。

（8）开启石灰石供浆液母管气动门。

（9）石灰石供浆控制投自动。

（10）吸收塔液位控制投自动。

（四）吸收塔系统的停止顺序

（1）吸收塔液位控制切手动。

（2）停止石灰石浆液泵。

（3）启动石灰石供浆管道冲洗。

（4）停止石膏排出泵。

（5）停止浆液循环泵。

（6）停止氧化风机。

（7）停止除雾器冲洗。

（五）脱水系统的启动顺序

（1）启动真空皮带机。

（2）启动石膏旋流站旋流子。

（3）开启石膏旋流站溢流箱出口气动门。

（4）启动石膏旋流站给料泵。

（5）延时 20min 启动废水旋流站进料泵。

（六）脱水系统的停止顺序

（1）停止石膏旋流站给料泵。

（2）停止石膏旋流站旋流子。

（3）停止废水旋流站给料泵。

（4）停止真空皮带机。

（5）关闭石膏旋流站溢流箱出口气动门。

（七）FGD 投入允许

（1）锅炉无 MFT。

（2）锅炉煤层工作。

（3）GGH 原烟气进口温度大于 90℃。

（4）GGH 原烟气温度小于 155℃。

（5）升压风机进口原烟气烟尘浓度低（＜300mg/m^3，标准状态下）。

（6）电除尘器投入。

（八）FGD 保护动作

（1）锅炉 MFT。

（2）锅炉油枪工作，燃煤退出。

（3）升压风机进口原烟气烟尘浓度高（＞300mg/m^3，标准状态下）。

（4）GGH 原烟气进口温度大于 160℃，延时 300s。

（5）GGH 原烟气进口温度小于 85℃，延时 300s。

（6）升压风机进口压力小于 0.1kPa。

（7）升压风机进口压力小于－1kPa。

（8）电除尘投入小于 4 个电场。

（九）烟气系统故障

（1）原烟气挡板门未开，发 35s 脉冲信号。

（2）净烟气挡板门未开。

（3）升压风机启动后，延时 50s 升压风机出口挡板门未开。

（4）GGH 转子停转逻辑成立。

（5）FGD 系统少于两台循环泵运行。

十二、脱硫系统其他辅助设备和系统的启动

（一）工艺水系统启动

（1）在测量工艺水泵和冲洗水泵绝缘电阻合格后，供工艺水泵和冲洗水泵电源。

（2）检查脱硫装置区域冲洗水管上所有阀门在关闭位置。

（3）检查冲洗水泵出口再循环门已打开。

（4）在 DCS 上设定工艺水箱自动控制值为 3.8m。

（5）缓慢开启脱硫工艺水箱进口总阀，补水使工艺水箱水位在规定范围内。

（6）开启冲洗水泵进口门，启动一台冲洗水泵，开启出口门，检查出口压力在 1.0MPa 左右，向脱硫区域供水。

说明：FGD 装置所用的工艺水源取自于发电机组的工业水系统，各期脱硫系统均设一个工艺水箱，并各配两台工艺水泵（一台运行一台备用）和两台事故冲洗水泵（3 号吸收塔未设计，冲洗水来自工艺水），其消耗主要是石膏附带水分和结晶水，这些消耗通过定期补入工艺水来补充。工艺水还用于吸收塔除雾器和所有输送浆液管道（包括石灰石浆液系统、排放系统及石膏浆液抽吸管道、吸收塔循环管道、换热器等）的冲洗水。

（二）仪/杂用压缩空气系统投入

（1）检查脱硫仪/杂用压缩空气罐母管进口阀开启。

（2）将脱硫系统区域仪/杂用压缩空气管道上的各气动装置和测量装置进气阀开启，排气阀关闭。

（3）检查仪用储气罐压力应在 0.6MPa 以上。

（4）检查杂用储气罐压力应在 0.6MPa 以上。

说明：脱硫系统的仪用气被输送到 FGD 装置区内用于所有气动阀和气动控制阀、石灰石浆液箱区的密封气和清洗净烟气烟道上的流量测量装置、分析装置的冲洗气（包括除雾器的冲洗阀、吸收塔循环泵的挡板、吸收塔排出泵的挡板等）；杂用气用于换热器（GGH）吹扫和设备检修。

1、2 号锅炉烟气脱硫装置所需要的仪用气来自 3、4 号发电机组仪用压缩空气系统；杂用气来自 3、4 号发电机组厂用压缩空气系统。

3、4 号锅炉烟气脱硫装置所需要的仪用气和杂用气来自 3、4 号发电机组除灰压缩空气系统。在脱硫装置区域内分别设有仪表用气和杂用气的储气罐。

5、6 号锅炉烟气脱硫装置所需要的仪用气来自发电机组仪用压缩空气系统，同样在脱硫装置区域内分别设有仪用气和杂用气的除气罐。

另外，在三、四期烟气脱硫工程中，共同设置一了个供清洗 GGH 换热器和石灰石粉仓底部流化及系统管道吹扫用的空气压缩系统，共有螺杆压缩机一台、6m³/2m³ 压缩空气缓冲罐各一台。在脱硫装置调试过程中，发现压缩空气量不能满足系统用气的需要，为保证系统的按时投运，在三期出灰用压缩空气总管上接一路管道予以补充。

（三）闭式冷却水系统投入

（1）与值长联系开启至脱硫区域的闭式冷却水总门。

（2）检查并开启闭式冷却水回路至脱硫区域和制粉区域用水的各阀门。

（3）开启升压风机油系统冷却水阀门，调整冷却水压力不低于 0.4MPa。

（4）开启氧化风机冷却水阀门，调整冷却水压力不低于 0.4MPa。

说明：FGD 装置使用的冷却水均来自于电厂发电机组的闭式循环冷却水系统，用于 FGD 系统风机的冷却和轴封，设计循环冷却水进水温度为 33℃，出水温度为 38℃。

（四）挡板密封空气投入

(1) 在挡板关闭的条件下，启动挡板密封风机。

(2) 运行正常后，调节入口门至适当开度，风机出口压力为 3kPa。

十三、脱硫系统从冷备用状态启动至运行状态

冷备用状态下主要设备状态见附表 3。

附表 3　　　　　　　　　　　　　冷备用状态下主要设备状态

FGD 进口挡板	FGD 出口挡板	FGD 旁路挡板	挡板密封风机	吸收塔搅拌器	事故浆池搅拌器	其他设备及搅拌器
关闭	关闭	开启	运行	运行	运行	停止

（一）启动前确认的项目

(1) 汇报值长准备启动脱硫系统并得到同意。

(2) 发电机组运行主值发出允许脱硫系统启动信号。

(3) 锅炉静电除尘器使用，并达到设计除尘效率。

(4) 旁路挡板门开启，原烟气挡板门关闭，净烟气挡板门关闭。

(5) 闭式冷却水及压缩空气已投入。

（二）启动脱硫系统装置

在系统和设备符合启动条件后，利用顺序控制功能组或遥控的方式逐一投运各子系统，所有单个设备启动时，巡检员应到就地检查设备是否具备启动条件，确认设备和系统的投运情况，完成上一道程序后方可进行下一道程序，与主值人员保持密切联系。

（三）启动吸收塔系统顺序控制功能组

(1) 启动工艺水泵，调整系统水量。

(2) 启动石灰石浆液泵。

(3) 启动吸收塔搅拌器。

(4) 启动除雾器冲洗泵。

(5) 启动氧化风机。

(6) 启动吸收塔循环泵（两台以上）。

(7) 启动吸收塔石膏排出泵。

(8) 打开石灰石供浆母管气动阀。

(9) 石灰石供浆调节阀投自动。

(10) 吸收塔液位、密度控制投自动。

（四）启动烟气系统功能组顺序

(1) 脱硫系统启动投入"允许"。

(2) 启动 GGH。

(3) 打开净烟气挡板门。

(4) 关闭吸收塔顶部排空门。

(5) 启动升压风机，调整导叶开度。

(6) 打开原烟气挡板门，增压风机导叶调节设定自动。

(7) 逐步关闭旁路挡板门＜5%。

(8) 启动除雾器。

（五）吸收塔浆液密度达到 1110～1160kg/m³，启动脱水系统功能组顺序

（1）打开真空皮带机润滑水进水阀。

（2）启动滤布冲洗水泵。

（3）关闭滤饼冲洗水箱排空阀。

（4）打开真空泵运行水进水阀。

（5）启动真空皮带机。

（6）启动真空泵。

（7）启动滤饼冲洗水泵。

（8）打开石膏旋流站旋流子。

（9）滤饼厚度控制投"自动"。

（10）启动石膏旋流站进料泵。

（11）启动废水旋流站进料泵。

（六）启动石灰石浆液系统

（1）石灰石浆液罐滤液水调节阀设为自动。

（2）开滤液水阀，启动石灰石粉给料机。

（3）打开流化风机出口母管对空排气门。

（4）启动流化风机，关闭对空排气门。

（5）打开石灰石粉仓流化风机手动门。

（6）打开旋转给料阀压缩空气电磁阀。

（7）投旋转给料阀变频自动调节。

（8）启动废水给料系统。

（七）脱硫系统运行中主要机械设备的运行方式（见附表4）

附表4　　　　　　　脱硫系统运行中主要机械设备的运行方式

设　备　名　称	方　　式
挡板密封风机	1号或2号运行（一台运行一台备用）
吸收塔循环泵	一般情况下三台运行一台备用（在燃用高、低S煤、锅炉低负荷情况下可考虑增减循环泵和改变循环泵组合运行方式）
升压风机	运行
升压风机油站润滑油泵	1号或2号油泵运行（一台运行一台备用）
升压风机冷却风机	1、3号或2、4号运行（两台运行两台备用）
GGH电动机	主或辅电动机运行（正常主电动机运行）
GGH吹灰器本体密封风机	运行
GGH密封风机	运行
GGH低泄漏风机	运行
吸收塔石膏浆液排出泵	1号或2号运行（一台运行一台备用）
吸收塔搅拌器	1、2、3、4号运行（可三台运行一台备用）
氧化风机	1号或2号运行（一台运行一台备用）
真空泵	运行
滤液泵	1号或2号运行（一台运行一台备用）
滤液罐搅拌器	运行
石膏旋流站进料泵	运行
石膏缓冲罐搅拌器	运行
除雾器	运行
工艺水泵	1号或2号运行（一台运行一台备用）

设 备 名 称	方 式
冲洗水泵	1号或2号运行（一台运行一台备用）
废水旋流站进料泵	运行
滤饼冲洗泵	运行
滤布冲洗泵	运行
真空过滤皮带机	运行
石灰石浆液泵	1号或2号运行（一台运行一台备用）
石灰石浆液罐搅拌器	运行
石灰石粉螺旋给粉机	运行

十四、脱硫系统运行调整和维护

为了保证脱硫系统持续稳定的运行和合格的脱硫效率，保证设备的长期使用寿命及事故情况下保证设备的安全运行，运行中应对脱硫系统和设备进行正确的运行操作和维护，以使脱硫系统保持良好的运行工况。

（一）脱硫系统的关键控制参数

（1）按照设计要求，FGD入口烟尘浓度应控制在 $370mg/m^3$（标准状态下）以下，含尘量过高，将导致系统运行工况恶化，SO_2 吸收效率降低，皮带机脱水困难等异常现象发生，影响脱硫石膏的质量和利用价值。因此在运行调整中应严格监视系统入口烟尘量的变化，及时与机组运行人员联系，在系统烟尘浓度严重超标时，DCS操作系统将判断电除尘器故障，停止脱硫系统运行。

（2）吸收塔内浆液的pH值，必须控制在规定范围内，pH值过低会导致浆液失去吸收能力，最终影响 SO_2 的脱除率和副产品脱硫石膏的质量。同时pH值过高系统还会产生结垢堵塞的后果。pH值的稳定是通过石灰石给料量，进行在线动态调节实现的，单回路吸收塔中最佳的pH值应选择在4.5～5.8之间。

（3）吸收塔内浆的密度必须控制在指定范围内，密度过低会导致浆液内石膏结晶困难及皮带脱水困难，而过高则会使系统磨损增大。

（4）为防止和减少设备和系统管道腐蚀，吸收塔内浆液氯离子浓度宜保持在 $20000×10^{-6}$ 以下。

（5）为保证石灰石的反应活性，一般应采用含CaO品位较高的矿石，细度合格。

（6）脱硫系统出口烟气温度，必须大于80℃，以保证烟气的正常排放和减少对烟道和烟囱的腐蚀。

（7）出口烟气的 SO_2 含量必须严格监视，当出现偏差时，应综合对锅炉负荷、入口的 SO_2 浓度、循环泵的运行情况、浆液的pH值等进行分析，采取对策。

（8）影响 SO_2 脱硫效率的参数和能耗对比见附表5。

附表5　　　　　　　　　　影响 SO_2 脱硫效率的参数和能耗对比

项　　目	数　值	SO_2 脱除率	能　耗
吸收塔循环流量	↑	↑	↑
pH值	↑	↑	＝
吸收塔中的 $CaCO_3$	↑	↑	＝
石灰石活性	↑	↑	＝
烟气流量	↑	↓	↑
SO_2 FGD进口浓度	↑	↓	＝
烟气中的Cl含量	↑	↓	＝

（二）脱硫系统的控制

脱硫系统采用集中控制方式，1～8 号机组脱硫系统分设两个独立的集中控制室，分别对 1～4 号机组和 5～8 号机组的脱硫设备及其公用、辅助系统包括电气设备进行监视与控制。

1. 控制方式

脱硫系统及脱硫吸收剂的制备均采用集中控制的方式，用分散控制系统（DCS）进行监视与控制。1～4 号机组和 5～8 号机组的脱硫系统分别设置独立的集中控制室。脱硫吸收剂的制备控制设置在 1～4 号机组控制室，同时在吸收剂制备的生产现场设有同样功能的控制装置，两边均可进行独立的系统操作和控制调整。

2. 在脱硫控制室内可以进行下列工作

（1）在发电机组正常运行工况下，对脱硫装置的运行参数和设备的运行状况进行有效的监视与控制，并能够在锅炉运行工况在 25%～100% 负荷范围内变化的情况下自动维持 SO_2 等污染物的排放总量及排放浓度在正常范围内，满足环保要求。

（2）在发电机组出现异常或脱硫工艺系统出现非正常工况时，能按预定的顺序进行处理，使脱硫系统与相应的事故状态相适应。

（3）出现危及单元机组运行以及脱硫工艺系统运行的工况时，能自动进行系统的连锁保护，停止相应的设备甚至整套脱硫系统的运行。

（4）在少量就地巡检人员的配合下，完成整套脱硫（制粉）系统的启动与停止操作。脱硫系统的正常运行以 CRT 和键盘为监控手段。控制室不设常规的控制表盘，仅设少量的紧急操作开关和按钮。

（5）当 DCS 的电源消失、通信中断、全部操作员站失去功能以及操作员站失去控制和保护能力时，为确保脱硫系统紧急停运，在操作员站设置以下独立于 DCS 的常规操作项目：

1）FGD 入口挡板控制。

2）烟气旁路挡板控制。

3）增压风机控制。

（三）脱硫控制系统与发电机组 DCS 控制系统的通信

脱硫控制系统的运行与停止，其工作状态与单元发电机组密切相关。因此脱硫控制系统的设计考虑单元机组与脱硫控制有必要的信号通信接口，其接口的实现方式采用数据通信或硬接线通信连接，涉及安全、保护的信号均采用硬接线连接。其中有：

（1）锅炉至脱硫岛的信号：MFT、引风机状态、锅炉负荷。

（2）脱硫岛至锅炉的信号：脱硫系统的"投入"和"退出"、旁路挡板门状态、脱硫岛 DCS 与机组 DCS 通过 MODBUS 协议进行通信。

（四）脱硫装置热控自动化功能

1. 分散控制系统（DCS）功能

数据采集与处理系统连续采集和处理所有与脱硫工艺系统有关的重要测点信号及设备状态信号，及时向操作人员提供有关的实时信息，其基本功能有：

（1）过程变量扫描处理。

（2）固定限值报警及切除处理。

（3）CRT 显示。

（4）报警显示和记录。

（5）流程图形显示。

（6）成组参数显示。

（7）操作指导（显示报警原因、允许条件和操作步骤）。

（8）打印制表、定时制表（班、日、月报）。

（9）主要设备跳闸顺序记录（SOE）。

（10）设备运行记录，主要辅机的启、停次数和累计运行时间记录。

（11）历史数据存储和检索（HSR）。

（12）主要模拟量控制系统（NCS）。

2. 风机入口压力控制

为保证锅炉的安全稳定运行，通过调节增压风机导向叶片的开度进行烟气压力控制，保持增压风机入口压力的稳定。为了获得更好的动态特性，引入锅炉负荷和引风机状态信号作为辅助信号。在 FGD 烟气投入过程中，需协调控制烟气旁路挡板门及增压风机导向叶片的开度，保证增压风机入口压力的稳定，在旁路挡板门关闭到一定程度后压力控制闭环投入，关闭旁路挡板门。在增压风机刚开始启动后，要及时打开导向叶片使其大于10%。

3. 石灰石浆液浓度控制

石灰石浆液制备控制系统必须保证连续向吸收塔供应浓度合适、满足需要量的石灰石浆液，设定恒定石灰石供应量，并按比例调节供水量，通过石灰石浆液密度测量的反馈信号修正进水量进行细调。

4. 吸收塔 pH 值及出口 SO_2 控制

测量吸收塔前未净化和吸收塔后已净化的烟气中 SO_2 浓度、烟气温度、压力和烟气量，根据测量数据计算进入吸收塔中 SO_2 总量和 SO_2 脱除效率。根据 SO_2 总量，控制加入到吸收塔中的石灰石浆液量。通过改变石灰石浆液量调节阀的开度，来实现石灰石量的调节。而吸收塔排出浆液的 pH 值作为 SO_2 吸收过程的校正值参与调节。

5. 吸收塔液位控制

吸收塔石灰石浆液供应量、石膏浆排出量及烟气进入量等因素的变化造成吸收塔的液位变化，根据测量的液位值，调节过滤水管道调节阀门和除雾器冲洗时间间隔，实现液位的稳定。

6. 石膏排出量控制

根据吸收塔石灰石浆液供应量，并用排出石膏浆液的密度值修正，通过控制石灰石浆液供给门和石膏浆液排出门的开关，以改变石膏浆流向，调节浆液排至石膏浆池或返回吸收塔，从而控制石膏排出量。

除上述主要闭环控制回路外，还设置了旁路挡板差压控制、吸收塔供浆流量控制、石灰石浆液池液位控制、石膏排出泵出口浓度控制、工业水池液位控制等。

（五）吸收塔循环浆泵运行数量的调整

为节约厂用电，在确认锅炉负荷下降后，运行人员应根据锅炉负荷，脱硫系统入口烟气流量，燃料中 S 含量，FGD 进、出口 SO_2 浓度，结合循环浆泵的出力判断是否需要调整循环浆泵的运行台数或组合方式，当上述参数发生新的变化时应重新调整循环浆泵的运行方式。

（六）BUF 系统

BUF 系统由升压风机、升压风机密封风机、升压风机油站系统、油站加热器组成。为保证增压风机正常运行，油站系统设有冷却水流量、液压油压力、润滑油压力、油箱油位和油温保护，作为油泵启动及跳闸的连锁。润滑油压和液压油压正常后才能启动升压风机。

（七）GGH 系统

因为原烟气中含有一定浓度的飞灰，可能会沉积在装置的内侧，随着运行时间的延长，热传递的效率可能会降低，为防止这一现象的发生导致传热效率降低、增大阻力和漏风率、减小寿命，通过吹灰器使用压缩空气吹扫或用高压水进行定时清洗时，运行人员可视烟气中飞灰含量，决定冲洗次数或当压降超过最大值时，说明有一定量的石膏颗粒沉积，需要启动高压水泵冲洗。

注意：高压水泵只能在运行时在线冲洗，当 FGD 装置停运时，则使用低压水冲洗。

1. GGH 的空气吹扫程序

（1）DCS 发出 GGH 空气吹扫指令。

（2）启动吹灰器驱动电动机。

（3）打开吹扫隔离阀。

（4）吹枪步进 30mm 并停留 60s 进行吹扫，依次重复 66 次。

（5）吹枪退至停止位置，吹枪电动机停止吹扫。

（6）停止吹灰器驱动电动机，关闭吹扫隔离阀。

2. GGH 的在线高压水冲洗启动程序

（1）高压水冲洗允许启动。

（2）打开高压水冲洗入口阀。

（3）DCS 打开高压水冲洗放水阀。

（4）启动高压水泵。

（5）DCS 延时 120s，关闭高压水冲洗放水阀。

（6）打开高压水泵出口门。

（7）DCS 执行高压水冲洗前进程序启动吹灰器驱动电动机。

（8）吹枪步进 30mm 并停留 240s 进行吹扫，依次重复 66 次。

（9）吹枪退至停止位置，吹枪电动机停止吹扫，停止吹灰器驱动电动机。

（10）DCS 打开高压冲洗放水阀。

（11）DCS 延时 30s，停止高压冲洗水泵。

（12）120s 后关闭高压冲洗放水阀。

（13）关闭高压水入口阀。

3. 离线低压水冲洗程序

GGH 停运后，检查 GGH 换热元件污染情况，如有需要，则手动启动离线低压水冲洗程序。

（1）发出吹扫指令，启动吹灰器驱动电动机。

（2）吹枪步进 30mm 并停留 60s 进行吹扫。

（3）吹枪退至停止位置，吹枪电动机停止吹扫。

（4）停止吹灰器驱动电动机。

（八）石灰石浆液制备系统

石灰石浆液制备系统由石灰石粉螺旋输粉机和流化风机组成；石灰石制浆输送系统由石灰石浆液泵石灰石浆液罐及搅拌器组成。当一台石灰石浆液泵因故障跳闸停止运行时，处于连锁模式下的备用泵自动启动。

十五、运行中对脱硫系统的各项维护

（一）GGH 清洗

当 GGH 压差增大的速率加快或压差超过设计值时，则必须对 GGH 进行高压水清洗，在清洗前必须要进行检查工作。GGH 在脱硫系统停运后，如有需要，则手动启动低压水进行清洗。

（二）GGH 吹灰器

（1）在 DCS 上可以进行手动和自动启停两种方式。如吹灰器顺序为自动模式，则吹扫间隔时间可根据烟气含尘量进行调整。

（2）杂用压缩空气吹扫步骤按相关规定执行。

（三）pH 表清洗和校准

吸收塔有两个 pH 表，依照顺序交替清洗，如测量值不正常，偏差大报警，则必须要手动启动清洗装置，清洗的 pH 表运行中不进行测量。

（四）石膏浆液至 pH 表流量的调整

吸收塔石膏排出泵的出口母管有一路支管至 pH 表。通过安装在循环管道的手动调节阀来调节循环流量保持在合适范围，使管道内不发生浆液沉淀，如果调节阀流量开度过大，则浆液就不能提供给 pH 表准确的测量结果。

（五）氧化空气管道的清洗

每一个氧化空气管道为防止堵塞都安装了一个清洗管路，清洗步骤如下：

（1）检查冲洗水泵运行正常。

（2）缓慢关闭氧化空气管道支管隔断阀。

（3）打开氧化空气管道冲洗水，开启隔断阀进行清洗，并监视压力表。

（4）清洗结束后关闭氧化空气管道冲洗水隔断阀。

（5）缓慢打开氧化空气管道支管隔断阀。

（六）吸收塔石膏排出泵和管道的排空

当吸收塔石膏排出泵停运时，应排空吸收塔石膏排出泵和管道中的浆液，通过停止顺序自动排空冲洗。当两台泵都不运行时，排空石膏排出泵出口阀外部管道。排空步骤如下：

（1）关闭石膏排出泵入口隔断阀、出口隔断阀。

（2）打开石膏排出泵入口排空阀。

（七）石灰石浆液制备系统

1. 石灰石浆液泵和管道的排空

当石灰石浆液泵停运时，应排空石灰石浆液泵和管道中的浆液，通过停止顺序自动排空冲洗。当两台泵都不运行时，排空石灰石浆液泵出口阀外部管道。排空步骤如下：

（1）关闭石灰石浆液泵至吸收塔入口阀。

（2）开启石灰石供浆母管排空阀。

（3）开启管道冲洗水门，包括回流管道冲洗水门。

（4）管道冲洗结束，关闭石灰石供浆母管排空阀。

（5）开启石灰石浆液泵至吸收塔入口阀。

（6）冲洗石灰石供浆调节门，冲洗时调节开度。

（7）关闭石灰石浆液泵至吸收塔入口阀。

（8）关闭冲洗水阀。

2. 石灰石粉螺旋给粉机及输送管道防潮

当石灰石粉仓流化风机和石灰石螺旋给粉机长时间停运时，应关闭下粉闸板。为了防止石灰石粉潮湿结块，应清除螺旋给粉机内的石灰石粉。

（八）废水旋流站进料泵和管道的清洗

当废水旋流站进料泵停运时，应清洗废水旋流站进料泵和输送管道，清洗步骤如下：

（1）打开废水旋流站入口管道冲洗门，检查旋流子喷嘴。

（2）待旋流子喷嘴出清水时，关闭废水旋流站入口管道冲洗门。

（3）开启废水旋流站溢流管道冲洗水门。

（4）确定废水旋流站溢流管道冲洗干净时，关闭废水旋流站溢流管道冲洗水门。

（九）石膏旋流站进料泵和管道的清洗

（1）关闭石膏旋流站进料泵入口关断阀、出口关断阀。

（2）开启石膏旋流站进料泵入口排空阀。

（十）事故浆液泵和管道清洗

由于脱硫系统停运时吸收塔排空，浆液通过吸收塔石膏排出泵输送到事故浆池，使事故浆池液位上升，因此在启动前应将浆液输送到吸收塔。检查关闭事故浆泵排空阀，开启至吸收塔出口阀，开启轴承冷却水，启动事故浆泵，将浆液输送至吸收塔。事故浆泵停运时要对泵和管道进行清洗，直至无残留浆液。

（十一）循环浆液泵的清洗

（1）在停止循环浆液泵时，为使沉积在泵内的固体影响最小，排放阀要开到足够大，使浆液在 5min 内从泵和管道中排出。

（2）当泵空转或停用超过 24h 时，泵必须冲洗，并用清水冲满以减小点蚀。

（3）排出管浆液由泵返回到反应容器直到排出管的液面与吸收塔内液面齐平，此时泵反转并停止，关进口阀，打开排放阀，排空浆液，清水冲洗。

十六、脱硫系统和设备的巡回检查

为了保证脱硫系统设备的安全运行，掌握烟气脱硫反应、氧化反应以及脱水等基本处理过程的状态，定期对设备运行状况进行检查，遇到设备或参数异常时，需有目的、有重点地增加检查次数、运行分析和调整工作，消除异常，确保脱硫系统安全可靠地运行。巡回检查按照部门制定的巡查路线、间隔时间和检查要求进行。常规巡回检查项目见附表6。

附表6　　　　　　　　　　　　　**常规巡回检查项目**

设备名称	检 查 项 目 及 要 求
升压风机及其附属设备	所有转动部分电流、振动、声音正常；机械及电动机轴承温度正常；冷却水流量、温度正常；润滑（液压）油压、温度、油质、油位正常；包括导叶执行器和风门挡板在内的各处连接牢固，无变形、弯曲、拉裂；无渗、泄漏点；CRT 显示出口压力、烟气流量正常

设备名称	检 查 项 目 及 要 求
密封风机	运行时所有转动部分电流、振动、声音正常；机械及电动机轴承温度正常；出口压力值正常；入口滤网清洁
氧化风机及各类泵	所有转动部分电流、振动、声音正常；机械及电动机轴承温度正常；冷却水流量、温度正常；润滑（液压）油压、温度、油质、油位正常；驱动皮带的松紧合适、无扭曲，磨损在标准范围内；入口、出口压力正常；止回阀及管道无自（共）振现象；入口过滤器清洁；各处连接牢固，无变形、弯曲；阀门位置正确；无渗、泄漏点
搅拌器	所有转动部分电流、振动、声音正常；机械及电动机轴承温度正常；润滑油油位正常、油质良好；各处连接螺栓牢固；无渗、泄漏点
水力旋流器	无堵塞，阀门开度正常；入口流量正常；无渗、泄漏点
石膏分离器及真空脱水皮带	所有转动部分电流、振动、声音正常；机械及电动机轴承温度正常；输送石膏情况及石膏块状厚度正常；阀门开度及电磁阀动作次数正常；滚筒及驱动装置工作正常；滤布无阻塞情况、无破洞、撕裂；清洗水输送喷嘴无堵塞现象；水冲洗滤布清洁；真空状态适宜；石膏飞溅情况正常；就地表盘仪表指示正确；无渗、泄漏点
回转式换热器（GGH）	所有转动部分电流、振动、声音正常；机械及电动机轴承温度正常；冲洗水压力正常；润滑油油位正常，油质无异常；密封空气压力正常；无渗、泄漏点
挡板及其密封装置	挡板开度正确，气缸驱动正常；密封空气压力、流量正常；密封部件无泄漏
吸收塔	吸收塔液位在正常范围内；循环泵、搅拌器等转动部分电流、振动、声音正常；机械及电动机轴承温度正常；阀门及自动阀门开度无异常；pH表管无堵塞现象；区域内无异常振动及声音；就地仪表指示正确；无渗、泄漏点
各水箱及浆液罐	各水箱液位在正常范围内；阀门及仪表阀门开度正确；管道无异常振动及声音；系统区域内设备及附属设备无泄漏
筒仓	石灰石料仓、石灰石粉仓料位计指示正确；各仪表显示值在正常范围内；阀门开度及管道振动无异常；流化装置工作正常；无渗、泄漏点
CRT	各指示值在设计范围内；各连锁、保护正常投入；无报警信号；值班人员按时抄表

十七、脱硫系统设备的定期切换与校验（见附表7）

附表7　　　　　　　　　　脱硫系统设备的定期切换与校验

项　目	时　间	执 行 人	备　注
GGH杂用压缩空气吹扫	每班	脱硫值班员	联系值长
真空皮带围堰冲洗	每天白班	脱硫值班员	
制粉区排空管沟冲洗	每天白班	制粉值班员	
脱硫区排空管沟冲洗	每天白班	脱硫值班员	
旁路挡板活动试验	每月一次	脱硫值班员	汇报主管，联系值长并取得同意
原烟气挡板门活动试验	每月一次	脱硫值班员	汇报主管，联系值长并取得同意
停止状态下升压风机导叶活动试验	每班一次	脱硫值班员	
报警试验	每班一次	脱硫值班员	
升压风机冷却风机切换	每周一白班	脱硫值班员	
吸收塔石膏排出泵切换	每月一次	脱硫值班员	

续表

项 目	时 间	执行人	备 注
氧化风机切换	每月一次	脱硫值班员	
吸收塔循环泵切换	每旬一次	脱硫值班员	联系值长
石灰石浆液泵切换	每月一次	脱硫值班员	
工艺水泵切换	每月一次	脱硫值班员	
冲洗水泵切换	每月一次	脱硫值班员	
升压风机油站油泵切换	每月一次	脱硫值班员	
滤液泵切换	每月一次	脱硫值班员	
储气罐排水	每班一次	脱硫值班员	
吸收塔液位计冲洗	每月6日、21日白班	脱硫值班员	
石灰石浆液罐液位计冲洗	每月7日、22日白班	脱硫值班员	
石膏缓冲罐液位计冲洗	每月8日、23日白班	脱硫值班员	
滤液罐液位计冲洗	每月9日、24日白班	脱硫值班员	
变压器充电	每月一次	脱硫值班员	
制粉系统内部检查	每周一次	点检员	
布袋除尘器清理	每月一次	点检员	

注 实际进行切换与校验按照最近时间部门公布的定期切换与校验规定执行。

十八、脱硫系统设备使用润滑油清单（见附表8）

附表8　　　　　　2×300MW 机组脱硫系统主要设备使用润滑油清单

序号	设备名称、型式、规格	润滑点	润滑油	加油量	备 注
1	旁路挡板	轴承	ZG4 或 ZG5		
2	原烟气挡板门	轴承	ZG4 或 ZG5		
3	净烟气挡板门	轴承	ZG4 或 ZG5		
4	挡板密封风机		30 号机械油	20L/台	
5	挡板密封风机电动机				
6	动叶可调轴流升压风机	液压油箱	46 号汽轮机油/机械油/精密机床液压油	600L	50℃ 时黏度为 25～35CST
		叶片液压调节装置			
		叶柄轴承	润滑脂 7014	1.5kg	
		叶盘密封槽		0.5kg	
		调节轴和指示轴的轴承		0.8kg	
		滑块及调节环接触面	NEVERSEEZ NSA26		
		滑套和轴承	抗咬丝扣脂		
		叶柄和叶柄轴套			
7	升压风机电动机	2250kW	滚动轴承和滑动轴承	锂基二号	
8	GGH(28.5GVN400)	减速箱齿轮	Mobil gear shc632	125L	
		减速箱轴承	Mobil ux ep2ep2	4L	
		支撑、导向轴承	ISO VG1000 Synthetic(mobil SHC639)	顶部约 15L 底部约 30L	

序号	设备名称、型式、规格	润滑点	润滑油	加油量	备 注
8	GGH(28.5GVN400)	驱动装置	ISO VG320		
		调节门	2号锂基脂		
		定位、非定位轴承	ISO VG32	4L	
		进口调节门导叶轴承	2号锂基脂		
9	吸收塔搅拌器		ISO VG46 Mobil he320	12L/台	
10	吸收塔循环泵（单极单吸卧式离心泵）	SBB007-790A	32号机械油	18L/台	首次30h换油,正常后轴温小于50℃时,3000h更换；轴温大于50℃时,3000h更换
11	减速机		ISO VG220 建议用 MOBilGHAR630（矿物）	120L/台	
12	工艺水泵	轴承	40号润滑油	40L/台	
13	冲洗水泵		40号润滑油	40L/台	
14	吸收塔排水坑搅拌器		20～40号润滑油	30L/台	
15	石灰石浆泵搅拌器		46号工业闭式齿轮油		
16	石灰石浆液泵		2号或3号锂基脂		
17	石膏排出泵		2号或4号锂基脂		
18	氧化风机		N68防锈汽轮机油		

十九、脱硫系统的停运和保养

因定期检修或系统消缺，在办理完开工工作票手续后，脱硫系统将停止运行。脱硫系统的停运在得到值长同意后，方可开始系统的停止运行操作。在停运过程中特别是与烟气系统相关的操作，应与机组集控运行人员密切联系，平稳操作，以保证锅炉的运行安全和脱硫系统的安全停运。脱硫系统根据停运方式的不同，设备的投用也相应改变。

二十、脱硫系统从运行状态停止至热备用状态

脱硫系统的停止操作是将脱硫系统从运行状态转为热备用状态，或锅炉停运后将脱硫系统从运行状态转为热备用状态，该项操作由烟气系统停止功能组、吸收塔系统停止功能组、石膏脱水系统停止功能组顺序控制执行或由脱硫集控人员按顺序控制程序由集控人员通过远方遥控执行。

1. 烟气系统停止功能组

（1）升压风机导叶调节切手动。

（2）缓慢开启旁路挡板门。

（3）缓慢关闭原烟气挡板门。

（4）停止升压风机。

（5）开启吸收塔顶部排空气动阀。

（6）关闭净烟气挡板门。

（7）延时 2h 停 GGH。

2. 吸收塔系统停止功能组

（1）吸收塔液位控制切手动。

（2）石灰石浆液供应调节切手动。

（3）停石灰石浆液泵。

（4）启动石灰石供浆管道冲洗。

（5）停止吸收塔石膏排出泵。

（6）停止吸收塔循环泵。

（7）停止氧化风机。

（8）停止除雾器冲洗。

3. 石膏脱水系统停止功能组

（1）停止石膏旋流站进料泵。

（2）停止石膏旋流站旋流子。

（3）停止废水旋流站进料泵。

（4）停止真空皮带机。

（5）滤饼厚度控制切手动。

（6）停止滤饼冲洗水泵。

（7）打开滤饼冲洗水箱排空阀。

（8）停止真空泵。

（9）关闭真空泵运行水进水阀。

（10）停止真空皮带机。

（11）停止滤布冲洗水泵。

（12）关闭石膏旋流站溢流箱出口气动阀。

4. 脱硫系统从运行状态停止至热备用状态的操作顺序

（1）与集控值长及主值联系，要求进行停止本机组脱硫系统运行。

（2）开启旁路挡板门。

（3）停止升压风机。

（4）停止 GGH。

（5）打开吸收塔排放门。

（6）停止吸收塔浆液循环泵。

（7）停止氧化风机。

（8）停止石膏排出泵。

（9）停止 pH 计冲洗。

（10）停止除雾器冲洗。

（11）停止石灰石浆液泵。

（12）停止石膏输送泵。

5. 脱硫系统热备用状态下主要设备的状态（见附表 9）

附表 9 脱硫系统热备用状态下主要设备的状态

系　统	主　要　设　备　名　称	状　态
吸收塔系统	升压风机	停止
	脱硫原烟气挡板门	关闭
	脱硫净烟气挡板门	关闭
	脱硫旁路烟气挡板门	开启
	吸收塔排气门	开启
	吸收塔循环泵	停止
	石膏排出泵	运行
	吸收塔搅拌器	运行
	氧化风机	停止
	吸收塔 pH 值控制	手动
	除雾器冲洗系统	停止
	吸收塔液位控制	自动
	挡板密封风机	运行
	吸收塔地坑泵	根据地坑液位
	吸收塔地坑搅拌器	根据地坑液位
GGH 系统	吹灰器	停止
	主、辅驱动电动机	停止
	GGH 密封风机	停止
	GGH 低泄漏风机	停止
	低泄漏风机入口风门	调整到相应位置
	GGH 吹灰器密封风机	停止
脱水系统	石膏缓冲罐搅拌器	运行
	石膏缓冲泵	停止
	真空皮带机	停止
	滤液罐搅拌器	根据滤液罐液位
	滤液泵	停止
	滤布冲洗泵	停止
	滤饼冲洗泵	停止
	废水旋流站进料泵	停止
	真空泵	停止
	液位控制	自动
石灰石浆制备系统	石灰石粉仓流化风机	运行
	石灰石粉螺旋给粉机	停止
	石灰石浆液泵	运行
	石灰石浆液罐搅拌器	运行
	石灰石浆罐供水流量控制	自动
	石灰石浆液罐液位控制	自动
	制粉区地坑泵	根据制粉区地坑液位
	制粉区地坑搅拌器	根据制粉区地坑液位
辅助系统	冲洗水系统	运行
	闭式冷却水系统	运行
	杂用空气系统	运行
	仪用空气系统	运行
事故浆池	事故浆池搅拌器	根据事故浆池液位
	事故浆泵	停止

二十一、脱硫系统从热备用状态至冷备用状态

若因脱硫系统检修需要，停运方式由热备用状态转为冷备用状态，冷备用状态需将各系

统所有的设备停运，放尽罐、池内的浆液输送到事故浆池储存，保持事故浆池的搅拌器运行，GGH 用水冲洗后烘干后保养。

二十二、脱硫系统故障及事故处理

（一）脱硫系统故障及事故处理的一般原则

（1）脱硫系统发生故障或事故时，班长或主值带领全班人员迅速地按规程规定进行处理，值长或主值所发命令除对人身、设备有危害外全体人员均应认真执行。

（2）发生设备、系统故障或事故，运行人员应立即向主值、值长和有关领导汇报，同时采取有效可行的方法防止事态扩大，限制故障或事故范围，消除原因，尽快恢复脱硫系统运行。在紧急情况下应先迅速按规程规定处理事故，然后尽快向领导汇报。

（3）脱硫系统主要设备确已不具备运行条件或继续运行后对人身、设备有危害时应立即停机处理。

（4）当发生本规程未列举的故障时，运行人员应根据自己的经验与判断主动采取对策迅速处理。

（5）事故处理结束后，运行人员应如实地把事故发生的时间、现象、处理过程及采取的措施等记录在交接班记录簿内，并在规定的时间内将其原始报告送公司安全生产部。

（6）如事故发生在交接班时，未办完交接班手续前交班者继续工作，接班人员可在交班值长或主值的指挥下协助进行事故处理，待事故处理结束后或告一段落后方可交班。

（7）发现脱硫系统烟气系统故障停运，应立即检查旁路挡板门有无自动打开，否则迅速手按旁路挡板快开按钮，汇报值长，联系锅炉运行人员，确保锅炉安全运行。

（8）脱硫系统的事故处理除考虑本系统范围内的设备、系统外，还需要考虑对厂用系统的影响，考虑并杜绝可能发生的二次污染。

（二）脱硫系统故障及事故的连锁停机

遇有下列情况，脱硫系统事故连锁停机：

（1）所有吸收塔循环泵停运。

（2）脱硫系统入口温度超过允许的最大值。

（3）脱硫系统入口温度低于允许的最小值。

（4）升压风机停运。

（5）GGH 停运。

（6）锅炉 MFT（二炉一塔两炉同时 MFT 或一炉一塔锅炉 MFT）。

（7）主电源故障。

（三）脱硫系统故障及事故的非连锁停机

遇有下列情况，脱硫系统事故非连锁停机，停机前，应得到值长和部门领导的批准。

（1）四角布置的吸收塔搅拌器各有 2 台停运，运行人员应停机。

（2）脱硫系统进口烟尘浓度大于 $300mg/m^3$（标准状态下），运行人员应停机。

（3）二炉一塔原烟气挡板门均未开或一炉一塔原烟气挡板门未开，运行人员应停机。

（4）净烟气挡板门未全开，运行人员应停机。

（5）仪用空气系统故障，压力无法维持，不能满足脱硫系统控制需要时，运行人员应停机。

（6）脱硫系统参数严重恶化不能维持正常运行时应停机。

（7）生产现场和控制室发生意外情况，危急人身和设备安全时应立即停机。

（8）脱硫系统控制系统故障无法进行正常监视时应立即停机。

（9）GGH 压差大经运行人员处理无效且继续增大时应停机。

（四）脱硫系统故障及事故的紧急停机步骤

（1）按紧急停机按钮。

（2）脱硫系统旁路烟气挡板迅速打开（通过预张弹簧在 2s 内快速打开）。

（3）停止升压风机。

（4）关闭脱硫系统入口原烟气挡板，打开吸收塔通气挡板；关闭脱硫系统出口净烟气挡板。

（5）停止 GGH。

（6）GGH 发生故障，DCS 报警信号显示原因。脱硫系统可运行约 1h，但出口烟温低于规定值脱硫系统自动停运。若 GGH 未发生故障而烟温偏低，应投入杂用气吹扫程序。

（五）脱硫系统故障判断及处理

应预先掌握脱硫系统的工作状态，在 DCS 出现报警故障情况下，及时查明报警原因，进行调整操作，消除故障原因，恢复脱硫系统至正常工作状态。

1. 脱硫效率下降的原因及处理办法（见附表 10）

附表 10   **脱硫效率下降的原因及处理办法**

影 响 因 素	原 因	处 理 方 法
SO_2 测量	测量不准	校准 SO_2 的测量
pH 值测量	测量不准	校准 pH 值测量
烟 气	烟气流量超常规增大	增加一层喷淋层
	烟气中的 SO_2 浓度高	增加一层喷淋层
吸收塔浆液 pH 值	pH 值太低（小于 5.5）	增加石灰石的投入；检查石灰石粉品质；检查石灰石的反应性能
液气比	减少了循环浆液的流量	检查循环泵的运行台数；检查循环泵的出力

2. 吸收塔浆液浓度增大的原因（见附表 11）

附表 11   **吸收塔浆液浓度增大的原因**

影 响 因 素	原 因	处 理 方 法
测量不准	石膏浆液浓度太低	检查浓度表计是否准确
	烟气流量太高	联系集控值长，了解锅炉运行调整情况
	SO_2 进口浓度太高	联系集控值长，了解锅炉运行调整情况及燃煤分析
吸收塔浆液泵	管道堵塞	检查出口压力和流量
石膏水力旋流器	运行的数目太少	增多旋流器运行
	进口压力太低	检查泵的压力并使其提高
	旋流器积灰	冲洗水冲洗
石膏浆液	浓度太低	检查表计是否准确，检查旋流器后的浆液
	管道堵塞	检查泵的出口压力和流量

3. 升压风机运行中跳闸

(1) 现象：

1) DCS 画面上升压风机电流到"0"，入口压力变正，电动机画面由红色变为绿色。

2) 旁路挡板自动打开，进、出口挡板自动关闭，吸收塔排气挡板自动打开，锅炉引风机可能出现短时间小正压。

3) 脱硫系统自动停止运行。

(2) 处理步骤：

1) 确认烟气旁路挡板门已经打开，否则应采取其他手段强行打开，立即向值长汇报。

2) 与集控主值联系，汇报升压风机跳闸情况。

3) 检查吸收塔循环浆泵运行情况、升压风机轴承油温、电动机轴承温度、风机振动情况是否正常，确认或否认是否因为上述原因造成跳闸。

4) 检查电气、热控保护动作情况，对照现场设备运行状态和异常，联系检修人员检查保护动作的正确性并在导致保护动作的问题处理后将保护复位，检查升压风机电动机绝缘电阻，检查升压风机本体和油站，确定跳闸原因并处理。

5) 对脱硫系统设备进行全面检查，将其转为热备用状态。

6) 如在短时间内查明故障原因，处理后重新启动脱硫系统。

4. 升压风机液压油压力低报警

(1) 现象：液压油发出压力低报警信号。

(2) 处理步骤：

1) 至现场检查压力是否正常，如压力正常，则可能是输出信号系统有问题，联系热控处理。

2) 检查油泵运行和系统是否泄漏等情况，如油泵运行不正常，则立即调备用油泵运行（油压低于 0.8MPa 时备用泵连启）。

3) 检查升压风机运行与调节是否受到关联影响。

5. 工艺水中断

(1) 现象：

1) 工艺水发出压力低报警信号。

2) 生产现场各处工艺用水全部中断。

(2) 处理步骤：

1) 检查运行泵的运行情况，如泵的运行不正常，立即调用备用泵运行（工艺水压低于 300kPa 时备用泵连启）。

2) 检查工艺水箱液位指示，确认工艺水补水源正常。

3) 经处理短时间不能恢复时，请示值长停脱硫系统。

4) 对浆液管道进行排空，设法尽快恢复水源，冲洗管道，并重新启动脱硫系统。

6. GGH 差压大

(1) 现象及原因：

1) GGH 差压大报警。

2) 转动元件阻塞。

（2）处理步骤：

1）增加吹灰次数，减少吹灰器工作时间间隔。

2）处理无效启动高压冲洗泵冲洗。

3）适当减小升压风机导叶开度，减小系统风量，待处理正常后恢复。

7. 循环浆液泵全停

（1）现象：

1）运行中的循环浆液泵全停，DCS画面开关指示变为绿色，电流到零，发出报警。

2）脱硫系统停止运行。

（2）处理步骤：

1）确认升压风机跳闸，必要时手动操作停止升压风机，停止脱硫系统。

2）检查吸收塔液位是否在正常值范围内。

3）联系热控人员检查吸收塔液位控制系统有无异常，吸收塔液位计指示是否正确，视情况对液位计进行冲洗或校验。

4）通知电气检修人员检查循环浆液泵电动机、电缆、开关柜是否正常，检查电气保护是否动作。

5）消除故障点，重新启动。

8. 滤饼不良排放

（1）现象：

1）滤饼含水量增加。

2）真空盒周围有异声。

（2）原因：

1）石膏浆液给料量不足。

2）真空密封水流量不足。

3）皮带过滤机轨迹偏移。

4）真空泵故障。

5）真空管道泄漏。

6）石膏浆液中粉尘浓度过高。

7）抗磨损带有破损。

8）皮带过滤机带速异常。

9）运行人员调整不当。

（3）处理步骤：

1）检查阀门情况，加大给料量。

2）检查真空泵及管道运行情况，重新调整。

3）检查石膏厚度控制是否正常。

4）检查真空盒密封水及滤饼冲洗水泵。

5）检查皮带过滤机运行及滤布的张紧情况。

6）停脱水系统，联系检修处理。消除故障点，重新启动。

9. 吸收塔浆液循环泵流量下降

（1）原因：

1) 管道堵塞。

2) 吸收塔喷嘴堵。

3) 相关的阀门开/关不到位。

4) 循环浆泵的出力下降。

(2) 处理步骤：

1) 清理管道。

2) 清理喷嘴。

3) 检查并调整阀门状态。

4) 启动备用泵。

10. 吸收塔液位异常

(1) 原因：

1) 吸收塔液位计失灵或表计误差。

2) 吸收塔浆液循环管道泄漏。

3) 与吸收塔连接的各种阀门内漏。

4) 吸收塔泄漏。

5) 吸收塔液位控制块故障。

6) 除雾器冲洗水中断或喷嘴堵。

(2) 处理步骤：

1) 检查并调整液位计的指示。

2) 检查并检修泄漏管道。

3) 检查阀门内漏情况，更换相关内漏阀门。

4) 检查吸收塔本体及底部排放门位置。

11. 脱硫系统烟气系统事故跳闸

(1) 现象：

1) DCS报警信号发出。

2) 升压风机跳闸。

3) 旁路挡板开启，原烟气挡板门及净烟气挡板门关闭。

(2) 原因：

1) 升压风机故障跳闸。

2) GGH驱动电动机的转速小于0.5r/min。

3) 吸收塔循环泵小于2台运行。

4) 净烟气挡板关闭。

5) 脱硫系统主电源故障跳闸。

(3) 处理步骤：

1) 脱硫系统跳闸后注意调整和监视各浆液罐和吸收塔浆液的液位、浓度和密度。

2) 如脱硫主电源故障则按停机进行处理。

3) 查明故障原因并消除后恢复脱硫系统运行。

12. 脱硫系统其他故障原因及处理方法（见附表12）

附表 12　　　　　　　　　脱硫系统其他故障原因及处理方法

故障种类	故障原因	处理方法
石灰石浆浓度下降	(1) 石灰石给粉机堵。 (2) 粉仓内石灰石粉搭桥。 (3) 阀门控制失灵。 (4) 石灰石浆罐进水过量	(1) 清理给粉机。 (2) 各种措施清堵，增加粉仓出粉量。 (3) 对阀门检查和维修。 (4) 检查相关的管道、阀门
石灰石浆流量降低	(1) 管道堵塞。 (2) 相关阀门失灵。 (3) 流量计失灵。 (4) 石灰石浆泵故障。 (5) 相关阀门开闭不到位	(1) 清理管道。 (2) 对相关阀门检查，清洗和维修。 (3) 检查或更换流量计。 (4) 切换备用泵运行。 (5) 检查并校正阀门状态
pH 表指示不准	(1) pH 表供浆量不足。 (2) pH 表供浆中混入冲洗水。 (3) 表记本身失准	(1) 检查并校正阀门状态，检查排浆泵各阀位置是否正确。 (2) 冲洗水阀是否泄漏，清洗检查并通过标准液比较
吸收塔出口 SO_2 浓度升高	(1) 吸收塔循环浆液量减少。 (2) 石灰石浆流量减少。 (3) 石灰石浆浓度下降。 (4) 表计不准确	(1) 联系集控值长，了解锅炉运行调整情况及燃煤分析。 (2) 检查运行循环浆泵情况，必要时增开一台循环浆泵。 (3) 检查并恢复石灰石浆液浓度。 (4) 校验表计
吸收塔入口烟温高	(1) GGH 转动不良。 (2) GGH 阻塞。 (3) 脱硫系统进口烟温高	(1) 查明原因后处理。 (2) 核对压差进行处理。 (3) 联系锅炉进行调整
GGH 出口烟温高	所有吸收塔循泵停运	温度升高至规定值
GGH 出口烟温低	(1) GGH 阻塞。 (2) 脱硫系统进口烟温低	(1) 核对压差进行处理。 (2) 低于规定值时联系锅炉适当调整
除雾器压差高	(1) 元件阻塞。 (2) 表计不准	(1) 检查堵塞情况，调整除雾器冲洗流量及时间间隔。 (2) 校验压力表
氧化空气流量异常	(1) 管道或氧化风机入口堵塞。 (2) 氧化风机故障或管道泄漏	(1) 检查氧化风机进口过滤器，冲洗吸收塔的空气管道。 (2) 检查氧化风机或管道
石灰石筒仓流化风机输出压力低	进口过滤器阻塞	检查进口过滤器，清洗或更换

参 考 文 献

1. 曾庭华,杨华,马斌,王力著.湿法烟气脱硫系统的安全性及优化.北京:中国电力出版社,2005

2. 郝吉明,王书肖,陆永琪编著.燃煤二氧化硫污染控制手册.北京:化学工业出版社,2005

3. 阎维平,刘忠,王春玻,纪立国编著.电站燃煤锅炉石灰石湿法烟气脱硫装置运行与控制.北京:中国电力出版社,2005

4. 钟秦编著.燃煤烟气脱硫脱硝技术及工程实例.北京:化学工业出版社,2005

5. 李晓芸,赵毅,王修彦编著.火电厂有害气体控制技术.北京:中国水利水电出版社,2005

6. 国电太原第一热电厂编著.300MW 热电联产机组烟气脱硫脱技术.北京:中国电力出版社,2006

7. 孙克勤,钟秦编著.火电厂烟气脱硫系统设计、建造及运行.北京:化学工业出版社,2005

8. 山乐胜,张怀军,张卫华.湿法烟气脱硫设备中鳞片衬里的防腐工艺.华北电力技术,2004(8):23~26

9. 金新荣,任建兴.火电厂湿法烟气脱硫装置运行特性及注意事项.华东电力,2004.32(5):21~24